LES MÉCANICIENS GRECS

DU MÊME AUTEUR

Les ingénieurs de la Renaissance
Seuil, coll. « Points-Sciences », 1978

Histoire des techniques
Gallimard, « Encyclopédie de la Pléiade », 1978

EN PRÉPARATION

La technologie au siècle des Lumières
à paraître au Seuil

Les théâtres de machines

Archéologie des techniques médiévales

La connaissance technique

BERTRAND GILLE

LES MÉCANICIENS GRECS

LA NAISSANCE DE LA TECHNOLOGIE

ÉDITIONS DU SEUIL
*27, rue Jacob, Paris VIe*

ISBN 2-02-005395-0

Avant-propos

Pourquoi un livre sur les mécaniciens grecs ? L'oubli relatif dans lequel ils sont tombés, si l'on fait abstraction de quelques allusions souvent mal interprétées, serait une première justification. Il y a plus. Il existe une culture technique, elle aussi bien négligée, faite d'accumulation de recherches, de succès et d'échecs, de méthodes et de principes.

C'est de cette technique, consciente d'elle-même, se regardant dans ce miroir encore un peu brouillé qu'est la science de cette époque, ouverte sur son propre avenir, qu'il s'agit ici. Non pas de ces outils et de ces gestes stéréotypés que chaque génération lègue à la suivante, immuables, qui ne sont que mémoire, que mémoire fermée.

Nous avons la chance de posséder d'admirables témoignages écrits. Il convenait de les remettre en valeur, de les lier les uns aux autres et de suivre ainsi le cheminement d'une connaissance technique qui s'affine, qui se précise et tente de devenir maîtresse de son destin. C'est ce difficile apprentissage de la nouveauté — ne parlons pas encore d'invention — qu'il fallait éclairer. De la nouveauté, mais aussi de l'intelligence de ce que l'on faisait. De l'un à l'autre de ces hommes, il n'y a pas seulement héritage, il n'y a pas seulement l'apport de détails supplémentaires, il y a cette marche continue vers la généralisation des cas, vers la création de ces formules, de quelque nature qu'elles aient été, qui permettent à tout moment et en toutes circonstances, une réussite matérielle.

Cela était-il possible sans soutien scientifique ? Et nous insistons sur le terme de soutien. Il ne saurait être question de démonstration : la nature — et la technique est nature — s'y refuse. Mais il y a les analogies : la roue est un cercle. Et ces analogies autorisent une certaine mathématisation. L'arithmétique qui compte, la géométrie qui représente viennent au secours de raisonnements souvent défaillants. Et si la physique demeure hésitante, la statique, avec ses lois d'équilibre, conduit tout naturellement aux déséquilibres qui sont source de mouvements et rapports de force.

Il est intéressant de constater qu'en dehors d'un long travail de fourmi, il est des époques de grands bouleversements. Tout est remis en cause, tout est confronté avec tout et le bond en avant est souvent prodigieux. Telle avait été l'époque de la Renaissance, précédemment traitée, telle fut l'école des mécaniciens grecs d'Alexandrie, tel devait être le XVIIIe siècle, en dehors même d'une révolution industrielle si constamment rabâchée, trilogie qui est le but de nos efforts.

Nos mécaniciens grecs se situent à une époque où les conquêtes d'Alexandre ont bouleversé la géographie scientifique du monde grec. Mais Athènes, dans les domaines qui nous intéressent, avait-elle été vraiment un centre de novations ? Les attitudes de Platon ou d'Aristote ne l'y portaient guère. Les Ioniens avec Thalès, les Samiens surtout, avec Pythagore et bien d'autres ouvrirent sans doute la voie au progrès technique. Archytas était de Tarente, Archimède sera de Syracuse. C'est sur le pourtour que naissent les idées. Alexandrie continua la tradition. On discute, on discourt à Athènes, on construit ailleurs. Les Athéniens qui sont intéressés par tous ces nouveaux problèmes viennent à Rhodes, vivent à Alexandrie.

Une ville neuve, une volonté délibérée de conjuguer l'effort scientifique et l'effort technique, des moyens à la hauteur de l'entreprise, des hommes attirés par le projet, séduits par les facilités offertes, les uns conduits par la pure aventure de la connaissance, les autres menés par la cupidité ou nourris d'intrigues. Tout était là, invraisemblablement réuni. C'est de ce courant dont il est question ici.

On verra nos lacunes, on jugera nos suppositions. Cette « école » des mécaniciens d'Alexandrie, prenant la suite d'un mouvement qu'il conviendrait d'étudier plus attentivement, du VIe à la fin du IVe siècle, méritait, pensons-nous, un examen sérieux. Un certain monde technique bascule autour d'elle. Même si le mot est quelque peu ambigu, on pourrait dire qu'un autre esprit est né.

Ce n'est pas sans quelque appréhension que nous présentons le résultat de nos recherches et de nos réflexions sur les mécaniciens grecs. Pourvu d'une convenable culture classique, nous ne sommes pour autant ni spécialiste de l'Antiquité, ni versé dans les études de philologie. Il nous a semblé que sans connaître par cœur les années d'archontat à Athènes ou la généalogie des Ptolémées, il était possible de se servir de textes aujourd'hui presque intégralement publiés.

Il y a plus d'une douzaine d'années, nous achevions un ouvrage sur *les Ingénieurs de la Renaissance*. C'est dans le même esprit que celui-ci a été rédigé. Il s'agissait moins d'accumuler les détails matériels, de reconstituer concrètement machines et procédés, que de déceler, chez un certain nombre de personnes d'importance, le lent cheminement de la connaissance technique.

Tout, ou presque tout, est ici hypothèse. Mais il est des faits, pensons-nous, qui parlent d'eux-mêmes, qui laissent apparaître des vérités qui n'ont pas toujours été parfaitement perçues. Que l'on nous pardonne nos quelques irritations finales contre des interprétations fantaisistes, contre d'étonnants commentaires de textes. Nous espérons qu'on les trouvera naturelles au bout de ce long voyage.

Au terme de l'épreuve, présentons deux souhaits. Le premier est de voir publier correctement et traduire convenablement tous ces textes. Nous avions dressé le tableau de tout ce qui avait été fait jusqu'à présent dans ce domaine : il aurait alourdi inutilement cette publication. L'essentiel en est passé dans les notes. Le second touche à la collaboration entre techniciens, historiens et philologues : la fin du XIXe siècle l'avait réalisée beaucoup mieux que nous ne le faisons aujourd'hui.

Ce travail a été mis au point dans des conditions difficiles. Il n'aurait pu voir le jour sans l'aide et l'affection de quelques personnes : mes frère et sœurs, Thérèse, Solange, Claude, et mes amis André Crouzatier, André Fel, Michel Fleury, Michel Serres et Paul Viallaneix. Notre dette envers eux est immense.

Merci aussi à Sylvaine Pasquet et à Jean-Baptiste Grasset, à Jean-Marc Lévy-Leblond et à Martine Tardieu.

Et à Marie-Noëlle pour tout le reste qui est presque tout.

Paris, vendredi 29 mars 1979.

1. Le fonds technique

Il ne s'agit pas ici d'une histoire des origines de la technique. Il y faudrait des volumes. D'autres se sont d'ailleurs essayé à cette passionnante recherche et nous ont fourni des travaux parfaitement valables.

Notre dessein est à la fois plus étroit et plus précis. Dans le lot des techniques traditionnelles, artisanales, agricoles ou guerrières, lentement perfectionnées au cours des siècles certes, mais dont la structure est restée stable, identique à elle-même presque depuis leurs origines, on en voit quelques-unes qui, à certaines époques, subissent des mutations profondes. Il n'y a plus perfection, au sens où l'entendaient les académiciens du XVIIe ou du XVIIIe siècle, il y a bien progrès, tel que nous le concevons aujourd'hui.

Ce sont donc sur ces techniques en progrès que nous nous pencherons. Elles ne sont peut-être pas très nombreuses, elles sont sans doute fort éloignées les unes des autres, encore qu'elles aient des points communs. Ce sont cependant elles qui auraient pu constituer un mouvement d'entraînement sur toutes les autres. Elles se présentent toujours sous des formes complexes, faisant appel à d'autres techniques affluentes. Elles montrent une évolution lente au début, qui devait s'accélérer par la suite. Toutes ont donné matière à des traités didactiques : ce mode de transmission en constitue la principale unité.

P. Cloché[1], sans beaucoup de précision, a seulement signalé un progrès important au IVe siècle dans un secteur agricole : les cultures maraîchères, ce même progrès que nous constatons aux premières décennies de la Renaissance. L'art des mines réalise, aussi, des progrès sensibles au Ve et au IVe siècle. On arrive alors, dans les mines du Laurion[2], au troisième contact. Le puits vertical

1. P. Cloché, *Les Classes, les Métiers, le Trafic*, Paris, 1931, p. 17.
2. E. Ardaillon, *Les Mines du Laurion dans l'Antiquité*, Paris, 1897, *passim*.

est perfectionné, de même que la connaissance des gisements et des filons. On sait en effet que les produits du Laurion furent considérablement augmentés sous l'archontat de Nicomédès (484-483).

La métallurgie, elle, se laisse difficilement étudier, faute de témoins archéologiques. Des fours de réduction, découverts à Agros Sosti, dans l'île de Siphnos, datant vraisemblablement du VIe siècle, offrent le premier exemple de fours à cheminée, avec revêtement d'argile, trou d'aération et trou de coulée. C'est un net décalage sur les fours primitifs.

Il n'est sans doute pas de meilleur exemple de cette évolution que les techniques de construction, au moins pour les grands édifices publics, en particulier les temples. La substitution de la pierre aux autres matériaux, bois et brique, n'est concevable que dans la mesure où l'on dispose d'appareils de levage si l'on veut éviter les lents et coûteux ensevelissements que pratiquaient les Égyptiens. Cette substitution commence timidement au milieu du VIIIe siècle [1]. Elle fut progressive au début. On remplaçait par des colonnes de pierre les colonnes de bois pourries : ainsi à l'Eraclion d'Olympie, au temple de Thermos. Puis, lors de reconstructions, le remplacement fut total : à Marmara, à Delphes, à Corfiu, à Kalydon. Les entablements, difficiles à élever, restaient en bois, plaqué de terre cuite. Au cours du VIe siècle, l'emploi de la pierre se généralise. Le temple d'Apollon, à Corinthe, du troisième quart du VIe siècle, a déjà des entablements de pierre.

Des noms jalonnent cette évolution. Il y a tout d'abord les architectes semi-légendaires : Dédale, Agamédès, Trophonios, qui dateraient du passage des constructions en bois, où ils excellaient, aux aménagements de pierre taillée. Ce sont eux qui mettent au point les installations oraculaires. Trophonios construisit en grandes dalles les premiers adytons oraculaires de Delphes. C'est une seconde génération qui leur succède dans la première moitié du VIe siècle, époque de la construction des grands temples ioniques d'Asie mineure : Chersiphron et Métagène à Ephèse, Théodoros et Rhoikos à Samos. Au reste, Chersiphron et Théodoros étaient autant ingénieurs qu'architectes, les autres étaient surtout architectes. A Samos, Rhoikos

1. R. Martin, *Manuel d'archéologie grecque. Matériaux et techniques*, Paris, 1965, *passim*. On verra aussi Orlandos A.R., *Les Matériaux de construction et la Technique architecturale des anciens Grecs*, Paris, 1968.

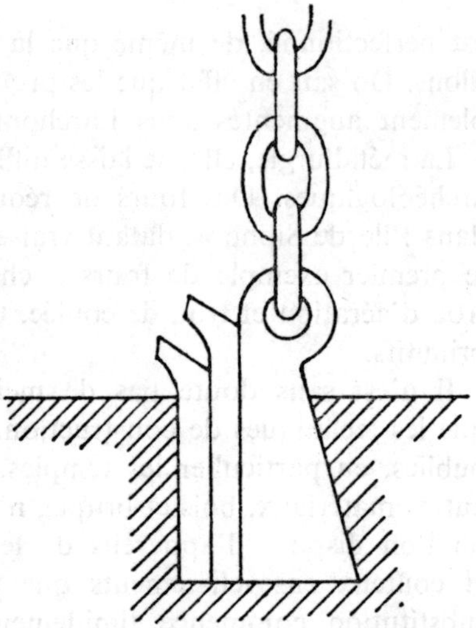

Louve grecque à un seul pan oblique

Louve de l'époque romaine à deux pans obliques

s'occupait de la composition, des plans, Théodoros était ingénieur, sculpteur, orfèvre et travailla aux fondations, à la taille des colonnes à l'aide d'un tour.

Au début, on utilisa sans doute des colonnes monolithes, comme à ce même temple de Corinthe, plus faciles, quoi que certains aient pu en penser, à élever que les colonnes à tambour. De même, pour les entablements, on utilisa des plans inclinés provisoires, comme au Parthénon.

Il est évident que des appareils de levage ont été utilisés dès le début de la pierre dans ces constructions. Des marques caractéristiques ont été relevées sur des pierres, à Delphes, à Olympie, dans la seconde moitié du VIe siècle. Palans et poulies furent utilisés pour l'Erechtheion, à la fin du Ve siècle. A Didymes, on dut coupler deux machines pour hisser sur des colonnes les pièces de l'entablement qui mesurent 7,50 m de long sur 2,20 m d'épaisseur. Nous avons donc les témoins archéologiques de l'utilisation des machines à cordes, à pinces, à louves depuis le VIe siècle. Les entailles dans les pierres sont en effet révélatrices à cet égard.

Dans le domaine militaire, notre documentation est peut-être un peu plus abondante grâce aux chroniqueurs, aux historiens. Elle est cependant fort imprécise. Maints auteurs nous rapportent en effet le détail de sièges fameux, mais ils s'étendent plutôt sur les valeurs humaines que sur les réalisations techniques : les termes demeurent, dans beaucoup de cas, vagues et ambigus. Nombre de ces auteurs, en outre, sont tardifs et ne rapportent pas les faits avec toute la certitude voulue. Thucydide en particulier, dans d'assez nombreux passages, parle de toutes sortes de machines, mais, sauf le cas des béliers, emploie précisément ces mots vagues dans lesquels l'histoire des techniques a de la peine à reconnaître son bien.

Il est fort difficile, en conséquence, de tracer un tableau évolutif de l'art militaire dans l'ancienne Grèce. Les recherches sont cependant bien engagées, et des publications intéressantes nous apportent des éléments importants : le colloque sur les problèmes de la guerre en Grèce ancienne, en 1968, les travaux de Marsden sur l'artillerie, ceux de Garlan sur les fortifications constituent des apports inestimables [1].

Citons M. Detienne : « Dans le courant du VIIe siècle avant notre

1. J.-P. Vernant (sous la direction de), *Problèmes de la guerre en Grèce ancienne*, Paris, 1968; E. W. Marsden, *op. cit.*; Garlan, *Poliorcétique*.

ère, la plupart des cités grecques adoptent un nouveau type d'armement, elles mettent au point une formation tactique inédite. Chaque combattant est équipé d'une cuirasse de bronze, d'un casque, de jambières : de la main gauche il tient le bouclier rond à double poignée interne, de la droite, il porte la longue lance d'estoc. Revêtus du même équipement lourd, les hoplites sont disposés sur plusieurs rangs de profondeur; chaque bouclier protège à la fois son propriétaire et un compagnon de combat, qui sont liés d'étroite solidarité; tous les combattants marchent d'un même pas; ils obéissent à la même discipline; ils sont rompus à la lutte au coude à coude. » C'est là, en fait, l'aboutissement d'une évolution plus ou moins lente, dont de récentes fouilles ont permis de marquer les étapes. Le comportement est devenu brusquement très différent. Aux combats singuliers, au courage particulier des héros se substitue la manœuvre de groupe entraînée par le flûtiste. C'est désormais la cohésion de l'ensemble qui, dans l'avance ou le recul, dans la charge, obtient la victoire.

Presque tous les peuples, dans presque tous les pays, à partir d'une certaine époque, ont utilisé la fortification. Des fortifications plus ou moins développées, convient-il de préciser. On le constate à l'époque néolithique, comme à Dimini, en Thessalie. D'abord mêlée aux habitations civiles, la fortification ne prit son autonomie structurale qu'au cours du onzième millénaire, en raison des progrès des techniques de construction, mais aussi grâce à l'enrichissement des communautés et à la concentration des ressources sociales entre les mains des aristocraties palatiales. Il se peut que les Hittites aient été des initiateurs à cet égard. C'est entre le milieu du XIVe et la fin du XIIIe siècle que les acropoles mycéniennes, résidences royales, s'entourèrent de murs en blocs cyclopéens, plus ou moins bien équarris et ajustés sans mortier, de 4 à 17 m de long et de 4 à 9 m de haut. En général les tracés épousent les reliefs, mais se composent parfois de courtes sections rectilignes, séparées par de faibles décrochements. Les portes, seul point faible, sont rares et disposées pour contraindre l'assaillant à s'y présenter en position défavorable, le flanc gauche exposé aux coups.

Valeur statique pondérale, aspect passif de leur puissance, avec quelques tours carrées de flanquement, elles valent pour résister à un investissement, non à un assaut en règle.

L'apogée de la poliorcétique orientale correspond à la première moitié du premier millénaire, du fait des Assyriens, qui ne cessent d'expérimenter et de renouveler leurs moyens d'action. Il faut aller très loin ensuite pour retrouver un mouvement de renouveau de la fortification. On connaît mieux aujourd'hui, grâce à l'archéologie, l'évolution de cette technique [1].

On a dit que les enceintes urbaines auraient fait leur apparition au Ve siècle, sous la pression de la menace perse. En réalité, Athènes élève sa première enceinte à la fin du VIe siècle, et il y en eut d'autres avant. Les enceintes successives de Syracuse, deuxième moitié du IXe, milieu du VIIIe et fin du VIIe siècle, ne montrent pas encore des progrès notables : le remplacement de la pierre par la brique dans les parties hautes de la muraille, la simplicité du tracé, la rareté des tours groupées près des portes, l'épaisseur des murs les rapprochent fortement des ouvrages mycéniens et cette tradition se maintient pour l'essentiel aux VIe et Ve siècles. C'est à partir de la fin du Ve et du début du IVe siècle que l'évolution s'accélère. Les tours s'évident, comme à Mantinée en 371, et acquièrent une plus grande autonomie architecturale par rapport aux courtines. Le premier exemple d'un tracé en crémaillère serait celui de Gortys d'Arcadie, entre 370 et 365.

Lors des guerres du Péloponnèse, entre 431 et 404, la pratique de l'investissement se développe; ainsi les Péloponnésiens à Platées [2], les Athéniens à Potidée [3]. De partiel, l'investissement devient total et les ouvrages de l'assaillant se multiplient. Parallèlement, l'assaut prend également d'autres formes : il évite ainsi des sièges longs et ennuyeux.

C'est aussi que le machinisme de siège révèle alors une grande expansion. Dans ce domaine, les « révolutions » furent sans doute les plus marquées. Ce machinisme, à la vérité, était fort ancien, mais demeura longtemps très primitif. Le bélier est d'un usage courant en Asie occidentale depuis le temps du dernier empire assyrien, qui nous en a laissé de nombreuses représentations figurées. On pense que le bélier fut même connu, bien avant, sous des formes

1. Garlan, *Guerre*, p. 117 s., p. 131.
2. Garlan, *Poliorcétique*, p. 106 s. Thucydide, III, 52,163.
3. Thucydide, IV, 39, 2.

plus frustes, dès la fin du troisième millénaire. Les tours roulantes seraient attestées vers 1800-1700. C'est ici que nous nous heurtons à des difficultés de vocabulaire : en effet, d'anciens termes ont pu être repris pour des machines totalement différentes, beaucoup plus tard. Il en est ainsi pour certains termes de la Bible, qui ne nous sont parvenus qu'au travers de traductions successives et approximatives. Pour un même terme, la Vulgate dit « arêtes » ou béliers. D'autres passages ont révélé, au gré des traducteurs, des « machines [1] », mais aussi des batteries de machines, des lance-flammes, des balistes et des scorpions [2]. Pline [3] prétend que les Crétois inventèrent le scorpion, les Syriens la catapulte, les Phéniciens la baliste : ainsi n'y avait-il pas de jaloux. En 819 avant notre ère, Ogias arma les remparts de Jérusalem « de machines construites par un ingénieur pour lancer des traits et de grosses pierres [4] ». Deux siècles plus tard, Ezéchiel menace la ville sainte des « balistes » de Nabuchodonosor, et Jérémie prédit que le grand roi dressera contre elle ses « machines de cordes [5] ».

A. Aymard faisait, il y a quelques années [6], allusion au long retard de cette forme de l'art de la guerre, tant pour l'attaque que pour la défense des places : « Ce fut seulement à partir du début du IVe siècle qu'une évolution sérieuse commença à se produire. Encore demeura-t-elle lente, très lente, jusqu'à ce que les succès foudroyants remportés par Philippe de Macédoine et par son fils Alexandre ouvrissent les yeux à tous. » Il semble que l'on doive, avec Y. Garlan, revenir un peu sur cette chronologie. Ce serait en effet également au moment de la guerre du Péloponnèse que le machinisme de guerre aurait fait des progrès notables et le parallélisme avec l'essor de la fortification paraît justifié. Il y aurait eu ensuite une période de répit, voire de déclin, avant la reprise par les ingénieurs macédoniens.

L'archéologie a montré que les travaux entrepris à Syracuse par Denys l'Ancien contenaient des éléments qui paraissent répondre aux problèmes nouveaux posés aux constructeurs de fortifications

1. *Macch.*, I, VII, v. 20.
2. *Macch.*, I,VII, v. 51.
3. Pline, *Hist. nat.*, VII, 56.
4. *Paralip.*, II c XXVI, u 15.
5. *Ezéchiel*, IV, 2 et XXII, 22.
6. A. Aymard, « Remarques sur la poliorcétique grecque », *Annales de l'Est, Mémoires*, n° 22, Nancy, 1959, p. 3-15.

par l'usage croissant des tours de siège et des béliers. Si la soumission aux données topographiques exigeait de grandes enceintes, toujours terriblement coûteuses, on en vint à des « stratagèmes architecturaux » dans les poternes, dans les tours en plan semi-circulaire créant le flanquement, aux portes dont Énée devait dire qu'elles venaient d'être munies de herses, à la naissance et au développement des fossés qui gênent considérablement l'approche des engins nouveaux [1].

On a tenté de faire un inventaire de ce machinisme. Archidamos, devant Oïnoé, en 431, Nicias devant Minoas, en 427, devant Milos, en 416, ne semblent utiliser que des échelles plus ou moins complexes : elles existaient déjà sur roues dans l'ancien Empire égyptien. Des béliers auraient été utilisés à Platées [2]. S'agit-il d'un instrument perfectionné ? Il est difficile de le dire de façon précise. Athénée [3] nous apprend que le bélier fut utilisé, sous une forme déjà évoluée, par les Carthaginois au siège de Gadeira. Il semble qu'il ait été introduit en Occident entre le VIIIe et le début du Ve siècle. Les machines incendiaires furent déjà employées par les Perses à Athènes, dès 480, par les Péloponnésiens, sous forme de flèches, à Platées. Au siège d'Athènes, en 480, les Perses auraient employé des flèches garnies d'étoupe qu'on enflamme au moment du lancement. Certains pensent que cette étoupe était imprégnée de matières inflammables [4]. Thucydide [5] donne quelques détails sur ces machines à propos de l'assaut donné par les Béotiens contre le retranchement athénien de Délion : « Après diverses tentatives, ils y appliquèrent une machine qui en triompha. Voici ce que c'était : après avoir scié en deux une longue poutre, ils l'évidèrent entièrement et rajustèrent exactement les parties pour en faire une sorte de tube ; au bout, ils suspendirent, par des chaînes, un chaudron, dans lequel descendait, depuis la poutre, un bec de soufflet de fer formant un coude ; le reste du bois était également revêtu de fer sur une bonne longueur. Ils poussaient de loin cette machine, avec des chariots, contre les points de la muraille

1. Garlan, *Poliorcétique*, p. 189 s.
2. Thucydide, II, 76, 4.
3. Athénée, 9.
4. Hérodote, VIII, 52. Cf. M. Mercier, *Le Feu grégeois*, Paris, 1952, p. 8 et 9.
5. Cité par Garlan, *Poliorcétique*, p. 141. Thucydide, IV, 100, et pour Platées, II, 77. L'incendie d'une muraille suppose nécessairement la présence de poutres de bois dans la maçonnerie pour la raidir. En brûlant, elles déséquilibraient l'édifice.

comportant le plus de sarments et de bois; puis, lorsqu'elle en était proche, ils introduisaient de grands soufflets dans l'extrémité de la poutre tournée de leur côté et les actionnaient. L'air, en arrivant sous pression dans le chaudron, qui contenait des charbons incandescents, du soufre et de la poix, y allumait une grande flamme; cela mit le feu au rempart, tant et si bien que personne ne put y rester : les hommes l'abandonnèrent en prenant la fuite, et, de cette façon, le mur fut pris. » Cette description correspond certainement à quelques images que nous possédons d'Apollodore de Damas.

Citons encore les rampes d'assaut dont on retrouve les traces sur les fortifications, les tours mobiles en bois, attestées à l'extrême fin du ve siècle, la sape et la mine pratiquées dès la première moitié du ve siècle.

Il était donc nécessaire, et de toute urgence, de transformer la fortification : éviter la trop grande abondance de bois dans les murs, destinés à raidir une construction faite de matériaux légers, adopter des soubassements de pierre. Mais aussi naissent les fossés, qui n'étaient guère, jusque-là, que des excavations creusées pour prendre la terre pour les briques, voire faire des ouvrages défensifs en avant des murs. Le problème essentiel était d'éloigner au maximum toutes les machines des assaillants. A. Aymard plaçait ces travaux dans la première moitié du IVe siècle. Alors, des cités relèvent leurs murailles, les font de pierre, creusent des fossés, adaptent les tracés au relief, facilitent les flanquements par des décrochements et des saillants, multiplient les portes.

Le machinisme de guerre devient largement utilisé dans cette première moitié du IVe siècle. Denys l'Ancien n'en est pas le seul exemple. Chabrias, à Naxos, en 377-376 utilise des béliers pour ébranler les murailles. Le Thébain Lacratès, à Péluse, en 350-349 en fait autant. Thimothée, à Taroné, en 364, met en marche des machines à faux pour liquider les défenseurs des remparts. On cite encore la tortue de bois du Lacédémonien Thibron devant Larisa, en 399. Quand Cyrus réorganise son armée pour attaquer Crésus, il demande des machines à tous les « spécialistes » : Cyaxare, Gadatas et Gôbrias, Tigrane. La *Cyropédie* cite des tours de siège tirées par huit paires de bœufs [1].

1. Garlan, *Poliorcétique*, p. 169-170.

Les premiers qui paraissent s'être créé un grand parc de machines de siège furent les Carthaginois. Pour assiéger Sélinonte, ils emportèrent et montèrent des machines de siège en nombre considérable. « Les tours étaient d'une hauteur supérieure à celle des plus grandes qu'on eut connues jusqu'alors, et bientôt on put faire jouer contre les murailles des béliers à tête de fer, qui avaient été amenés [1]. » Tout ce machinisme effraya fort les Sélinontais, et les murs tombèrent effectivement sous les coups de ces engins.

Des récits très vivants nous montrent, quelques années plus tard, les préparatifs du tyran de Syracuse, Denys l'Ancien, et de ses alliés, contre les Carthaginois. L'expérience avait servi, et l'on comprenait désormais que le nombre et la valeur individuelle n'étaient plus les seuls éléments de la puissance militaire. Il fallait des machines, et des personnes habiles pour les construire et les servir. Du besoin naissait progressivement une volonté de perfectionnement et d'imagination mécanique.

Pour réaliser tout ce matériel, en 399, Denys fit appel à des ouvriers venus de toutes les villes soumises à sa domination [2]. Mais on en fit également venir d'Italie, de Grèce, et même des États carthaginois, attirés par l'appât de salaires élevés, augmentés de primes substantielles. Il n'y a rien de très nouveau à cet égard, sous le ciel, actuellement. Signalons en outre la rationalisation de ces fabrications : on avait en effet adopté des modèles nombreux, pour que les troupes prises en solde pussent trouver dans cet arsenal les armes traditionnellement en usage dans leur pays. Bien plus, on poussait, par des récompenses appropriées, aux inventions. C'est ainsi que serait née, aux dires de Diodore de Sicile et d'Elien, plus tard contestés par Pline, la catapulte [3]. Selon Diodore, c'est également à cette occasion qu'auraient été construites, pour la première fois, les quadrirèmes et les barques pentariques. C'est donc de tout un arsenal immense, divers, multiforme, en partie inédit, qu'il se serait agi.

Tout cet arsenal fut transporté contre la ville de Motye. Il est intéressant de noter que Denys, lorsqu'il fut en présence de la ville, examina les défenses « avec ses architectes [4] ». Le siège n'est plus

1. Diodore, XIII, 54-55, 59, 62.
2. Diodore, XIV, 41.
3. Diodore, XIV, 42; Elien, *Hist. dib.*, IV, 12; Pline, *Hist. nat.*, VII, 201.
4. Diodore, XIV, 48.

seulement affaire de bravoure et d'élan. C'est aussi une opération technique, conduite par des hommes qualifiés. Les machines sont dressées à la fois contre la forteresse et contre une éventuelle flotte de secours. Quand cette dernière arriva, sous le commandement d'Imilcon, on dirigea contre elle les catapultes, ces nouvelles armes de jet, récemment inventées « et dont on faisait dans ce moment usage pour la première fois ». Elles provoquèrent l'épouvante [1]. Sur la rampe d'assaut, Denys « fit avancer contre la muraille les tours roulantes à six étages qui avaient été construites en fonction de la hauteur des murailles », et les munit ensuite de ponts volants « pour envahir de vive force le toit des maisons voisines [2] ». Les catapultes écartèrent les défenseurs des murs que l'on put alors battre avec des béliers.

C'est sans doute la première fois qu'était conduit un siège moderne, avec un matériel abondant, utilisé rationnellement. Une technique nouvelle était véritablement née. On pourrait reprendre la plupart des indications que Diodore nous a fournies. Il y a la recherche du matériel, tout à la fois dans une perspective de nouveauté et dans la tradition pour ne pas dérouter les divers contingents de l'armée : efficacité de la tradition chez des gens encore techniquement peu évolués, et de l'autre côté, les novations les plus poussées. Il y a aussi la construction de tout ce matériel dans les bases de départ et son transport. Il y a encore la préparation du siège, l'examen des fortifications ennemies par des gens de l'art. Nous franchissons ici un pas important. Le coup d'œil, le coup de main, l'habileté individuelle ne sont plus seuls en jeu. La technologie, au sens plein du terme, fait maintenant son apparition, avec tous les enseignements didactiques qu'elle comporte.

Nous ignorons, à dire vrai, quelles furent effectivement les nouveautés apportées par les ingénieurs de Denys de Syracuse. Les rampes d'assaut n'étaient pas inconnues, ni les béliers, ni les tours de siège (celles de Motye avaient six étages). Serait-ce alors l'invention de la catapulte ? On était passé de l'arc simple à l'arc composé, fait de deux moitiés serrées dans un même embout. On avait pu ainsi donner à cette arme une force nettement supérieure à celle de l'arc simple. Puis cet appareil avait été renforcé et transformé en ce que les Grecs

1. Diodore, XIV, 50.
2. Diodore, XIV, 51.

appelèrent le *gastrophète*, c'est-à-dire une sorte d'arbalète. De cet instrument on serait donc arrivé à l'artillerie névrobalistique. Les deux bras de l'arc sont alors séparés et le seul lien qui les unit est la corde archère. Ces deux bras passent au travers d'un faisceau de fibres élastiques que les bras tordent lorsqu'on tend la corde. C'est dans ce faisceau de fibres élastiques que se trouve donc désormais le ressort qui envoie le projectile. D'où venaient ces perfectionnements? Aucun texte ne nous permet de le dire. On a souligné que Denys était en rapport avec Archytas et qu'ils entretenaient une correspondance. Jamais cependant, Archytas, auquel on a attribué beaucoup d'inventions, n'a été crédité d'une invention d'arme. Dans la seconde moitié du IVe siècle, on voit se répandre sur l'ensemble des terres grecques la pratique de cette artillerie névrobalistique. Il est vraisemblable, pour Marsden [1], que ce matériel avait été inventé au début du IVe siècle par les ingénieurs de Denys l'Ancien.

Il serait alors probable que les deux types d'appareils névrobalistiques aient été imaginés à ce moment même :

— dans la machine dite palintone (baliste), les bras sont dirigés vers le devant de la machine. L'angle total de torsion n'est que de 73° 44',

— dans la machine dite euthytone, les bras sont tournés vers l'arrière de la machine : ici, l'angle du battement n'est que de 36° 52'.

Ainsi, à machines égales, à tensions égales, la force initiale de la machine palintone dépasse le triple de celle de la machine euthytone. Les images que nous donnons aideront, nous le pensons, le lecteur à comprendre la différence entre les deux machines. Elles étaient, l'une et l'autre, montées sur des bâtis de bois. Le tir incliné constituait, dans l'artillerie des Anciens, un principe permanent et nécessaire.

Cette artillerie nouvelle excita une surprise mêlée de terreur. « Adieu bravoure », s'écria Archidamos, fils d'Agésilas, à la vue d'un trait de catapulte apporté de Syracuse, vers 338. La technique, plus scientifique, était au bord de la réussite : la machine allait bientôt, pensait-on, supplanter le courage et la vaillance [2].

Classons un peu. La catapulte se répand entre 400 et 350. Elle

1. E. W. Marsden, *op. cit.*, p. 16 s.
2. V. Prou, *La Chirobaliste d'Héron, passim.*

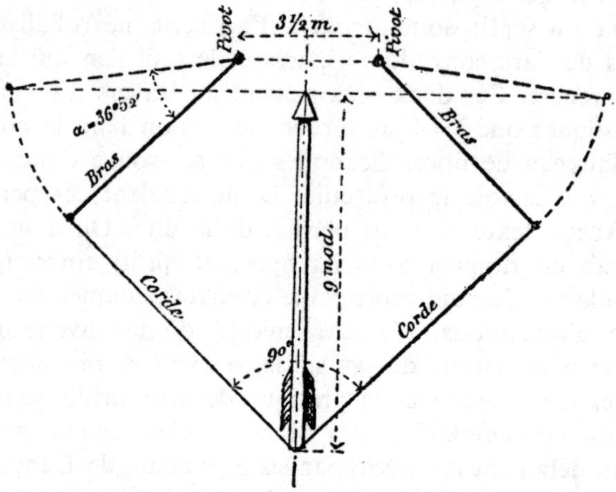

Épure balistique de l'euthytone

lance des flèches et tout le monde admet qu'elle n'est pas née dans la Grèce proprement dite. Dans les expéditions d'Alexandre en Asie apparaissent les pétroboles et les lithoboles, très certainement le même instrument sous deux noms différents mais proches. Elles auraient été inventées au siège d'Halicarnasse et placées en haut des tours mobiles [1]. On en voit aussi au siège de Tyr, montées sur des navires [2]. On a donc d'un côté ce que l'on a appelé les oxybèles (flèches) et les pétroboles (boulets de pierre), démontables et transportables. C'est à l'extrême fin du IVe siècle que l'on distingue les montages différents des uns et des autres : les machines palintones et euthytones [3].

C'est le moment, aussi, où des noms apparaissent, qui témoignent d'exceptionnelles réussites. C'est là également la preuve d'une certaine rationalisation, d'efforts constants vers une perfection indiscutable, le début, enfin, d'une tradition qui fut certainement orale avant d'être consacrée par l'esprit, par l'écrit.

1. Arrien, *Anab.*, I, 22, 2.
2. Diodore, XVIII, 42, 7 et 45, 2.
3. Garlan, *Poliorcétique*, p. 212 s.

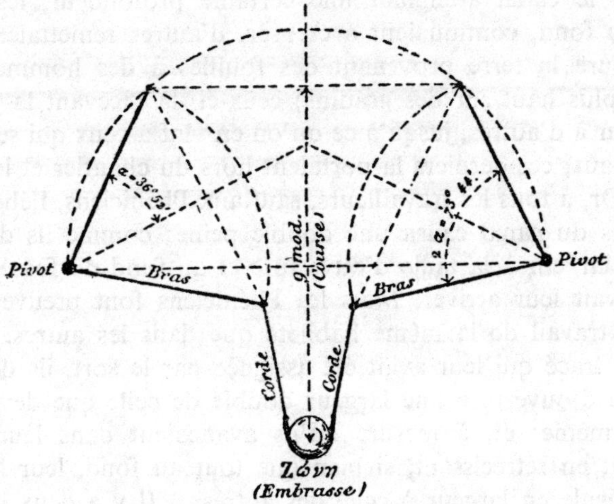

Épure balistique du palintone

Les noms qui nous sont parvenus, avant le IVe siècle, sont rares, extrêmement rares. Signalons Mandroklès qui, pour les armées de Darius, à la fin du Ve siècle, jeta sur le Bosphore un pont de bateaux, « exécutant ce qu'avait dans l'esprit le roi Darius ». L'ingénieur en fut si satisfait qu'il en fit faire un tableau de grandes dimensions [1]. Notons, nous y reviendrons, que Mandroklès était de Samos. Retenons aussi les noms de deux techniciens perses : ceci montre déjà à l'époque de Xerxès, soit le début du Ve siècle, l'étendue et, comme nous allons le voir, les limites de l'expansion d'un certain savoir technique. Dans sa première expédition, Xerxès avait subi un désastre en contournant l'Athos. Aussi décida-t-il de faire pratiquer un canal à travers l'isthme qui sépare l'Athos de la terre ferme. Quantité de personnes, venues de partout, exécutèrent ce travail à coups de fouet sous la direction de deux Perses, Boubarès, fils de Mégabase, et Artachaies, fils d'Artaios. Pour des raisons certainement linguistiques, chaque nation représentée se vit affecter un secteur du travail. Relisons Hérodote qui donne des détails qu'il n'a pu imaginer :

1. Hérodote, IV, 87-88.

« Quand le canal atteignait une certaine profondeur, les uns, se tenant au fond, continuaient à creuser, d'autres remettaient au fur et à mesure la terre provenant des fouilles à des hommes qui se tenaient plus haut sur des gradins; ceux-ci la recevant la passaient à leur tour à d'autres, jusqu'à ce qu'on en vînt à ceux qui se tenaient tout en haut; ces derniers la portaient hors du chantier et la jetaient ailleurs. Or, à tous les travailleurs, sauf aux Phéniciens, l'éboulement des parois du canal causa une double peine; comme ils donnaient la même largeur à la taille d'ouverture et au fond du fossé, pareille chose devait leur arriver. Mais les Phéniciens font preuve dans ce genre de travail de la même habileté que dans les autres. Dans la partie du tracé qui leur avait été assignée par le sort, ils donnèrent à la taille d'ouverture une largeur double de celle que devait avoir le canal même; et, à mesure qu'ils avançaient dans leur travail, ils allaient en rétrécissant, si bien que tout au fond, leur fouille se trouvait égale en largeur à celle des autres. » Il y a deux notations intéressantes dans ce texte. Pour le travail des premiers, c'est la présence de gradins successifs, et certainement d'appareils de levage, aussi simples aient-ils pu être : par exemple cordes et poulies. Les Phéniciens étaient plus subtils puisqu'ils avaient découvert les vertus d'un talus en pente, pour éviter les éboulements, mais peut-être alors l'évacuation des terres était-elle moins simple [1].

On aimerait, certes, mieux connaître Artémon de Clazomène (vers 469 — vers 429), en qui certains ont vu « le fondateur d'un nouvel art des sièges [2] ». Il était ingénieur et fabricant de machines. Ce Grec d'Asie — les Athéniens eurent une réputation d'habileté mécanique que les faits justifient imparfaitement — montra son savoir-faire au siège de Samos, en 430-429. Périclès, note Diodore de Sicile, « employa le premier les machines connues sous le nom de béliers et de tortues, construites sur les plans d'Artémon de Clazomène ». L'homme d'État admira, aux dires de Plutarque, la nouveauté de ces machines dont on ne fit peut-être pas grand usage lors

1. Hérodote, VII, 22-23. Le traducteur français a ajouté une note qui étonne un peu : il est question en effet d'une « singulière inexpérience et de peu de jugement », si bien que l'éloge décerné aux Phéniciens était mérité à peu de frais. L'invention du talus dans un tel travail et l'estimation de sa pente révèlent au contraire un savoir technique peu commun.

2. Plutarque, *Périclès*, 27; Diodore, XII, 27-28; Pline, *Hist. nat.*, VII, 56.

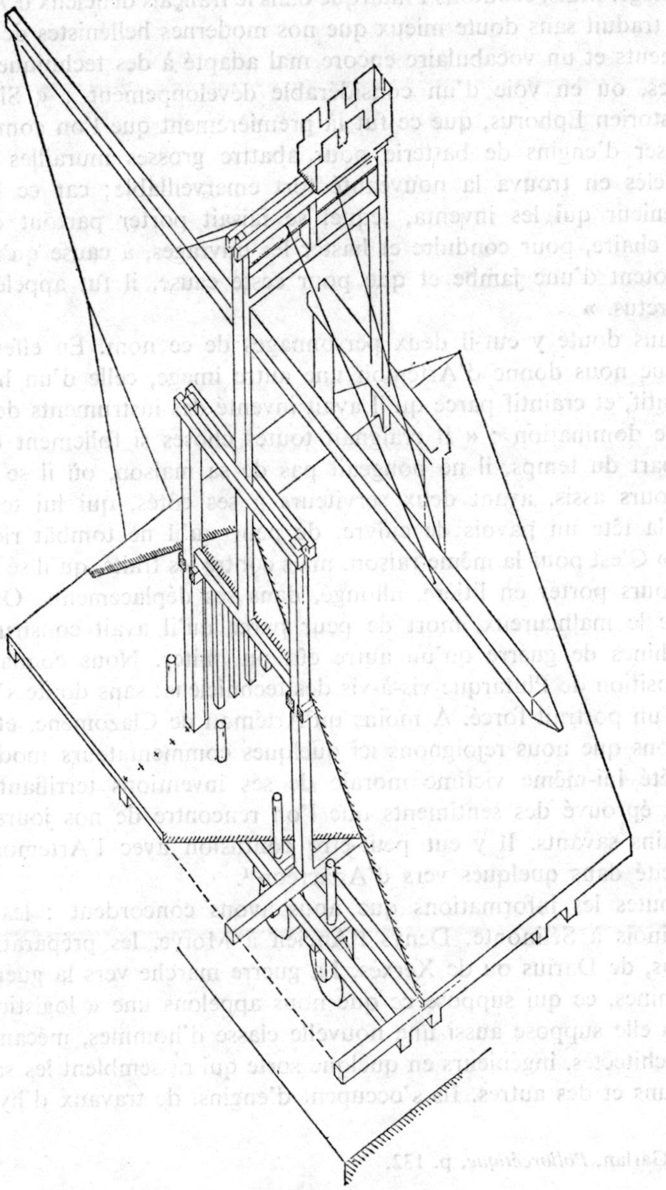

La tortue d'Hégétor

du siège. Mais, écoutons Plutarque dans le français délicieux d'Amyot, qui traduit sans doute mieux que nos modernes hellénistes des étonnements et un vocabulaire encore mal adapté à des techniques nouvelles, ou en voie d'un considérable développement : « Si escrit l'historien Ephorus, que ce fut là premièrement que l'on commença à user d'engins de batterie pour abattre grosses murailles et que Périclès en trouva la nouveauté fort émerveillable; car ce fut un ingénieur qui les inventa, lequel se faisait porter partout dedans une chaire, pour conduire et haster les ouvrages, à cause qu'il était impotent d'une jambe et que pour ceste cause, il fut appelé Periphoretus. »

Sans doute y eut-il deux personnages de ce nom. En effet, Plutarque nous donne d'Artémon une autre image, celle d'un homme craintif, et craintif parce qu'il avait inventé des instruments de mort et de domination : « Il craignait toutes choses si follement que la plupart du temps, il ne bougeait pas de sa maison, où il se tenait toujours assis, ayant deux serviteurs à ses côtés, qui lui tenaient sur la tête un pavois de cuivre, de peur qu'il ne tombât rien sur lui. » C'est pour la même raison, mais contre les traits, qu'il se faisait toujours porter en litière, allongé, dans ses déplacements. On voit donc le malheureux, mort de peur parce qu'il avait construit des machines de guerre qu'un autre eût pu imiter. Nous connaissons la position de Plutarque vis-à-vis des techniciens; sans doute s'agit-il là d'un portrait forcé. A moins qu'Artémon de Clazomène, et nous verrons que nous rejoignons ici quelques commentateurs modernes, ait été lui-même victime morale de ses inventions terrifiantes, et n'ait éprouvé des sentiments que l'on rencontre de nos jours chez certains savants. Il y eut peut-être confusion avec l'Artémon qui est cité dans quelques vers d'Anacréon [1].

Toutes les informations que nous avons concordent : les Carthaginois à Sélinonte, Denys l'Ancien à Motye, les préparatifs de Cyrus, de Darius ou de Xerxès. La guerre marche vers la guerre de machines, ce qui suppose ce que nous appelons une « logistique ». Mais elle suppose aussi une nouvelle classe d'hommes, mécaniciens et architectes, ingénieurs en quelque sorte qui rassemblent les savoirs des uns et des autres. Ils s'occupent d'engins, de travaux d'hydrau-

1. Garlan, *Poliorcétique*, p. 132.

lique, de fortifications, et ne le peuvent faire sans une certaine rationalité qui est le seul moyen d'efficacité. Et qui oserait dire qu'ils sont passés à côté d'un certain savoir scientifique ? Ils ne pouvaient pas ne pas mesurer, chiffrer ou représenter. Entre le VIe et le IVe siècle, le monde technique, un certain monde technique bascule vers quelque chose qui n'existait pas auparavant.

2. Archéologie d'un système

Il aurait été étonnant que, dans cette évolution rapide de quelques techniques importantes, on n'ait pas cherché du côté d'une science qui, elle aussi, prenait son essor, des idées utiles, des modes de raisonnement sinon de démonstration. Tout résidait dans l'art qu'eurent certains de découvrir des points de rencontre et l'inévitable fermeture de quelques frontières. Le balancement incessant, et combien riche de promesses, de l'une à l'autre de ces recherches, les sourires de connivence, et les dépits, sans doute plus marqués du côté de la technique, finalement les incompréhensions réciproques dont Platon et Aristote firent l'une des bases de leurs systèmes et de leurs refus.

En effet, ce n'est pas seulement une technique en progrès que nous allons voir surgir, c'est aussi une technique qui cherche sa rationalité, qui fait appel à des principes que la science vient de découvrir, vient de dégager, et qui fournit aussi à la science quelques-uns des éléments qui lui faisaient défaut. Du jour où la technique, confusément sans doute au départ, pour résoudre ses problèmes, ne fait plus appel à des collections de cas particuliers, si particuliers qu'ils n'ont pas de lien sensible entre eux, mais applique des principes généraux, ce qui implique une organisation du savoir technique, elle peut prendre appui sur une science qui, certainement partie de la technique à ses origines, est devenue progressivement indépendante, partiellement indépendante, se nourrissant elle-même par ses vertus discursives. Nous retrouvons là ce lien qui fit la fortune de la Renaissance. A la suite de Platon, du Platon de Plutarque, nos modernes historiens des sciences ont voulu trouver, à l'intérieur d'elles-mêmes, et seulement dans cette perspective, les raisons de leurs propres développements. Abel Rey, presque isolé, parlait cependant de la « science technique des Grecs ». L'histoire des sciences dans l'Antiquité est connue dans son ensemble, celle des techniques l'est beaucoup moins. Et, surtout, rares sont les historiens qui ont tenté cette synthèse entre science et technique que les mécaniciens d'Alexandrie devaient placer au centre de leurs préoccupations.

Notons tout de suite l'exacte concordance chronologique. C'est aussi du VIe au IVe siècle, à la fin du IVe siècle, que s'étend la science hellène, comme l'appelait Tannery, de l'apparition de l'école ionienne, si proche encore des techniques, à l'expansion soudaine du monde grec d'après les conquêtes d'Alexandre. D'un bout à l'autre de cette période, les interférences réciproques sont continues. D'emblée, on rencontre de ces personnages qui s'intéressent tout à la fois à la science et à la technique, de Thalès, phycisien et mathématicien, mais aussi technicien, à Archytas, qui fut un très grand savant, et très certainement aussi remarquable technicien. C'est aux philosophes, et à quelques esprits chagrins, que l'on doit une séparation arbitraire et le désir d'une science dégagée de ses origines impures : on doit se souvenir de l'Archimède de Plutarque n'ayant jamais rien voulu écrire sur les arts mécaniques, on retiendra Archytas en qui l'on a voulu voir deux personnages, le savant et le mécanicien. Est-on parfaitement convaincu qu'il y ait une séparation formelle entre science de droit et science de fait?

Ce n'est pas le lieu, ici, de brosser, même à grandes touches, l'histoire de cet exceptionnel développement de la science, des sciences. Peut-être peut-on regretter seulement, parce que ce sera là l'une de nos préoccupations essentielles, que les historiens aient morcelé cette histoire. Il eût fallu, pensons-nous, mieux mettre en valeur la naissance d'un « système » scientifique qui, nécessairement, devait se lier au système technique.

Certes, la physique demeure hésitante, embuée qu'elle était encore dans les notions abstraites, dont l'avenir fera vite table rase. Il n'était guère possible aux techniciens de l'utiliser, et les savants, de leur côté, ne pouvaient rien apprendre de la technique. Nous jugerons, avec Straton de Lampsaque, qui n'avait pas la valeur de beaucoup d'autres, combien le divorce était ressenti, et grand. Cette « physique amusante », dont on a si souvent daubé à propos de nos mécaniciens, n'était peut-être en définitive qu'une réaction devant une science trop purement abstraite et le moyen de mettre en évidence des phénomènes dont on ne possédait aucune explication valable de type scientifique. Les physiciens, avec leurs cabinets de physique, avec leurs expériences démonstratives, mais de démonstration visuelle, ont fait, au XVIIIe siècle, de même. Ici, la technique n'a pas réussi à dégager des concepts généraux utilisables.

Les progrès des mathématiques, durant cette même période, sont infiniment supérieurs. L'arithmétique, dont les pythagoriciens étaient particulièrement friands, n'a cessé de se développer. Il en est de même de la géométrie qui, incontestablement née de problèmes pratiques, s'est élevée au rang de science, avec toutes les exigences que cela comporte. On est passé de l'intuition et de la démonstration technique, que l'on ne cessa ensuite de repousser au domaine des accessoires impurs, à la vertu discursive. Parce qu'elle se prêtait mieux que toute autre science à la réflexion purement intellectuelle, la géométrie prit très rapidement le pas sur les autres disciplines scientifiques. Et parce qu'elle avait une valeur visuelle de démonstration que ne possédaient pas les autres, elle est devenue la science par excellence, presque celle dont tout doit découler. Il est tout à fait naturel que la technique, du jour où elle passe des seuls geste et parole à un stade d'intelligence supérieur, se soit appuyée sur le nombre et sur la figure géométrique.

Tant que l'on ne sait pas figurer, on compte, et l'on dresse des tables tout comme l'avait fait Pythagore, en tenant compte d'intervalles réguliers, de quelque nature qu'ils fussent. Dès que l'on peut traduire un problème en figure, alors intervient la géométrie. Et là est l'ultime possibilité de démonstration rigoureuse. La statique, l'optique, l'astronomie se voudront géométriques. Et nous en retrouverons ces démarches dans la technique.

Il n'y a sans doute pas de lien plus concret entre science et technique que dans la musique. La gamme avait été perçue à l'oreille avant d'avoir une traduction mathématique. Le passage d'une gamme de sons à une gamme de nombres s'est fait par de constantes confrontations entre l'art et les constructions de l'esprit. C'est cette méthode de tables, de chiffrages successifs, ordonnés, qui devait conduire, lentement, à partir de Pythagore, de la technique ou de l'art vers la science. De là l'emploi, au bout du compte, souvent, d'un langage commun : le « ton » caractérise la gamme comme il définit la pièce d'artillerie [1].

1. L. Laloy, *Aristoxène de Tarente, disciple d'Aristote, et la Musique dans l'Antiquité*, Paris, 1904.

La chose était beaucoup plus difficile en ce qui concerne la géographie qui est à la fois science et support d'une technique, celle du voyage. Elle passe aussi par la mesure, par une mesure dans les trois dimensions et se raccroche, en quelque sorte, à l'astronomie. Les historiens d'abord, les explorateurs ensuite, fournirent les premières indications, dispersées sans doute, difficiles à relier les unes aux autres : tables d'observations astronomiques, recoupements ou additions d'itinéraires furent les premiers soucis des géographes. Eudoxe de Cnide, dans la première moitié du IVe siècle, s'intéressa plus à l'astronomie. Puis, dans la seconde moitié du même siècle, Timosthène et surtout Dicéarque mirent sur la voie d'une géographie plus scientifique. Dicéarque, qui était de Messine, fut disciple d'Aristote, puis « dissident ». Il posa le principe de construction d'une carte scientifique, en traçant les deux coordonnées fondamentales. Il s'attacha aussi au calcul de la hauteur des montagnes. La géométrie venait à l'aide d'une géographie nouvelle.

D'autres problèmes, d'apparence exclusivement scientifique, pouvaient conduire à des techniques précises. Ainsi en est-il de la perspective [1] si utile pour la scénographie et les décors de théâtre. Plusieurs noms se détachent. Anaxagore de Clazomène, sans doute l'un des derniers grands représentants, vers le milieu du Ve siècle, de l'école ionienne, fut philosophe et savant : Socrate et Périclès, dit-on, suivirent ses leçons avant qu'accusé d'impiété il ait été condamné à l'exil et se soit réfugié à Lampsaque. Il travailla donc sur la perspective, en géomètre, et s'occupa de décors de théâtre, à une époque où le théâtre devient monument et soulève précisément des problèmes à cet égard. Agatharcos de Samos, de peu postérieur au précédent, était peintre et fut, au dire de Vitruve, l'inventeur de la scénographie perspective, ou du moins la perfectionna. Le grand Démocrite d'Abdère, dans la première moitié du IVe siècle, auteur d'un traité de géométrie aujourd'hui perdu, et dont on a dit qu'il contenait des applications pratiques, s'intéressa aussi et à la perspective et aux décors de théâtre.

Il est un autre point dont presque personne n'a discuté. L'organisation de l'enseignement, aussi bien en France qu'en Allemagne et ailleurs, a été telle qu'Athènes et le Lycée, fondé par Aristote, ont

1. Nous manquons d'une bonne histoire de la perspective.

été érigés en centre intellectuel du monde hellénique, seule source du savoir, drainant en quelque sorte toutes les personnalités exceptionnelles, sans doute aussi celles qui étaient d'un niveau plus médiocre. Il faudrait mettre en évidence une réalité plus nuancée, plus décentralisée comme nous dirions aujourd'hui. Il est remarquable de constater que la très grande majorité de ces personnes qui ont créé la pensée grecque sont étrangères à Athènes. Aristote lui-même n'était-il pas un barbare macédonien? Ceci implique qu'il existait, çà et là, sur le pourtour de la Méditerranée, des villes où l'on pouvait recevoir une certaine éducation.

Allons plus loin. C'est à Samos et à Milet, c'est en Ionie qu'était née la science, que s'était rationalisée la technique. Nous allons y revenir. Mais pourquoi ne pas souligner aussi que, bien que passés à Athènes, les uns par patriotisme local, d'autres pour échapper à des dictatures intellectuelles qui durent être sévères, les uns de leur propre gré, les autres chassés parce qu'ils étaient dissidents, fondèrent ou développèrent des « écoles » où l'on envisageait le monde d'une autre façon. Entre la fin du ve et le début du ive siècle, Euclide de Mégare, qui fut disciple de Socrate, revient fonder une école dans sa patrie. A la fin du ve siècle, Anaxagore de Clazomène, chassé d'Athènes fonde une école à Lampsaque. Ne connaît-on pas la très riche école de Cnide où naquit une nouvelle médecine? Dans la première moitié du ive siècle, Eudoxe s'établit à Cyzique, puis lui succèdent, au cours du siècle, plusieurs personnages intéressants, Hélicon de Cyzique, Mennechme de Proconnèse, Polémarque de Cyzique, enfin Callippe. C'est de Cyrène que viendront Théodore de Cyrène, Callimaque et Eratosthène. Il n'est pas impossible que Rhodes ait aussi connu une école peu avant l'époque d'Alexandre.

Ce ne sont pas des écoles provinciales. Ce sont des centres de réflexion qui échappent à la pesanteur péripatéticienne, et où Pythagore revient à l'honneur. Il en est de même, de façon symptomatique, pour tous ceux qui vinrent dans la grande Grèce italienne où Philolaos emporta les œuvres de Pythagore, où Platon tenta de les lui enlever. Il faudrait recenser, comme on l'a fait déjà, mais dans un autre esprit, les hommes et les œuvres et les classer selon des normes qui échapperaient à l'hégémonie athénienne.

Thalès de Milet est sans doute l'un des premiers exemples de cette conjonction entre science et techniques. On connaît son esprit mathématique, et Platon l'avait classé « parmi les hommes bien doués pour les arts mécaniques ». Selon une tradition que rapporte Hérodote [1], il aurait détourné le cours du fleuve Halys, pour permettre à l'armée de Crésus de le traverser, ou, tout au moins, il l'aurait rendu guéable en creusant un ou plusieurs canaux de dérivation. Géomètre, Thalès fut l'un des premiers à se pencher sur un problème que tous les techniciens chercheront à résoudre, la mesure des distances inaccessibles.

Citons, à la suite, Anaximandre de Milet, parent et disciple de Thalès. Il toucha un peu à tout. Il composa, à l'âge de 64 ans, un traité, *De la nature*, qui est à la fois une cosmologie et une physique. Il aborda en outre la géographie, l'anthropologie, l'astronomie et les mathématiques. Sa grande découverte fut la détermination de l'écliptique. Sans doute était-il plus attiré par l'application des mathématiques que par les mathématiques pures. Son traité de géométrie, aujourd'hui perdu, était peut-être un recueil de constructions pratiques, certains disent même un traité de cartographie se rapportant à la représentation de la Terre sur une mappemonde. Selon la tradition, il « osa dessiner sur un tableau la Terre habitée ». Le ciel était une sphère dont la moitié inférieure n'était pas visible et la Terre se trouvait être un cylindre se maintenant au milieu de la sphère céleste par l'égale attraction de tous les points du ciel environnant [2]. On sait peu de chose de cette carte.

Anaximandre fit école. Son premier disciple, au début de la seconde moitié du VIe siècle, Anaximène reprit ses travaux sur le fameux problème de la distance de la Terre au Soleil ou à la Lune et selon certains, ce qui est fort contesté par d'autres, il aurait calculé par triangulation la distance de la Terre au Soleil. Pline attribua à Anaximène l'invention du gnomon tandis que Anaximandre aurait imaginé un « polos », sorte d'horloge sphérique [3]. Vers 500, Aristagoras, de Milet, emporta avec lui à Sparte une carte gravée sur du cuivre, qui figurait les contours de la Terre, la mer et les fleuves [4].

Samos, sans doute, joua un rôle considérable. En dehors même de Pythagore qui en était originaire, la ville fut un foyer remarquable

1. Hérodote, I, 70; Platon, *République*, 600 a.
2. P. Pedech, *La Géographie des Grecs*, Paris, 1976, p. 33.
3. Pline, *Hist. nat.*, II, 78.
4. Hérodote, V, 49.

d'inventions, d'inventions les plus diverses [1]. Pausanias [2] nous cite Rhoicos, Teleclès et Théodoros, personnages semi-légendaires que l'on attribua au VIe siècle, qui se distinguent mal les uns des autres sur le plan de la technique. C'est cependant à Théodoros que l'on attribue le plus d'imagination : le niveau, l'équerre, c'est-à-dire les instruments mathématiques de la construction, mais aussi le tour, la clef, et jusqu'au levier. Il aurait également introduit d'Egypte, et perfectionné, l'art de couler le bronze et il aurait exécuté des statues de bronze de grandeur nature. Quelques-uns prétendent qu'il aurait inventé l'art de couler le fer, ce qui est manifestement impossible pour l'époque. C'est à lui que l'on devait le système de chauffage central du temple de Diane à Ephèse. Nous avons cité Agatharcos.

Hérodote [3] s'étend sur les Samiens parce que c'était chez eux que l'on pouvait voir trois des plus fameux ouvrages de l'Antiquité. Il y avait le temple, édifié par Rhoicos, fils de Philes de Samos. Le second était le môle établi en mer pour protéger le port : il était implanté à une profondeur de plus de 35 m, et long de plus de 355 m.

Il y avait enfin le tunnel destiné à conduire l'eau à la ville. Il fut construit au VIe siècle, sous la direction d'Eupalinos, fils de Naustrophos, de Mégare. De la prise d'eau à l'entrée du tunnel, il y avait une canalisation de 835 m de long. Le tunnel lui-même avait environ un kilomètre de long et, à la suite, une autre canalisation de 400 m pour arriver à la ville. Le percement du tunnel avait été entamé simultanément par les deux bouts, ce qui posait un problème que seules des connaissances mathématiques pouvaient résoudre. Des erreurs de nivellement furent cependant commises. On dut en effet dévier le tunnel à 425 m de l'extrémité sud pour que les deux galeries pussent se rencontrer. La hauteur et la largeur de l'ouvrage étaient de 8 pieds (2,40 m environ). Une rigole de terre cuite était disposée le long d'une des parois, le reste en largeur faisait chemin de circulation. Vingt puits verticaux permettaient d'y pénétrer et en assuraient la ventilation. Le tout était maçonné et voûté. La pente du tunnel dut être creusée de plus en plus profondément à mesure que,

1. J. Bidez, « Les premiers philosophes grecs, techniciens et expérimentateurs » *Le Flambeau,* IV, 1921, n° 4, p. 414-427.
2. Pausanias, III, 2, 10.
3. Hérodote, III, 60.

l'on s'éloignait de l'extrémité nord : il avait donc été commis une seconde erreur sur la pente.

Il a été généralement admis que le tunnel d'Eupalinos avait été le résultat d'une application pratique de la géométrie de Pythagore. Une étude récente [1] suggère bien que le problème auquel dut faire face Eupalinos est application pratique d'un savoir géométrique, non le résultat d'une construction théorique. Le tunnel fut creusé le long d'une des quelques lignes par lesquelles on peut atteindre l'autre côté de la montagne. Peut-être traça-t-on cette ligne, sur laquelle on creusa des puits verticaux qui apportaient la lumière, et la galerie fut réalisée en rejoignant successivement la base de ces puits. On pourrait expliquer ainsi d'une part le léger décrochement vers le milieu, correspondant au point haut de la montagne, et le défaut de pente. En fait, la galerie sud aboutissait 2 m trop bas et 6 m à l'ouest de celle du nord.

Notons que l'aqueduc de Pisistrate, à Athènes, date également du VIe siècle. Il allait de l'Hymette à l'emplacement du théâtre d'Hérode Atticus, avec deux branches. Il engloba l'ancienne distribution par citernes. L'eau y coulait librement. Un tel travail supposait également des connaissances de géométrie et de nivellement.

Et nous retrouverons, par la suite, d'autres Samiens. A l'époque de Périclès, les Samiens battirent sur mer les flottes athéniennes : la samienne était un gros vaisseau, ventru et plus creux que les autres, de façon a être lourdement chargé et à marcher plus rapidement [2]. Le tyran Polycrate, à la fin du VIe siècle, avait attiré savants et ingénieurs, et réuni une belle bibliothèque. Eupalinos faisait partie de ce cercle, comme Mandroklès qui réalisa pour Darius, en 513, le pont sur le Bosphore [3].

Il faudrait, pour comprendre la genèse et les développements de ce mouvement qui conduit à la science et à une technique évoluée, non pas, comme on le fait trop souvent, prendre auteurs et disciples les uns après les autres, et séparément, allant même jusqu'à « morceler » des auteurs qui travaillèrent dans plusieurs domaines, mais chercher précisément les points de contact. Et tous les hommes de

1. Goodfield — St Toulmin, « How was the Tunnel of Eupalinos of Samos ligned? », *Isis*, LVI, 1965, p. 46 s.
2. Plutarque, *Périclès*, XXV, 4.
3. Hérodote, II, 182; Thucydide, I, 13.

cette riche époque nous fournissent l'image de savants attirés tout autant par la science pure que par les problèmes matériels. Tel avait été Anaximandre. Tel fut Anaxagoras dont nous avons vu qu'il était mathématicien, géomètre, s'occupant de perspective, qui s'intéressa aussi à l'astronomie, à la biologie, jusqu'aux dissections, qui chercha à déceler la cause des crues du Nil. Empédocle, d'Agrigente, ce médecin qui se suicida en se jetant dans l'Etna en éruption, tenta de rendre compte par analogie des phénomènes naturels : il annonça aussi bien la position stable de la Terre au centre de l'univers que la respiration par les pores de la peau. Au temps d'Anaxagore, Oenopide de Chio discourait sur le mouvement annuel du Soleil sur la sphère céleste.

D'après un texte où Thucydide est rien moins qu'affirmatif, Aminoclès de Corinthe aurait inventé la trière vers 704. Des recherches plus poussées ont montré que la trière apparaît pour la première fois en Ionie vers le milieu du VIe siècle au plus tôt. Polycrate de Samos semble avoir été le premier homme d'État grec à adopter la trière comme vaisseau de ligne régulier. A la bataille de Ladé (été 494), la flotte grecque n'est plus faite que de trières. Écoutons J. Taillardat : « On imaginerait volontiers un Aminoclès de Corinthe, vivant au VIe siècle, qui serait l'introducteur de la trière dans le monde grec, et qui aurait exercé son art pour Samos. Ainsi l'on s'expliquerait bien que la trière ait été le fondement de la puissance de Polycrate, tyran de Samos, et, d'autre part, que les colonies de Corinthe aient tôt possédé des trières[1]. » Au milieu du IVe siècle, on ne savait déjà plus la construire.

Le même effort se retrouve dans d'autres techniques. Un parfait exemple de rationalisation nous est donné dans le domaine de la construction. Le temple de Diane, à Ephèse, l'une des sept merveilles du monde, fut l'œuvre de deux architectes, Chersiphron et Métagène. Ils auraient inventé des dispositifs et des machines pour transporter les matériaux et les mettre en place, à la hauteur voulue. Des siècles plus tard, Pline et Vitruve[2] nous attestent l'admiration que ces deux architectes provoquèrent, et provoquaient encore de leur temps, dans le monde des constructeurs. Et Vitruve ne manque pas de

1. J. Taillardat, « La trière athénienne... », dans J.-P. Vernant, *Problèmes de la guerre*, *op. cit.*, p. 183 s.
2. Pline, *Hist. nat.*, VII, 125; Vitruve, VII, préface.

signaler l'ouvrage, aujourd'hui malheureusement perdu, qu'ils rédigèrent précisément sur ces machines nouvelles qu'ils avaient conçues et que des générations d'architectes se transmirent au cours des siècles, sans qu'il y ait eu besoin de grands perfectionnements ultérieurs. Ce sont ces machines que, pour la plupart, Vitruve devait reprendre.

Les attributions se font désormais plus nombreuses, encore qu'elles soient souvent douteuses. On cite des noms pour des inventions essentielles et cette abondance même semblerait montrer que c'est bien à partir du VIe siècle que la technique se développe; que l'outillage se multiplie, que les machines font leur apparition en nombre.

Après Thalès, mentionnons Anacharsis le Scythe, qui serait venu à Athènes vers 589. Il y serait devenu l'ami de Solon et de Périandre de Corinthe. On lui devrait, selon la légende, l'ancre marine et le tour de potier [1]. C'est à Glaucos de Chios (617-560) que certains concèdent l'invention de la soudure du fer.

Nous avons vu que l'on était passé des inventeurs légendaires ou semi-légendaires, et presque tout de suite, à des techniques réfléchies. Archytas nous apparaît bien ainsi comme l'héritier de tout ce mouvement, parti de Thalès, savant et mécanicien, de Pythagore, le mathématicien, d'Empédocle, médecin sicilien et expérimentateur. Pythagore serait venu s'établir en Sicile. Son disciple direct, Philolaos, qui avait, dit-on, recueilli ses œuvres, fut le maître d'Archytas, né à Tarente, qui brilla de son éclat à l'aube du IVe siècle. Nous nous trouvons en face d'une conjonction assez remarquable : des philosophes qui ne dédaignent pas, non plus que les savants, la pratique des techniques, des hommes d'État attentifs, par nécessité, à tout le monde matériel. C'est tout ce que symbolise en quelque sorte Archytas. Il est issu de tout ce milieu pythagoricien, il est savant, il est technicien, il est homme d'État et, selon Plutarque, il encourra les reproches de Platon pour ce mélange des activités. Son œuvre, malheureusement, ne nous est parvenue qu'à l'état de fragments infimes, souvent suspects [2].

Certains ont nié, avec des arguments peu convaincants, la vocation technicienne, ou, pour être plus précis, mécanicienne d'Archytas. Les textes que nous possédons sur Archytas paraissent au contraire

1. Hérodote, IV, 75.
2. Edités par A.E. Chaignat, *Pythagore et la Philosophie pythagoricienne*, Paris, 1873, t. I, p. 259-331.

concorder à cet égard. Écartons le reproche fait par Platon à Archytas, comme à Eudoxe et à Ménechme, d'avoir résolu le problème délien avec un instrument mécanique, le « mésolabe » ou « mésographe » : la solution ne nécessite aucunement l'emploi d'un appareil mécanique. Ce que l'on voulait marquer, sans doute, c'est qu'il existe une démarche scientifique, fondée sur la démonstration rigoureuse, et une démarche mécanique qui ne tient compte que d'une solution efficace, obtenue par divers raisonnements qui ne relèvent pas nécessairement de la démonstration.

A vrai dire, l'œuvre de mécanicien d'Archytas n'est pas très sûre. Il semble que ce soit à cette époque que l'on mette définitivement au point les chaînes cinématiques élémentaires, événement considérable en technique qui suppose un degré élevé de réflexion. On a attribué à Archytas l'invention de la vis et de la poulie. On le présente au reste comme un inventeur fécond [1]. Il serait le père de la crécelle, du cerf-volant. Il aurait construit une colombe volante dont toute l'Antiquité a parlé avec admiration [2]. Elle n'avait qu'un défaut : une fois posée, elle ne pouvait plus reprendre son vol, le mécanisme s'arrêtant là. Il ne serait pas impossible qu'il ait réellement inventé un certain nombre de mécanismes.

Vitruve [3] le cite comme ayant écrit sur les mécaniques appliquées. Il faudrait savoir comment se sont articulés ses connaissances scientifiques, qui furent indéniables, et son savoir-faire technique. Des premières nous ne savons pas grand-chose, sinon qu'elles furent certainement très importantes. De son savoir technique, on ne peut s'en rapporter qu'à la tradition. Reprenons Plutarque : « Archytas, qui excellait dans la fabrication des machines, voulant conduire la géométrie et la spéculation aux usages de la vie, en avait fait toutes sortes d'applications [4]. » Quoi qu'on en ait dit, la mécanique n'avait peut-être pas, vers 400, ce caractère rudimentaire dont on l'a affublée. Et il est bien possible qu'Archytas ait eu l'idée d'une mécanique mathématique et ait tenté quelques applications pratiques de cette science [5].

1. Cf. A.E. Egger, *De Archytas Tarentini vita, operibus et philosophia*, Paris, 1833.
2. Aulu-Gelle, X, 12.
3. Vitruve, VII, préface.
4. Plutarque, *Marcellus*, 14, 9; Aristote, *Politique*, VIII, VI, I.
5. P.H. Michel, *De Pythagore à Euclide*, Paris, 1950, p. 219, qui maintient l'idée d'un Archytas architecte, postérieur au nôtre, et qui aurait écrit sur la mécanique : celui de Vitruve.

Columelle, seul, cite Archytas parmi ceux qui écrivirent sur l'agriculture [1]. A la vérité, nous en sommes réduits à des suppositions. On a récemment souligné que l'Antiquité grecque avait sans doute produit deux traités complets d'agriculture, celui de Démocrite et celui d'Archytas, sans que l'on puisse connaître et la personnalité exacte de ces deux auteurs et le contenu de ces ouvrages [2]. Archytas appartenait à un État à base foncièrement agricole. Mais sans doute ne faut-il pas aller trop loin, comme le fait R. Martin : « C'est donc sans doute en partie aux efforts d'un homme comme Archytas que la Sicile devait sa légendaire prospérité agricole et sa richesse céréalière [3]. »

Et nous voici, quelques décennies plus tard, en face du premier traité technique qui soit parvenu jusqu'à nous. Nous devons donc une particulière gratitude à Enée [4]. Existait-il une littérature militaire avant Enée? Quelques vagues formules de la *Poliorcétique* pourraient le laisser penser. Probablement, notait A. Dain, existait-il, dès le IVe siècle, au moins des monographies. *L'Art équestre* de Simon d'Athènes, au reste d'intérêt plus vétérinaire que militaire, datant vraisemblablement des environs de 380, *l'Hipparque*, de Xénophon, composé vers 357, en seraient des témoins.

L'époque où vécut Enée ne paraît pas faire beaucoup de doutes. D'après le plus récent épisode historique mentionné dans cet ouvrage, et en l'absence de mentions de la troisième guerre sacrée ou des campagnes de Philippe, on peut dater le personnage et son œuvre des années 380-360, donc de la première moitié du IVe siècle.

On pourrait reconstituer cette œuvre grâce aux allusions qu'Enée lui-même nous offre dans sa *Poliorcétique*, et aux citations de ses successeurs les plus lointains. L'œuvre d'Enée demeure cependant mal connue. Graux parle, mais sans preuve formelle, d'une encyclopédie militaire. Les écrits d'Enée ont donc pu porter sur les matières suivantes :

— des signaux par le feu ou messages secrets, thème qui sera repris par de très nombreux auteurs par la suite,

1. Columelle, I, I, 7-II.
2. R. Martin, *Recherches sur les agromones latins et leurs conceptions économiques et sociales*, Paris, 1971, p. 53.
3. *Ibid.*, p. 58-60.
4. Edité et traduit par A. Dain, et A.-M. Bon, Paris, 1967, qui donnent la tradition manuscrite et les éditions antérieures.

— des préparatifs de guerre : ceci touchait principalement l'organisation des armées et les problèmes financiers de la guerre,
— *Poliorcétique*, le seul traité qui soit parvenu jusqu'à nous.

D'autres critiques modernes ont pensé également à un ouvrage de stratagèmes et à un ouvrage sur les fortifications, également deux thèmes souvent repris ultérieurement. Mais n'y a-t-il pas là un transfert sur Enée de ce qui se fera plus tard en matière de techniques militaires ?

Le livre de poliorcétique nous a donc été conservé. Elien prétend que le texte qui fut transmis n'était en fait qu'un résumé qui en aurait été fait par Cinéas de Thessalie, général et confident de Pyrrhus, roi d'Epire, quelques années après sa rédaction [1]. La critique, aujourd'hui, paraît exclure cette hypothèse et se montre persuadée que nous possédons bien l'original.

Il y a, dans cet ouvrage, beaucoup de textes qui se rapportent à des problèmes d'organisation de la défense : la milice préférée aux mercenaires, la mobilisation, la lutte contre l'ennemi intérieur, les signaux, les gardes, et bien d'autres encore. La quatrième partie seulement concerne l'assaut et les machines. Les indications précises sur les machines de guerre sont relativement rares. Elles portent surtout sur les moyens de s'en préserver, en renversant les échelles par exemple, ou sur les procédés employés pour y mettre le feu. Les notations sur les matières incendiaires, faites de poix, de soufre, d'étoupe, de grains d'encens, sont intéressantes. Il y est également indiqué la manière de s'en protéger, notamment grâce au vinaigre auquel les Anciens prêtaient à cet égard un grand pouvoir. Enée parle aussi des contremines et de la manière d'entendre, avec des boucliers d'airain, les mines des assaillants.

La rédaction de ce livre technique s'accorde fort bien au goût des contemporains pour la réflexion et pour la littérature didactique consacrée à la chose militaire dont témoignent plusieurs œuvres de Xénophon. Il n'en reste pas moins que notre connaissance de ce premier auteur est très faible. Fut-il l'auteur véritable, ou le rédacteur d'une sommité militaire ? Mais, à partir de lui, nous allons tenir un fil conducteur. Une tradition se crée, d'Enée à Pyrrhus, à Cinéas, son conseiller, à Polybe, au philosophe Posei-

1. Elien, *Tactique*, I.

donios d'Apamée, aux grands ingénieurs de la période alexandrine.

C'est qu'en effet apparaissent des hommes hautement spécialisés dans le domaine militaire [1]. On les appelle de divers noms : ἀρχιτέκτων, δημιουργός, τεχνικός. Ils sont préposés aux machines aussi bien qu'aux fortifications, et tiennent un rang éminent dans la défense et dans l'attaque des places fortes. L'armée macédonienne en comptait déjà, dès 354, au siège de la ville de Phères [2]. Qu'ils soient hommes de guerre, mécaniciens, constructeurs de forteresses, hydrauliciens, ils n'existent que par l'accumulation d'un savoir déjà organisé.

Le matériel utilisé par les Siciliens fut sans doute largement connu dans le monde grec au cours du IVe siècle. Aristote lui-même en fait mention : il se pose la question de l'efficacité des remparts [3], et à plusieurs reprises. Les comédies de Mnésimachos y font allusion. La catapulte à flèches apparaît comme l'arme absolue.

Philippe et Alexandre réussirent certainement à faire perfectionner ce matériel : machines sans doute plus grandes, plus puissantes, lançant des pierres, pétroboles ou lithoboles, dont Diodore fait mention au siège de Tyr [4]. On a abondamment cité toutes ces machines [5] qui deviennent, pourrait-on dire, courantes. On les trouve dans les inventaires comme dans les chroniques. Quelques questions doivent cependant être posées à leurs propos.

La première concerne naturellement leur construction. En fait, seuls les mécaniciens d'Alexandrie nous donnent des indications à ce sujet. Question importante dans la mesure où l'on voit, où l'on sent, pour mieux dire, une rationalité progressive, fondée sur un début de mathématisation. La perte de certains traités des ingénieurs d'Alexandre ne permet guère d'en dire plus. Mais n'est-ce pas, comme nous le verrons, un sentiment d'immodestie de Philon de Byzance, qui dut connaître ces traités, de prétendre que la rationalité parfaite ne date que de lui ?

Le second point a trait à la permanence et au stockage de ce matériel. Ces machines étaient démontables et les arsenaux en conser-

1. Garlan, *Poliorcétique*, p. 207 s.
2. Polyen, *Strat.*, IV, 2, 20.
3. Aristote, *Politique*, VII, 10, 6 (1331 a); *Ethique à Nicomaque*, III, 1, 17; *Constitution d'Athènes*, XLII, 3.
4. Diodore, XVII, 42, 7 et 45, 2.
5. Garlan, *Poliorcétique*, p. 213 s.

vaient les éléments. Ici encore, est-il possible d'avancer une hypothèse, grâce aux inventaires attiques des arsenaux maritimes ? Dans la mesure où la fabrication connaissait un début de rationalisation, la notion de ce que nous appelons les pièces détachées allait de soi. Tout apparaît, ici encore, chez Philon de Byzance, sans que nous en ayons les fils conducteurs. Il dut en être ainsi de l'artillerie ; il est difficile de dire s'il en fut de même pour les tours et les béliers.

Le Thessalien Polyeidos [1] fut l'ingénieur de Philippe de Macédoine. Ses successeurs parlent de lui comme d'un homme de talent, ce que ne démentent pas les victoires de son souverain. Il aurait fait merveille au siège de Byzance [2], où il aurait rationalisé les applications du bélier. Dès l'année 340, Philippe était en mesure de dresser des tours de 80 coudées : « Elles dépassaient de beaucoup les tours d'enceinte de Périnthe et, de leur sommet, les Macédoniens mettaient à mal les assiégés [3]. » Nous ne savons si elles étaient effectivement dues à Polyeidos, dont Athénée et Vitruve font grand éloge. Certains ont pu penser que Polyeidos aurait écrit un traité sur les machines de guerre [4] : il ne paraît pas que ce soit le cas, il n'est en tout cas cité par personne.

Nous sommes un peu mieux renseignés sur ses deux élèves, Diadès et Charias [5], qui furent les ingénieurs d'Alexandre le Grand. Athénée, au Iᵉʳ siècle avant notre ère, connaissait encore le traité de machines de guerre que Diadès avait composé, et que nous ne possédons plus. Dans ce traité, Diadès se donnait lui-même comme l'inventeur des tours transportables et des engins connus sous le nom de trépans, de corbeaux, de ponts volants. Il employa également le bélier monté sur roues, du moins en donna-t-il la description. C'est du seul Athénée, qui se contente de résumer son prédécesseur, que nous tenons tous ce que nous savons des machines de Diadès [6].

Il donnait aux plus petites tours roulantes une hauteur de 60 coudées (27,72 m), et une base carrée de 17 coudées de côté (7,90 m). Elles avaient deux étages dont le plus élevé se trouvait rétréci en un

1. Vitruve, VII, 14; Athénée, 4.
2. Diodore, XVI, 74-76.
3. Diodore, XVI, 74, 3.
4. Garlan, *Poliorcétique*, p. 210.
5. Vitruve, X, 13, 3.
6. Athénée, 4 à 9.

carré du cinquième de la superficie de base. D'autres tours de 90 coudées de haut (41,6 m) avaient quinze étages. D'autres enfin, les plus hautes, de 124 coudées (57,3 m) possédaient vingt étages, avec un côté de base de 23 coudées et demie (10,86 m). Sur ces tours, chaque étage étaient entouré d'un chemin de ronde de 3 coudées de large (0,39 m), pour faciliter les secours en cas d'incendie. Ces tours étaient à 6 ou 8 roues, à cause de leur masse considérable. La hauteur des étages allait diminuant vers le haut, à mesure que leurs dimensions en plan se rétrécissaient. On prenait soin de conserver, dans la construction des engins, toujours les mêmes proportions de dimensions, de matériaux, dans les tours de différentes hauteurs. Cette indication est primordiale. Après « expériences » et réflexions, on était donc arrivé à des notations chiffrées, applicables à tous les cas. Pour chaque machine on possédait des tables de proportions qu'il fallait suivre rigoureusement. C'est là la première application d'un principe sur lequel nous reviendrons.

Il en était de même pour la tortue qui portait le bélier. La grande tortue avait 30 coudées de largeur (13,86 m) et 40 de long (18,48 m), avec une hauteur de 13 coudées (6 m), sans compter le comble qui allait à 16 coudées (7,39 m). Ce comble couvrait un chemin de ronde autour de l'appareil. Diadès élevait sur le plancher une tourelle à trois étages portant en haut une catapulte et en bas une provision d'eau pour lutter contre un possible incendie.

Le trépan comportait une semblable tortue. On établissait sur le soubassement un canal, analogue à celui des catapultes euthytones, et muni, comme dans ces engins, d'un treuil transversal. A l'autre extrémité du canal étaient fixées deux poulies qui servaient à lancer en avant la poutre ferrée au bout, poutre qui avançait sur des rouleaux. Cette poutre était ramenée en arrière par des cabestans. « Avec une telle machine, bien exécutée, ajoutait Athénée, un ingénieur peut acquérir la gloire. »

Athénée n'a pas repris la description du corbeau et Diadès lui-même n'avait pas donné celle du pont volant. On note néanmoins avec cet ingénieur d'Alexandre un singulier enrichissement du parc des machines des armées macédoniennes. Diadès aurait également créé des machines de guerre pour les combats navals, mais nous n'avons aucune indication précise à leur sujet.

Les récits des historiens nous montrent tout ce matériel à l'œuvre

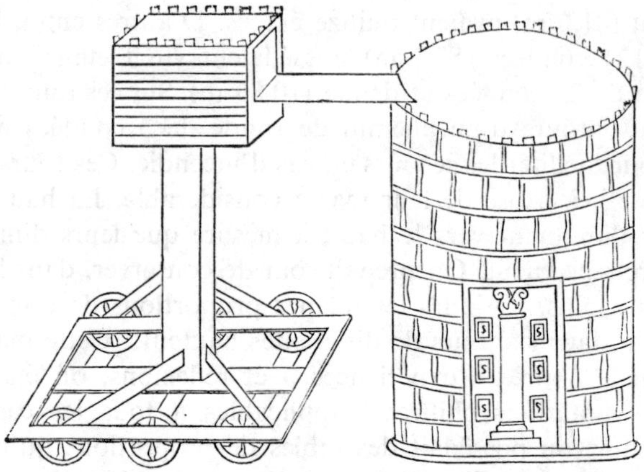

Le pont volant de Diadès

et l'on sait toute l'admiration qu'excita la maîtrise avec laquelle les armées macédoniennes s'emparèrent des villes. On cite notamment les fameux sièges de Périnthe et de Tyr [1]. Alexandre approcha contre Halicarnasse et contre Tyr des tours hautes de 100 coudées (46,25 m). Selon Biton, le Macédonien Polyeidos construisit une *hélépole* (preneuse de ville) de 50 pieds de haut (14,50 m). L'essentiel de l'ouvrage était en bois de pin et de sapin pour les cloisonnages, en bois de chêne et de frêne pour les éléments porteurs, les roues, les étais et les poutres maîtresses ; à l'avant du dernier étage, il y avait des ponts volants, munis d'appareils de levage ; entre les poutres de la plate-forme de base avaient été mises en place de grandes roues, sans doute en position verticale, qui fonctionnaient à la façon des roues d'écureuil et étaient capables d'entraîner les roues motrices de la tour. Elles servaient de dispositif d'appoint, ou plutôt de mise en place, après que l'édifice eut été hâlé jusqu'à proximité du rempart. On a cependant pu penser que les succès d'Alexandre étaient sans doute dus autant au large emploi des machines qu'à la violence de l'assaut, voire aux trahisons [2].

A la fin du IVe siècle, se multiplient les noms d'ingénieurs. Citons

1. Diodore, XVI, 74-76; Arrien, *Anab.*, II, 18.
2. Garlan, *Guerre*, p. 125-126.

Epimachos l'Athénien[1]. Au siège de Rhodes, sous le commandement du neveu d'Alexandre, Démétrios Poliorcète, on lui attribue, à lui aussi, l'invention d'une hélépole de 82 coudées de haut (41,58 m), large de 50 (23 m), en forme de tour, à l'épreuve d'une pierre de 3 talents (78,53 kg), qui répandit la terreur et assura le succès du roi de Macédoine. Ses successeurs lointains en parlaient encore avec étonnement et la machine est décrite de traité en traité. Epimachos avait tenté d'en monter deux, dans le port, sur des couples de vaisseaux, mais dut y renoncer. Diodore nous en donne la description la plus complète[2] : « Ayant préparé une quantité de matériaux variés, il fit construire une machine appelée hélépole, d'une taille bien supérieure à celle des précédentes. Il donna en effet à chacun des côtés de la plate-forme carrée une longueur de près de 50 coudées, en fabriquant un assemblage de pièces de bois à section carrée, liées avec du fer; il compartimenta l'espace intérieur au moyen de poutres distantes l'une de l'autre d'environ une coudée, de façon que pussent y prendre place ceux qui devaient pousser la machine en avant. Toute cette masse était mobile, étant supportée par 8 roues, solides et de grandes dimensions : leurs jantes étaient en effet épaisses de 2 coudées et cerclées par de solides plaques de fer. Pour les translations latérales avaient été disposés des inverseurs, grâce auxquels l'ensemble de la machine pouvait aisément être déplacé dans n'importe quel sens. Aux angles, il y avait des mâts de longueur égale, de peu inférieure à 100 coudées, qui avaient reçu une inclinaison telle que, dans cet édifice qui comprenait en tout neuf étages, le premier avait une superficie de 43 acènes, et le dernier de 9. Trois des faces de la machine furent recouvertes extérieurement par des plaques de fer clouées, pour que les flèches incendiaires ne leur causassent aucun dommage. Les étages, du côté de l'ennemi, avaient des fenêtres, dont la grandeur et la forme étaient adaptées aux caractéristiques des engins de jet que l'on voulait y mettre en service; ces fenêtres avaient des volets, que l'on soulevait au moyen d'une machine et qui assuraient la protection de ceux qui, aux étages, étaient chargés du service des engins de jet; car ces volets étaient revêtus de peaux et rembourrés de laine pour amortir les coups de

1. Vitruve, VII, préface; Athénée, 16.
2. Diodore, XX, 91, 2-8.

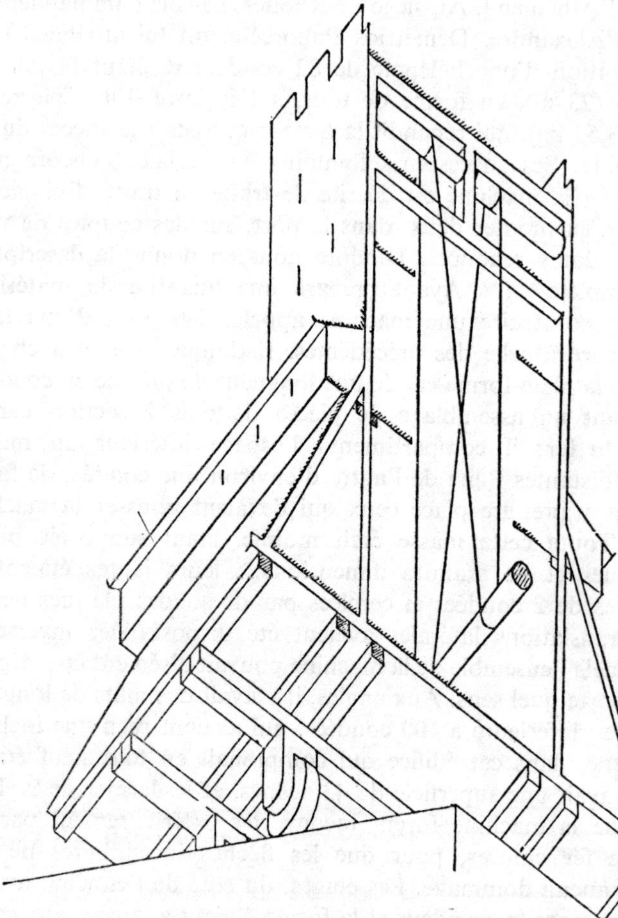

L'hélépole

perriers. Chacun des étages avait deux escaliers : de l'un d'entre eux on se servait pour monter le matériel nécessaire, de l'autre pour descendre, afin que tout le service se fît sans désordre. Ceux qui avaient la charge de mouvoir la machine avaient été choisis dans l'armée entière en raison de leur force et étaient au nombre de 3 400; certains d'entre eux étaient enfermés à l'intérieur, d'autres étaient disposés en arrière, sur les côtés, et tous poussaient la machine dont le mouvement était grandement facilité par des procédés techniques. »

Ces hélépoles valaient surtout par les armes de jet qui y étaient concentrées, en particulier par les pièces d'artillerie, de calibres très divers, qui en garnissaient tous les étages. De grandes tortues bélières furent également construites en vue du siège de Rhodes, dès 305 [1]. Elles étaient de dimensions inouïes, selon Diodore [2], car chacune portait une poutre de 120 coudées (53, 28 m), armée de fer, pourvue d'une pointe comparable à l'éperon d'un navire et faciles à propulser « parce qu'étant montées sur roues, et étant mises en mouvement au cours des combats par plus de 1 000 hommes ».

Devant toutes ces machines, les assiégés se devaient de concevoir des anti-machines : et c'était bien là un des propos majeurs d'Énée le Tacticien, qui en jeta peut-être les premiers principes et les premiers éléments. Le récit de Diodore du siège de Tyr, en donne un aperçu : « Disposant de bronziers et de fabricants de machines, les Tyriens construisaient d'ingénieux moyens de défense. Contre les traits de catapulte, ils construisirent des roues garnies, à intervalles rapprochés, de nombreuses pales; en faisant tourner ces roues au moyen d'une machine, ils brisaient ou déviaient les traits et ôtaient ainsi à ceux-ci toute leur force. Quant aux pierres, qui étaient jetées par les pétroboles, en les recevant dans des matériaux tendres qui s'enfonçaient sous les coups, ils affaiblissaient la puissance qui leur avait été donnée par les machines. » Contre les tours et les ponts volants, « les Tyriens, grâce à l'ingéniosité de leurs fabricants de machines, disposèrent de nombreux moyens pour résister à l'assaut... Ils forgèrent d'immenses tridents barbelés, et, en les lançant à la main, s'en servirent pour frapper les soldats qui se tenaient sur les tours. Ces tridents se fichaient dans les boucliers et, comme ils étaient attachés avec des cordes, les Tyriens les ramenaient à eux en tirant sur ces cordes ». Si les ennemis lâchaient leurs boucliers, ils devenaient alors une proie facile pour les traits lancés du rempart. Si, pour l'honneur, ils ne lâchaient pas leurs armes, ils étaient entraînés avec elles. Les Tyriens utilisèrent encore des filets de pêche pour immo-

1. Diodore, XX, 95, 1.
2. Diodore, XX, 97.

biliser l'ennemi. On faisait aussi chauffer du sable dans des boucliers de bronze, pour le déverser sur les assaillants, « au moyen d'une certaine machine ». Il y avait enfin les produits enflammés, les faux fixées à des perches pour couper les câbles de propulsion des béliers, les corbeaux et les « mains de fer » pour agripper les assaillants retranchés sur leurs tours. Mais tout ceci n'est-il pas, pour une bonne part, imagination d'historien? On retrouve incontestablement dans ces textes une sorte de prémonition de l'épopée archimédienne de Syracuse rapportée par Plutarque [1].

Ici encore, les noms, désormais, se multiplient. Alexandre s'était entouré d'un grand nombre de techniciens, dans tous les domaines : Gorgos, le spécialiste des mines, des hydrauliciens comme Cratès, des architectes et urbanistes, comme Aristoboulos, Deinocratès, et peut-être Callimaque [2]. Démétrios Poliorcète fit de même. Le percement de l'isthme de Corinthe, conçu vers 600 par le tyran Périandre, l'ami d'Anacharsis, fut repris par Démétrios, puis abandonné, les ingénieurs s'étant imaginé que les eaux du golfe de Corinthe étaient plus hautes que celles du Salonique [3]. Au siège de Rhodes, Démétrios était aidé par Épimachos d'Athènes, par Zoïlos. Les assiégés avaient fait appel à Callias d'Arados et à Diognétos de Rhodes [4]. Puis bien d'autres noms suivent : Hégétor de Byzance, auquel on doit, selon Athénée, une énorme tortue, Dionysos de Magnésie, constructeur, selon Philon, d'une catapulte polybole, Charon de Magnésie, fabricant, selon Biton, d'une pétrobole à Rhodes, Nymphodore, Diphilos, Démoclès, cités par Vitruve, Abdaraxos, Dôrion. Pyrrhus aurait écrit, nous l'avons vu, une poliorcétique, comme aussi Daïmachos. Et, comble de l'imagination mécanicienne, l'hélépole, utilisée au siège de Rhodes, aurait été dotée d'une roue conductrice par Épimachos d'Athènes.

Il n'est pas impossible qu'à la suite de toutes ces inventions, les techniques de la fortification aient été quelque peu modifiées. Le tracé en dents de scie serait dû à Polyeidos, ainsi que l'idée de défenses avancées pour éloigner les machines des assiégeants. Les portes furent multipliées, pour favoriser les sorties. Callias d'Arados,

1. Cité par Garlan, *Poliorcétique*, p. 239-240.
2. *Ibid.*, p. 209, n. 7.
3. Daumas, *Histoire générale des techniques*, Paris, 1962, t. I, p. 194.
4. Garlan, *Poliorcétique*, p. 209.

dans la conférence qu'il tint aux Rhodiens, peu avant 305, aurait fait la démonstration des moyens de lutte contre les hélépoles en se servant d'un certain « modèle » de rempart, selon Vitruve [1].

Philon d'Athènes vivait à la fin du IVe siècle. D'après Vitruve [2], il avait travaillé au temple de Cérès et de Proserpine, à Eleusis. Il aurait, au reste, écrit un traité sur les *Proportions des temples*. C'est à lui que l'on doit également l'arsenal du Pirée, détruit plus tard par Sylla et sur lequel il écrivit un autre traité qui faisait encore autorité au temps de Vitruve. Plutarque parlait de cette construction comme d'un édifice unanimement admiré. On en a conservé une description gravée sur une dalle de marbre. Les travaux furent exécutés entre 346 et 328. Il s'agissait à la fois d'une promenade publique et d'un arsenal, situé entre l'Agora et les loges des navires. L'intérieur était allongé, en forme de galerie, divisée en trois nefs par deux files de minces piliers, la nef centrale étant réservée aux promeneurs. Des meurtrières étaient pratiquées en haut des murs et il y avait deux larges portes aux extrémités. Les murs étaient élevés sans fondations, en lits de pierres superposés, sans mortier, les pierres tenues entre elles par des ferrements scellés au plomb. La charpente comportait des entraits porteurs : l'idée de la ferme était inconnue à cette date. C'est donc un empilage de bois qui s'appuient les uns sur les autres et dont les pesanteurs s'ajoutent et agissent verticalement, sans jamais se convertir en tensions. Ce local servait d'abri pour le matériel naval et pour les machines de guerre [3].

Philon d'Athènes écrivit également un traité de poliorcétique. Les livres IV et V de Philon de Byzance n'en seraient, pour certains, qu'un résumé ou une adaptation. Pour ce faire, Philon d'Athènes se serait inspiré lui-même d'Enée, en y ajoutant les éléments fournis à l'art militaire par les campagnes de Philippe et d'Alexandre. Il ne serait pas impossible qu'une tradition se soit ainsi propagée d'Enée à Pyrrhus, à Philon d'Athènes pour aboutir aux mécaniciens d'Alexandrie, tout comme les géométries successives ou les livres de la collection hippocratique.

Nous pouvons terminer cette brève revue des ingénieurs célèbres de la période préalexandrine dans un autre domaine. Hippodamos

1. *Ibid.*, p. 242.
2. Vitruve, X, 16, 3.
3. Plutarque, *Sylla*, VI.

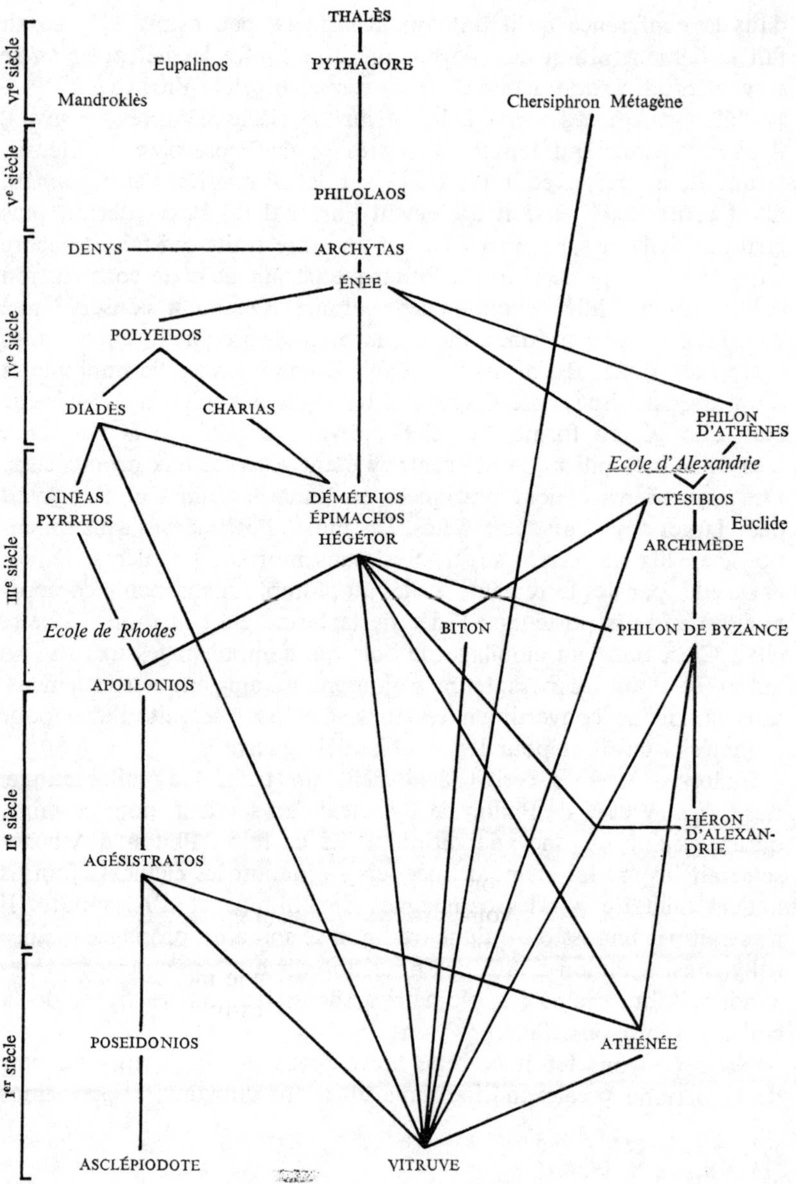

THALÈS
PYTHAGORE
Eupalinos
Mandroklès
Chersiphron Métagène
PHILOLAOS
DENYS
ARCHYTAS
ÉNÉE
POLYEIDOS
DIADÈS
CHARIAS
PHILON D'ATHÈNES
Ecole d'Alexandrie
CINÉAS
PYRRHOS
DÉMÉTRIOS
ÉPIMACHOS
HÉGÉTOR
CTÉSIBIOS
Euclide
ARCHIMÈDE
Ecole de Rhodes
BITON
PHILON DE BYZANCE
APOLLONIOS
HÉRON D'ALEXANDRIE
AGÉSISTRATOS
POSEIDONIOS
ATHÉNÉE
ASCLÉPIODOTE
VITRUVE
VIe siècle
Ve siècle
IVe siècle
IIIe siècle
IIe siècle
Ier siècle

vivait dans la seconde moitié du ve siècle. Selon certains auteurs, il aurait opéré une révolution en construisant de toutes pièces plusieurs grandes villes, sur un plan régulier, avec de larges rues se coupant à angles droits : Le Pirée, Thurii, en 443, Rhodes en 408-407. Cet urbaniste aurait eu une influence profonde. Aristote le disait habile dans les sciences de la nature [1]. En fait, il paraît bien que les Ioniens aient connu, avant Hippodamos, des villes au plan régulier, en particulier certaines colonies de Milet. Le plan de Milet fut d'ailleurs refait, en 479 après la destruction partielle de la ville, sur un plan tout à fait régulier. Quand le Miton d'Aristophane trace sa ville, Néphélococcygie, il le fait de même sur un plan rigoureusement régulier. Enfin, on met justement en doute qu'Hippodamos ait pu construire à la fois Le Pirée, bâti en 479, et Rhodes qui date de la fin du vᵉ siècle. Hippodamos serait né à Milet, aux environs de 500, et il serait venu à Athènes sous Thémistocle. Son œuvre est difficile à identifier de façon sûre. Mais il est certain que les villes à plans réguliers, soit circulaire, soit carré ou rectangulaire, apparaissent à cette époque du début du vᵉ siècle : elles seront le modèle des villes idéales des philosophes et des urbanistes de l'époque classique, tout comme des urbanistes des xvᵉ et xviᵉ siècles.

Nous voici donc au terme de ce premier lot d'ouvrages et de techniciens. Plusieurs constatations peuvent être faites.

Tout d'abord, il semble bien s'être établi une filiation, une tradition bien conservée, qui passe d'ingénieur en ingénieur, de traité en traité. Nous avons tenté de donner, dans le schéma ci-joint, une impression de cette généalogie. L'acquis technique est désormais protégé de l'oubli, il se transmet d'une génération à l'autre. En outre, et cela est tout aussi important, cet acquis est devenu général : il n'est plus le fait d'un savoir-faire individuel, il est accessible à tous sous une forme dogmatique. Cette nouveauté permet de mesurer la portée des innovations successives, de jauger le mérite des techniciens. Et l'on voit s'ajouter au corpus, progressivement, les succès des plus importants de ces ingénieurs.

L'apparition du traité, c'est-à-dire en fait l'apparition de la technologie, supposait un début de rationalisation, sinon seuls le geste et la parole permettraient de transmettre un savoir. Il est regrettable

1. Diodore, XIII, 75.

que notre connaissance de cette littérature soit aussi limitée par les pertes subies. Il nous est donc difficile de suivre le chemin parcouru depuis Archytas jusqu'à Archimède. Dans des domaines relativement étroits, la poliorcétique, les machines de guerre, la mise en ordre du savoir technique est manifeste. On sent, peut-être plus qu'on ne le constate concrètement, le souci des mesures, des proportions qu'une patiente expérience, sur la nature de laquelle nous n'osons pas nous prononcer encore, a permis d'établir. Ce ne sont plus des conseils, comme on le ferait en matière agricole, ce ne sont pas encore des démonstrations, mais c'est quelque chose de nouveau, dont on pressent déjà les développements futurs.

A la suite d'un récent et important travail [1], on pourrait se demander s'il y a véritablement apparition de la technologie, de ce que l'on appelle la technologie, c'est-à-dire si le « discours sur les opérations techniques » est véritablement un « discours de type scientifique ». Mais la connaissance technique, qui se rapproche, par bien des côtés, des lois naturelles, reste encore profondément et fondamentalement différente de la connaissance scientifique. Les méthodes de travail, même si elles se rapprochent souvent l'une de l'autre, par le nombre en particulier, n'ont encore que peu de points communs. L'une a besoin d'un déroulement logique, de type déductif, l'autre doit aboutir à l'efficacité et se trouve être le plus souvent inductive, négligeant la démonstration, contournant les obstacles, pour aboutir à la formule simple, source de toutes les solutions acceptables.

Le progrès a été continu, du VIe au IVe siècle. Et continu, il faut le souligner fortement, tout à la fois dans l'outillage disponible que dans les constructions techniques complexes. C'est une autre conception de la technique qui est en train de naître. Les générations qui vont prendre le relais se trouvent en possession d'un système scientifique incomplet, dont on remplit les vides par une métaphysique inadéquate, d'un système technique déjà plus ou moins bloqué, tout allant de pair. Tout ceci promettait des raffinements intellectuels, quelques « percées » et une impuissance manifeste à sortir des labyrinthes.

Nous sommes à l'aube d'un monde nouveau, à la fois par l'innovation et par une conception différente du savoir technique. Du cro-

1. « Les commencements de la technologie », *Thalès*, XII, 1966.

quis imaginatif, on tend vers l'épure. Depuis Archytas, le technicien côtoie le savant et les deux recherches n'ont cessé de s'interpénétrer. Le phare d'Alexandrie, construit par Sostratos de Cnide, dans la première moitié du IIIe siècle [1], dut apparaître comme un symbole. Il allait, avec sa flamme juchée sur ses 111 m de haut, en trois étages, en retrait l'un sur l'autre, attirer tout ce monde épris tout autant d'explications scientifiques que de justifications techniques.

1. Pline, *Hist. nat.*, XXXVI, 18.

3. L'école d'Alexandrie

La formation de l'école d'Alexandrie marque peut-être moins un tournant qu'une étape dans l'histoire de la pensée scientifique ou technique grecque. Il est d'autant plus regrettable que nous ne possédions aucun ouvrage récent sur elle, et sur elle dans son ensemble. C'est dans l'histoire comparée des divers types de connaissances que l'on pouvait espérer déceler des tendances nouvelles, ces inflexions qui révèlent tout à la fois des limites et des directions nouvelles de recherches, une conception inédite du développement scientifique et technique, car c'est exactement de cela qu'il s'agissait. Il ne peut être question de combler des lacunes qui sont encore nombreuses. Tout au plus nous est-il possible de souligner l'importance de certains problèmes pour notre propos et de brosser rapidement une esquisse du mouvement scientifique qui nous aidera à mieux comprendre les espoirs et les difficultés de nos mécaniciens.

La ville elle-même avait de quoi surprendre. Alexandre l'avait substituée à un petit village de pêcheurs, situé sur l'une des embouchures du Nil. Dinocratos de Rhodes, et nous retrouvons là l'influence de ce qui a peut-être été l'école de Rhodes, en avait conçu le plan. Cet urbaniste était déjà connu par quelques-unes de ses créations et par l'originalité de ses conceptions. Le plan en était parfaitement régulier. Il était commandé par deux grandes artères se coupant à angle droit au centre de la ville et, à l'intérieur de chacun des quatre quartiers, des rues en damier rigoureux. La ville avait été entièrement bâtie de pierre et assez rapidement peuplée, soit par appel aux bonnes volontés, soit par des déplacements autoritaires. Elle aurait eu 300 000 habitants au milieu du IIIe siècle, peut-être un million à la veille de la conquête romaine. L'aménagement du port en fit le carrefour des voies navales, fluviales et terrestres de trois continents.

C'est aux Ptolémées que l'on doit l'éclosion de ce mouvement intellectuel qui consacra Alexandrie comme la capitale de la civilisation hellénistique. Princes éclairés, à l'image des princes humanistes de la Renaissance, ils ont cherché à rassembler dans leur capitale tout ce que le monde grec avait produit de plus remarquable en fait de livres, de plus distingué en fait d'hommes. Peut-être insistèrent-ils aussi sur les grandes directions qu'il fallait donner à cette recherche. L'on pouvait alors dresser un bilan du savoir patiemment accumulé depuis des générations, et dégager, dans la mesure du possible, des lignes directrices de progrès futurs, et les infléchir vers un esprit plus concret, on pourrait presque dire plus pratique. Ptolémée Soter, qui monta sur le trône d'Égypte en 305, commença l'œuvre dans les toutes dernières années du IVe siècle. La science hellène et ses diverses tendances étaient alors à leur apogée ; la technique avait également atteint un certain développement, comme venaient de le montrer les ingénieurs des rois macédoniens, et cette école de Rhodes dont ils étaient peut-être sortis.

Démétrios de Phalère, élève de Théophraste, qui avait gouverné Athènes de 318 à 307, fut appelé à Alexandrie pour y créer, selon des modèles qui dataient de l'école pythagoricienne, le musée d'Alexandrie. Il débarqua dans la ville nouvelle, sans doute vers 305, plus soucieux certainement d'intrigue politique que de gloire intellectuelle. Lors de la proclamation de Ptolémée Philadelphe, en 285, l'École est déjà presque au sommet de sa renommée. On était donc allé très vite en besogne.

Le chef de l'École n'était certainement pas sans qualités, et il l'avait prouvé à Athènes. L'une des premières était le contact facile avec des hommes de valeur. Bien entendu, il fit appel aux péripatéticiens qu'il avait connus à Athènes : Straton de Lampsaque, Erasistrate, mais aussi à des savants dont la renommée était récente, ou plus récente, Euclide le géomètre, et des astronomes comme Aristarque de Samos, Aristylle ou Timocharès.

Sous Démétrios, la bibliothèque, cette bibliothèque dont tout le monde a parlé, était encore bien modeste. Il semble bien que ce soit Zénodote, son premier chef en titre, qui lui ait donné sa véritable dimension. Il s'acharna à rassembler les œuvres les plus illustres, dans tous les domaines, se fit aider par des hommes réputés, comme le poète Callimaque, qui venait de Cyrène, poète de cour et parfait représentant de l'esthétique littéraire alexandrine. Le succès aidant, tout s'offrit : Alexandrie était devenu, très rapidement, le lieu privilégié du travail intellectuel. Il faudrait pouvoir reconstituer les apports successifs qui enrichirent de façon remarquable ce temple du savoir. Nous ne possédons malheureusement que des données fragmentaires et éparses à ce sujet. Nélée, conservateur des livres d'Aristote et de Théophraste, ainsi que nous le rapporte Athénée, vendit la bibliothèque dont il avait la charge à Ptolémée Philadelphe. Ce dernier acquit également des livres à Athènes et à Rhodes. On alla même jusqu'à réquisitionner les ouvrages trouvés sur des navires faisant escale à Alexandrie. Un prestige rapide permit sans doute de rassembler à la bibliothèque d'Alexandrie des richesses qui durent, progressivement, s'offrir de toutes parts. Après Zénodote, le philologue, le premier qui ait songé à établir une édition critique d'Homère, la bibliothèque fut dirigée par Apollonios de Rhodes, littérateur et grammairien, puis par Eratosthène, esprit universel, que nous allons retrouver, par Aristophane de Byzance, Aristote de Samothrace, tous deux philologues et hommes de lettres. N'était-ce pas une bonne chose que de confier toutes ces œuvres, qui couvraient une quantité de domaines, à des hommes capables de vérifier et d'assurer des textes?

A l'époque de Ptolémée III Evergète (242-222), aux dires de Callimaque, la bibliothèque contenait 400 000 rouleaux mélangés [1], c'est-à-dire comprenant plusieurs œuvres, et 90 000 rouleaux non mélangés. Une bibliothèque annexe, située dans le Serapeum, fut créée par Ptolémée II Philadelphe : elle conservait 48 000 rouleaux. Il devait nécessairement exister beaucoup de doubles. La table, dressée avec l'aide de Callimaque, comportait 120 rouleaux. Antoine y aurait ajouté 200 000 volumes pris à la bibliothèque de Pergame. En 48 avant notre ère, le total aurait été de 700 000 volumes.

Le sort malheureux de cette merveilleuse bibliothèque et des trésors qui y étaient conservés a donné lieu à beaucoup de légendes, et de tenaces légendes. Elle aurait déjà subi d'importants dégâts lorsque César s'empara d'Alexandrie : l'incendie des bateaux du port s'était communiqué aux quartiers voisins et aux entrepôts où

1. Il sera toujours difficile d'évaluer avec exactitude les richesses de la bibliothèque d'Alexandrie dont il n'est rien resté.

se trouvaient les magasins de livres. En 270, Aurélien fit raser le quartier du Bruchium, où se trouvait la bibliothèque, non loin du palais, dominant le port. La bibliothèque, déjà diminuée des prélèvements qui avaient été faits en faveur de Rome, fut alors détruite. La disparition du Serapeum, en 391, acheva certainement un ensemble dont l'Antiquité n'avait jamais connu d'autre exemple. Ce ne furent donc que des débris, probablement infimes, d'une splendeur passée, que le calife Omar fît brûler en 641.

Démétrios de Phalère, qui avait connu à Athènes l'école péripatéticienne, organisa, sur un modèle analogue, le musée d'Alexandrie. La bibliothèque semble avoir été installée à part. Dans le musée lui-même, il y avait une promenade, une grande salle pour les repas en commun, des logements. On y trouvait aussi, et ceci était sans doute beaucoup plus neuf, un observatoire, avec des grandes armilles, et, dit-on, un jardin zoologique et jusqu'à des salles de dissection. On note donc, dans les aménagements matériels de l'école dont la physionomie générale ressemble à celle des monastères occidentaux ou des grandes mosquées orientales, le souci d'une certaine communication, jointe aux recherches érudites, aux travaux scientifiques et à des préoccupations éminemment pratiques, concrètes. On se plaît à imaginer le premier Ptolémée, celui qui n'avait pas encore reçu les leçons des maîtres qu'il appela dans sa capitale, leçons qu'il fit donner à son fils, soucieux, et flatté, de réunir de beaux esprits, désireux de leur fournir tous les moyens de travail qui pouvaient exister, mais leur demandant aussi, parce que préoccupé d'efficacité, d'orienter leurs recherches dans un sens un peu différent de celui dans lequel était alors engagée la science hellène. Il n'était pas question de repousser toutes les subtilités métaphysiques, mais on voulait, en outre, plus de réel.

Il est des situations sur lesquelles on n'a pas assez insisté. Notre éducation classique place Athènes au centre du monde jusqu'à la conquête alexandrine. Sur le plan de la réflexion scientifique, il n'en était rien. Nous avons vu la richesse d'esprit des Grecs d'Asie, ceux de Milet, ceux des îles comme Samos. Nous avons vu apparaître Tarente. Et que constate-t-on vers cette fin du IVe siècle ? Presque tous ces « centres périphériques » dont nous avons parlé existent encore et forment des hommes de valeur. Mais, dans un monde changé par les conquêtes d'Alexandre, la circulation des savants, d'une ville à l'autre, se trouve facilitée. Des itinéraires se dessinent, que suivent les plus entreprenants : on voit Eratosthène, sur lequel nous reviendrons, né et éduqué à Cyrène, venir à Athènes, où il suivit les leçons de l'astronome Autolycus et du mathématicien Hipponicus, passer peut-être à Rhodes et s'établir à Alexandrie à l'appel de son compatriote Callimaque. L'étape d'Athènes était encore traditionnelle et nul ne l'aurait manquée. Et, transplantés, ces savants qui venaient d'un peu partout, qui avaient subi, au cours de leurs pérégrinations, des influences diverses, qui allaient se trouver réunis, avec leurs préoccupations diverses, leurs idées, leur savoir et leurs incompréhensions, disposant d'un immense matériel intellectuel, pouvaient-ils se montrer peut-être, eux aussi, moins enclins aux pures disputes d'esprit. L'on conçoit fort bien que la technique, qui avait été très loin d'être négligée par les souverains macédoniens, ait pu tenir, dans cet ensemble de curiosités, une place importante. Elle s'insérait fort bien, de par sa tradition, dans un système de connaissances qui, rompant plus ou moins avec le courant aristotélicien se rapprochait de la nature et de l'expérience, quelque maladroite que cette dernière ait encore été.

Il s'agissait, en bien des domaines, de faire le point, d'établir des bilans, de marquer en quelque sorte, précisément, l'étape que l'on vivait en ce début du IIIe siècle. Mais ce travail pouvait également préparer des recherches futures, il était déjà orienté vers l'avenir, si avenir il pouvait y avoir. Dès les premières œuvres, un esprit alexandrin se fait jour, sensiblement différent de l'esprit grec de l'époque classique. Tous les auteurs qui ont traité de cette époque se sont au reste plu à marquer cette modification importante de l'esprit scientifique. Peut-être n'a-t-on pas souligné suffisamment, d'une manière plus systématique, cet infléchissement. Si beaucoup de liens rattachaient encore ces savants à un passé qui n'était pas encore très éloigné, et dont la pesanteur était manifeste, on semble cependant entrer dans une ère un peu nouvelle. En 300, il y avait cent ans qu'Archytas était à son sommet, il y avait à peine un quart de siècle qu'Aristote avait disparu et nombreux étaient encore ceux qui avaient suivi son enseignement, qui l'avaient connu. La mort des grands hommes, quelles qu'aient été leurs activités, provoque tout autant de regrets que d'espoirs inédits.

Il y a sans doute plus encore et c'est ici que la recherche devrait être reprise. Il peut y avoir des bilans sectoriels, il peut aussi y avoir l'espoir de synthèses globales. En d'autres termes, alors qu'Aristote n'avait en fait construit qu'un système philosophique, il était possible, loin d'Athènes, loin du Lycée, que des personnes qui avaient suivi, géographiquement et intellectuellement, des itinéraires différents, qui n'avaient en commun que des connaissances concrètes, précises, qui sont acceptées par tout le monde, et la volonté d'en faire usage, aient pu concevoir la possibilité d'un système scientifique, d'un système technique.

On s'éloigne alors des raisonnements abstraits. On collecte de façon ordonnée les faits, et l'on tente, suprême espoir, de les réunir entre eux, grâce à des sciences encore malheureusement imparfaites, encore nécessairement partielles. Il faut, *nolens volens*, se raccrocher au nombre et à la figure géométrique, seuls appuis solides. L'astronomie, l'optique, la statique, la géographie seront géométriques et comptées. La médecine comme une large partie de la physique manqueront de support mathématique et la technique se situe entre les deux.

On ne saurait sans doute comprendre les mécaniciens grecs de l'école d'Alexandrie, dont les curiosités furent immenses, si l'on ne brossait pas, ne fut-ce qu'à touches légères, un bref tableau des tendances de la science de l'époque. On nous pardonnera, nous l'espérons, de ne faire ici que résumer les historiens de la science grecque de l'époque alexandrine. Nous avons pensé qu'en mettant côte à côte des savants, que nos modernes auteurs séparent trop souvent dans un cloisonnement qui isole les diverses disciplines scientifiques, on saisirait mieux l'ensemble du mouvement.

Euclide [1] fut de ces savants qui tentèrent des bilans. Nous ne savons à peu près rien de sa vie. A peine peut-on le situer chronologiquement. Il dut venir à Alexandrie autour de 300 avant notre ère. Une partie de son œuvre est perdue, mais nous pouvons affirmer, grâce aux textes de ses successeurs, qu'Euclide fut tout à la fois mathématicien et physicien. Mathématicien, il fut surtout géomètre, et la géométrie était avec l'arithmétique l'une des sciences fonda-

1. Les œuvres d'Euclide ont été publiées chez Teubner, en 8 volumes, 1883-1916. *L'Optique* et la *Catoptrique* ont été publiées en traduction française par Ver Eecke, Bruges, 1938 et réimprimées, Paris, 1959. Cf. P.H. Michel, *De Pythagore à Euclide*, *op. cit.*

mentales, et sûres. Outre les *Éléments*, qui ont justement fait sa gloire, il écrivit trois livres sur les *Données* (définitions), deux livres sur les *Lieux à la surface*, quatre livres sur les *Coniques*, que devaient remplacer les traités d'Apollonios de Perga [1], et un livre sur les *Paralogismes*, en géométrie. En physique, on lui doit un ouvrage sur les phénomène astronomiques, et une optique. La *Catoptrique* est d'attribution douteuse. Il aurait enfin composé un ouvrage de mécanique sur les leviers et les poids. L'ensemble est déjà important par la diversité des matières.

Point n'est besoin naturellement de reprendre ici tout ce que l'on a dit des *Éléments*. Ce *corpus* du savoir géométrique avait certainement été précédé d'autres *Éléments* antérieurs : Hippocrate de Chios, qui héritait d'un *corpus* pythagoricien, Eudoxe, qui s'occupa lui aussi de mécanique, Theudios en avaient composé de semblables. La plupart des parties des *Éléments* reprennent des travaux de prédécesseurs et présentent une géométrie issue des géométries babyloniennes et égyptiennes, affinées par la réflexion grecque. Le livre V, sur les proportions, atteint, comme on l'a dit, l'un des sommets de la pensée mathématique grecque. Euclide a ajouté à tous ses devanciers un certain nombre de découvertes personnelles. Il y mêle tout à la fois l'expérience démonstrative, qui arrive à ce moment à la plénitude de sa force, et la valeur de l'intuition. La méthode était admirable et pouvait servir à d'autres.

En matière d'optique [2], Euclide a longtemps été négligé. Mais son œuvre apparaît aujourd'hui comme importante pour la théorie de la lumière. Il y suit les idées pythagoriciennes des rayons émis par l'œil. Mais, à la suite, il subit l'influence du raisonnement de type mathématique sur le développement de sa théorie. Il part d'une douzaine de postulats, pris on ne sait trop où. Il utilise un certain nombre de résultats expérimentaux pour construire en définitive des livres de géométrie. Ce faisant, il adopte des concepts de nature physique et physiologique qui n'ont pas résisté au progrès des sciences. Encore, l'étude expérimentale, note un historien de la lumière, est-elle conduite avec plus de subtilité que de méthode. Euclide a créé la théorie géométrique de la lumière avec un rayon assimilé, plus

1. Voir ci-dessous, note 2, p. 78.
2. V. Ronchi, *Histoire de la lumière*, Paris, 1956.

ou moins consciemment, à une droite, et sans structure physique.

En passant, Euclide relève bien des faits que les techniciens durent connaître et utiliser, soit avant, soit après lui : ainsi le problème des ombres pour mesurer une hauteur inaccessible (les murailles d'une ville par exemple), ainsi les lois de réflexion de la lumière sur des surfaces planes ou courbes et la possibilité d'allumer un feu avec un miroir, problème sur lequel nous aurons l'occasion de revenir. On voit se mêler dans cette œuvre des questions scientifiques et des problèmes pratiques. C'est là une attitude assez courante. Le savant se doit de montrer que sa science est utile aux techniciens et, dans la mesure où cette science est, en bien des points, encore hésitante, il ne lui est possible de faire comprendre ses difficultés qu'à l'aide d'exemples matériels. La technique devient souvent le support d'une science insuffisante, ce qui n'était pas nécessaire dans le domaine de la géométrie pure. Et par là, Euclide appartient bien à cette école d'Alexandrie où se rencontrèrent tant de tendances diverses.

A l'image d'Euclide, Straton de Lampsaque [1] aurait réalisé dans le domaine de la physique un effort synthétique semblable : il faut d'autant plus regretter d'avoir perdu la presque intégralité de son œuvre qu'elle aurait exercé une grande influence. Né à Lampsaque entre 350 et 340, Straton fut l'un des péripatéticiens célèbres de l'Antiquité. Il avait suivi à Athènes les leçons de Théophraste. Puis il avait été appelé à Alexandrie, semble-t-il par Ptolémée Soter, qui lui confia l'éducation de son fils Philadelphe. Arrivé vers 299 environ, il paraît être reparti à Athènes vers 285, pour succéder à Théophraste comme chef du Lycée. Il devait y mourir vers 269.

Quelque éloignée, écrivait Rodier, que fût la doctrine d'Aristote de la direction qui eût convenu à la physique, le salut des études scientifiques, en ce domaine, ne pouvait venir, en ce début du IIIe siècle, que de l'école péripatéticienne. L'ancienne physique ionienne, renouvelée par les stoïciens, servait de base à l'apathie; l'atomisme avait dégénéré avec Épicure, la physique de Platon se rapprochait, avec Speusippe, du système péripatéticien.

Tout cela était fort loin du réel et, de même que la géométrie

1. Cf. G. Rodier, *La Physique de Straton de Lampsaque*, Paris, 1890; l'étude a été reprise plus récemment par M. Gatzmeier, *Die Naturphilosophie der Straton von Lampsakos*, Maisenheim am Glau, 1970. On consultera aussi A.B. Gottschalk, *Strato of Lampsacus. Some textes edited with a commentary*, Leeds, 1965.

d'Euclide, partie des techniques des architectes et des arpenteurs qu'on avait élevées au rang d'expériences scientifiques, en était arrivée à se nourrir d'elle-même, il fallait, par quelque biais, retrouver en physique des bases plus solides. Le seul raisonnement discursif ne suffisait pas. C'est pourquoi Straton, semble-t-il, accorde à l'expérience une part plus grande encore que celle qui lui avait été assignée par Aristote. Il aurait voulu constituer une physique plus positive, bannir la recherche des causes finales de la science proprement dite. Ce faisant, il pouvait incontestablement rencontrer les techniciens qui, disposant désormais d'une géométrie adéquate, cherchaient, par des voies parallèles, une physique qui leur convînt.

En fait, on devine un Straton pêchant un peu partout pour essayer de mieux comprendre. Il aurait admis une philosophie de la nature à tendance corpusculaire. Si, au niveau d'ensemble, le vide est impossible, peut-être existe-t-il une certaine manière de vide intermédiaire, intermoléculaire : la dureté (corps sans vide), la dilatation, la fusion, la compression en seraient plus faciles à expliquer. Héron d'Alexandrie suit sans doute Straton. « Il ne faut donc pas admettre que dans les êtres une nature continue du vide existe par elle-même, mais que le vide est dispersé en petites parcelles dans l'air, l'humidité et les autres corps. » Philon de Byzance était également sans doute proche de Straton. Dire que Straton était sur la voie d'une physique utilisable par les mécaniciens est probablement osé. Une physique fausse comme celle-ci peut parfois aider les techniciens à franchir certains obstacles : ainsi en fut-il du phlogistique ou du calorique. Ces quelques confrontations montrent en tout cas combien les rapprochements étaient réels entre savants et techniciens [1].

L'œuvre de Straton ne nous est parvenue que sous forme de fragments cités par ses successeurs. Il semble qu'elle se soit présentée plutôt en études approfondies sur des sujets précis, qu'en exposés systématiques et généraux. D'après la liste que nous en a donnée Diogène, il aurait surtout étudié la nature et les phénomènes naturels. C'est peut-être pour cela que les techniciens le suivirent de façon très étroite.

Straton était issu de l'école dynamiste d'Aristote, mais il connut

1. R. Halleux, *Le Problème des métaux dans la science antique*, Paris, 1974, p. 123; Héron, *Pneumatiques*, éd. Schmidt, I, 6, 11-23.

aussi les recherches des épicuriens et, par là même, les avantages scientifiques du mécanisme, tout en reconnaissant que la synthèse mécaniste est impuissante à constituer les qualités et, par suite, à exclure définitivement le dynamisme. Aussi a-t-il continué à spéculer sur les qualités. Mais celle qui l'occupe le plus et qu'il prend autant que possible pour substitut des autres est la plus mathématique de toutes, la pesanteur.

Il rejette le finalisme d'Aristote et l'atomisme, rêve de Démocrite. Il enseigne que tout ce qui est et tout ce qui se fait est le résultat de poids et de mouvements naturels. Tous les corps sont pesants et tendent vers le centre. Ses réflexions sur le vide sont tout aussi intéressantes : elles sont issues d'une série d'expériences élémentaires qui ne pouvaient donner quelque chose de positif, qui seront toutes reprises par nos mécaniciens : expérience du ballon plein d'eau contenant un caillou, de l'aimant attirant la limaille à travers le vide. Straton, comme Philon et Héron, bute sur l'obstacle épistémologique cher à Bachelard. Pour Straton, pesanteur et vide suffisent à tout expliquer dans la nature, mais il ne cherche d'explication ni de la pesanteur ni du vide, disons plutôt qu'il ne réussit sans doute pas à trouver d'explication ni de la pesanteur ni du vide. Les concepts lui échappent, et par là même il ne peut utiliser l'expérimentation : l'observation première est bien un mur qui lui cache la vérité. Nous retrouvons nos mécaniciens : tout le monde, savant ou technicien, se heurte aux mêmes difficultés.

Straton a reconnu la proportionnalité de la pesanteur à la masse. Il découvre aussi la loi d'accélération croissante des mouvements naturels, employant la méthode des résidus pour la démontrer.

Il a tenté, en définitive, de constituer une physique scientifique. Il s'est borné, tout comme le technicien qui, lui, ne cherche pas d'explication, à observer les phénomènes, à les mettre, si possible, en rapport les uns avec les autres, sans avoir recours à aucune hypothèse métaphysique, à aucune activité surnaturelle. Et ce fut bien là la démarche de nos mécaniciens, plus soucieux d'efficacité que de vérité scientifique. Straton subit, comme les techniciens, l'influence de la philosophie pythagoricienne. On note, à travers les extraits qui nous ont été conservés de lui, des progrès sensibles dans les branches de la physique où les rapports mathématiques sont le plus facile à saisir et à exprimer.

La physique de Straton n'était pas uniquement la continuation de celle d'Aristote, même avec une part plus grande accordée à une expérience, entendue non comme un moyen de vérification, mais comme point de départ. Il est difficile de dire, mais ne peut-on le supposer, si Straton a employé les méthodes que nous mettrons à l'acquis des mécaniciens, c'est-à-dire la confection de tables par une véritable expérimentation qui n'est pas encore l'image d'une théorie. On note parallèlement la réduction du nombre des qualités employées pour rendre compte des faits particuliers, de ces qualités qui ne se chiffrent pas. Faut-il avouer que son enseignement ne trouva guère d'écho. Et sa lutte contre le fractionnement des connaissances, qui eût pu avoir son plein effet dans le milieu universel d'Alexandrie, ne fut suivie que par peu d'auditeurs et poursuivie par aucun disciple.

Né en Bithynie, mort probablement à Alexandrie (vers 335 — vers 280), Hérophile fut le fondateur de l'école médicale d'Alexandrie [1]. La conjoncture, ici encore, était favorable. Peu après que se fut constituée la Bibliothèque, les livres de l'actuel *corpus* hippocratique avaient afflué rapidement dans le nouveau centre d'études et la série des commentateurs de cette collection s'ouvre avec les débuts mêmes de l'époque alexandrine, dont Hérophile et son disciple Baccheios furent les premiers représentants [2]. Hérophile avait été l'élève de Praxagoras et de Chrysippe. Il appartenait donc à l'école de Cnide. Cette école de Cnide avait été particulièrement brillante : son chef de file, Euryphon, avait été associé avec Herodicos, le fondateur de la diététique, avec Ctesias, parent d'Hippocrate. La tradition médicale de Cnide a contribué finalement à faire naître le grand foyer de vie et d'études scientifiques qu'a été le centre d'Alexandrie. Pour les Cnidiens, le respect des faits immédiatement donnés est tel que ces faits ne sont pour ainsi dire pas dépassés. Hérophile est un parfait exemple de cette manière de concevoir la recherche. Il apparaît comme le véritable créateur de l'anatomie, sur laquelle il écrivit un livre, aujourd'hui malheureusement perdu. Galien le considérait comme le grand anatomiste de l'Antiquité. Comme Straton de Lampsaque, il se défiait de la notion aristotélicienne de

1. K.F.H. Marx, *Herophilus*, Göttingen, 1842.
2. L. Bourgey, *Observation et Expérience chez les médecins de la collection hippocratique*, Paris, 1953, p. 26-27.

cause et son scepticisme s'étendait à toute théorie au point que l'on a pu dire que l'empirisme allait commencer avec lui. En fait, il appartient à une catégorie particulière de médecins : ils s'appuient sur l'expérience et sur elle seule, mais avec le souci constant de l'interpréter et de la comprendre et, s'ils se refusent aux hypothèses, ils font un appel continu à la raison [1]. C'est pourquoi, suivant certaines idées de Chrysippe, d'autres auteurs, à Alexandrie même, tentèrent de modifier ces tendances : Erasistrate devait être de ceux-là.

Il étudia le système nerveux, dont il localisa le centre dans le cerveau, sur lequel il découvrit beaucoup. Il s'intéressa au système vasculaire, à certains organes, génitaux et digestifs, à l'œil. Il distingue les nerfs sensitifs, les artères et les veines, écrivit sur le pouls. De même il esquisse un remarquable schéma de la circulation respiratoire. Il avait enfin une grande réputation de gynécologue.

Hérophile, qui, peut-être le premier, pratiqua la dissection des cadavres humains, fut donc un observateur consciencieux. Il n'a cherché ni les explications générales ni les raisons abstraites et métaphysiques. Ses descriptions, le choix et la hiérarchie qu'il établit pour certains organes montrent combien il désirait constituer une science concrète, réelle, presque systématique. Sa thérapeutique est aussi toute d'observation et par conséquent, non pas empirique comme diraient certains, mais conduite tout comme le faisait le technicien avec sa technique, probablement par une rationalité expérimentale, en dehors de l'établissement d'une théorie : les liens de cause à effet lui suffisaient, même sans explication. On retrouve donc les mêmes tendances, ce souci de donner à la nature une certaine rationalité.

L'astronomie avait passionné les Grecs. Ils avaient hérité d'observations et de tables que les Babyloniens s'étaient acharnés à réunir. De Pythagore à Anaximandre, d'Anaximandre à Eudoxe de Cnide, ce savoir s'était développé et conduisait à des solutions dont il faut s'émerveiller, même si elles procèdent de postulats plus ou moins adoptés. Eudoxe, dans la seconde moitié du IVe siècle, géomètre, mécanicien, astronome, élève d'Archytas, ayant même touché à la médecine, semble avoir résumé les questions que l'on pouvait se poser. La première réponse fut en quelque sorte un acte de foi :

1. *Ibid.*, p. 46.

la sphéricité du monde, de la Terre comme du Soleil ou de la Lune, de l'univers entier. Il s'agissait d'une déduction fondée sur une hypothèse relative à la nature du monde, postulat métaphysique ou cosmographique généralement admis. Et, dans ce monde rond, il fallait introduire, pour le représenter, la mesure : circonférence de la Terre et les distances de la Terre au Soleil et à la Lune. Eudoxe, qui avait débarqué à Athènes, mais était aussi venu en Égypte, semble s'y être employé. A tout cela, il avait ajouté, dit-on, le problème du temps et suggéré l'année de 365 jours un quart.

Aristarque de Samos, contemporain de Straton, devait être le représentant de cette école à Alexandrie. Et, comme pour Eudoxe, on mesure avec lui l'importance d'un système organisé de connaissances, sans lequel aucun problème précis ne peut être résolu. Il s'intéressa à la physique, aborda comme Euclide le problème de la lumière, fut certainement géomètre, en tout cas astronome. On sait qu'il fit une observation du solstice d'été en 281 ou en 280.

Il écrivit un traité relatif aux dimensions et aux distances du Soleil et de la Lune, comme un certain nombre de ses prédécesseurs. Son ouvrage a été heureusement conservé. La méthode qu'il emploie est purement géométrique, et de géométrie plane, fondée sur la mesure des angles et sur des problèmes de trigonométrie. Son raisonnement géométrique et mathématique est remarquable, bien que les résultats en aient été décevants à cause d'erreurs d'observation : Aristarque a buté sur la mesure de certains angles, faute des instruments adéquats. La méthode de la dichotomie de la Lune s'appuyait sur les propriétés du triangle rectangle.

Il suivit également la tradition pythagoricienne, transmise par Philolaos, adoptée par le péripatéticien Héraclite, qui avait affirmé l'hypothèse héliocentrique. Sa thèse n'eut d'ailleurs aucun succès, contrebattue qu'elle fut par Archimède et par Apollonios de Perga, cependant si grands savants l'un et l'autre. On lui a attribué certains types de cadrans solaires, l'un hémisphérique, déjà connu, il est vrai à cette époque, l'autre plan [1].

Dans ce domaine, à Alexandrie, on a également cité deux auteurs qui nous sont presque totalement inconnus, Aristylle et Timocharès, ce dernier ayant travaillé sur la précession des équinoxes.

1. Th. Heath, *Aristarque of Samos*, Oxford, 1913.

Cette première génération alexandrine dessinait parfaitement les contours du programme. Il s'agissait de dresser des bilans, comme le firent Euclide et Straton. Il fallait également se servir de cette science pour expliquer un certain nombre de phénomènes qui avaient une origine naturelle : la physique, bien entendu, mais aussi l'astronomie, et, pourquoi pas, la mécanique. Ce sont les rencontres qui sont exemplaires, et cette volonté systématique de réduire certaines incompréhensions à des problèmes d'arithmétique ou de géométrie. Et lorsque l'on ne pouvait le faire, il fallait avoir recours aux tables. A côté de la figure géométrique, le nombre apparaissait comme la seule possibilité, non de raisonner, mais d'avoir une certaine sûreté. Aristote lui-même avait fait appel à la statistique. Et Philolaos l'avait affirmé. « Tout ce que l'on peut connaître a un nombre, sans le nombre nous ne comprenons ni ne connaissons rien. » C'est entre ces deux voies qu'allait se glisser l'école d'Alexandrie, à la fois éprise de théorie, parce que c'est ce qu'il y a de plus beau, et de quantification, parce que c'est ce qu'il y a de plus pratique. Le drame était que les théories, trop axées sur les qualités, donnaient peu d'efficacité au nombre et la mesure, outre ses difficultés propres qui étaient immenses, n'est rien en soi si on ne définit pas de manière précise, c'est-à-dire qualitative, ce que l'on mesure. Dans beaucoup de domaines, il restait de sérieuses difficultés, et peu de moyens de les résoudre, de les surmonter. Ceci explique pourquoi la recherche ne pouvait être que partielle. Il y avait encore trop d'inconnues, trop d'hésitations, trop d'incompréhensions, et toutes ces irrationalités des nombres et de la nature.

La seconde génération, peut-être pourrait-on dire les cadets, devait hériter de ces scrupules. Et, de plus en plus, les liens entre science et technique, une science toujours maladroite et une technique qui se perfectionne certes, mais évite de plus en plus de recourir aux explications générales, sont évidents. L'astronomie de Conon, la géographie d'Eratosthène, la statique d'Archimède en sont de brillants exemples.

Conon était le compatriote samien d'Aristarque. Il ne put donner toute sa mesure, car il mourut jeune encore, alors qu'il était légitime de fonder de nombreux espoirs sur lui. Astronome, il fut tout naturellement géomètre, les deux disciplines étant parfaitement liées. Il écrivit sept livres d'astronomie, qui furent, pour une bonne part, des recueils d'éclipses, introduisant dans la science hellène les observations des Mésopotamiens. Il étudia aussi les points d'intersection de deux coniques, problème qui conduit, comme on le sait, aux équations du quatrième degré, étude reprise plus tard brillamment, dans le IVe livre d'Apollonios. Conon fut le premier inventeur de la spirale, dite d'Archimède. Il semble, au reste, qu'il ait entretenu une correspondance suivie avec Archimède, qu'il avait connu à Alexandrie, alors que les deux savants commençaient, l'un et l'autre, leur carrière.

Astronomie et géométrie étaient donc fort liées. Ou, pour mieux dire, dès qu'il était question de mathématiser une connaissance, on ne le pouvait faire qu'à travers la géométrie. La technique a connu, d'une certaine manière, cette même tendance. Et la statique d'Archimède fut aussi géométrique. L'astronomie touchait, par d'autres côtés, à la technique par ses instruments d'observation. De là ce contact obligatoire entre savants et techniciens, et la constante confrontation de problèmes communs ou voisins.

Eratosthène (273-192) est à peu près contemporain d'Archimède et de Philon de Byzance, un peu plus jeune peut-être qu'eux. Il appartient donc bien à cette deuxième génération de l'école d'Alexandrie. Né à Cyrène, il était venu à Athènes et, de là, passa vers 244 à Alexandrie, sans doute à l'appel de Callimaque. Il travailla avec lui à la bibliothèque dont il devait devenir le chef, l'un des postes les plus enviés de tout ce milieu de savants. Il fut le précepteur de Ptolémée IV Philopator [1].

De ses ouvrages essentiels, la géographie et le traité des mesures, il ne subsiste, à l'heure actuelle, qu'un certain nombre de fragments. On retrouve deux éléments dans les travaux d'Eratosthène. Le premier est de géométrie spatiale. Eratosthène, suivant en cela son prédécesseur Aristarque de Samos, construit une géométrie de l'espace

1. A. Thalamas, *La Géographie d'Eratosthène*, Paris, 1921; A. Lheureux, *La Géographie d'Eratosthène*, Louvain, 1938; E.P. Wolfer, *Eratosthène von Kryene als mathematiker und philosoph*, Groningue, 1954; cf. aussi A. Berthelot, « Les données numériques fondamentales de la géographie », *Revue archéologique*, LVI, 1932, p. 1-34, et G. Aujac, « Astronomie et géographie scientifique dans la Grèce ancienne », *Bull. Ass. G. Budé*, 1973, p. 441-461. Plus récent : P. Pedech, *La Géographie des Grecs*, *op. cit.*, Les fragments d'Eratosthène ont été publiés par H. Berger, *Die geographischen Fragmente des Eratosthenes*, Leipzig, 1880, réimpression, Amsterdam, 1964.

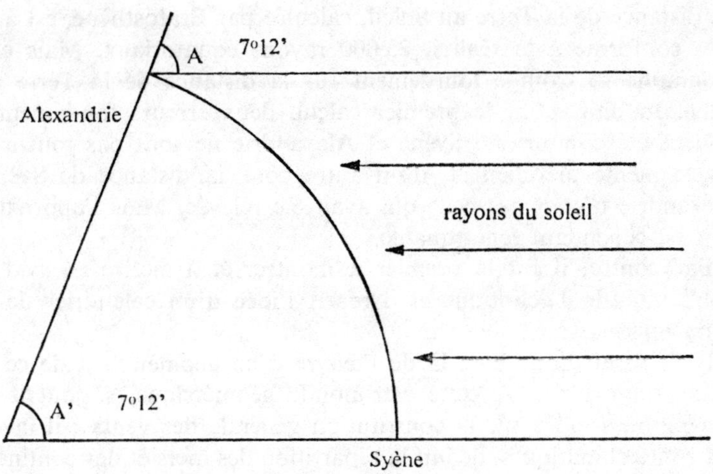

qui lui permet d'aboutir aux dimensions du système. Pour lui, la Terre est bien ronde : il est l'adepte de la théorie d'Anaximandre qui la faisait aussi ronde et le centre du monde. Puis on passe aux problèmes déjà vus, des dimensions de la Terre, du Soleil et de la Lune, enfin à l'évaluation des distances entre les trois astres. Il emploie la célèbre méthode de la dichotomie de la Lune. Aristarque faisait intervenir des observations d'angles; Eratosthène utilise les propriétés d'une sécante à deux parallèles. En fait, il mesure le plus exactement possible l'arc du méridien de Syène, ville située près de l'actuelle Assouan, à Alexandrie. Ces deux localités étaient en effet estimées être sur le même méridien. A Syène, au solstice d'été, le Soleil est à la verticale et il faut donc mesurer l'ombre à Alexandrie au même moment. Le gnomon fut utilisé dans cette série de mesures où les erreurs avaient tendance à se compenser. L'angle A que fait le rayon du Soleil — les rayons du Soleil étant supposés parallèles — et la ligne qui, du zénith d'Alexandrie passerait par le centre de la Terre, est égal à l'angle A' formé par les droites du zénith de Syène et du zénith d'Alexandrie. Eratosthène calcula que c'était le cinquantième de quatre droits, donc de la circonférence du méridien. Il fallait donc multiplier la distance Syène-Alexandrie, soit 5 000 stades par 50 et l'on trouvait, pour la circonférence de la Terre 40 050 km.

La distance de la Terre au Soleil, calculée par Eratosthène, est à peu près conforme à la réalité, 23 000 rayons équatoriaux. Mais notre géographe se trompe lourdement sur la distance de la Terre à la Lune. En fait, pour le premier calcul, deux erreurs fondamentales avaient été commises : Syène et Alexandrie ne sont pas tout à fait sur le même méridien et, d'un autre côté, la distance de Syène à Alexandrie n'était pas celle qui avait été relevée. Mais l'approximation est cependant remarquable.

Par contre, il fut le premier à montrer et à mettre en évidence l'obliquité de l'écliptique et il reprit l'idée d'un calendrier de 365 jours un quart.

Il s'agissait donc bien là de l'œuvre d'un géomètre, et de ce fait même importante. A cette astronomie géométrique, s'ajoutait une géographie fondée sur la constitution générale des vents : il invente des zones climatiques, définit la répartition des mers et des continents. C'est aussi que l'exploration du monde avait été déjà largement entamée. Le Marseillais Pythéas, franchissant le détroit de Gibraltar, serait remonté jusqu'au cercle arctique, vers 330. Dicéarque de Messine, qui fut tout autant géographe qu'historien, avait été disciple d'Aristote. Il essaya de mesurer la circonférence de la Terre qu'il estima à 300 000 stades. Il calcula aussi la hauteur de certaines montagnes et tenta de dresser une carte du monde, préfigurant ainsi Eratosthène. Ce dernier reprit en effet le projet de dresser une carte scientifique du monde en recueillant les découvertes géographiques dont il avait eu connaissance. Citons encore Euthydème, qui longea la côte africaine de l'Atlantique. Eratosthène avait cherché une géographie qui ne fût pas uniquement une description, et en cela il était en avance sur son temps, même si les résultats obtenus, au moins pour ce que nous en possédons, ne répondent pas exactement aux espoirs que l'on eût été en droit d'attendre d'un véritable savant : il est des limites que l'on ne franchit pas aisément.

En définitive, l'apport d'Ératosthène est essentiel, et il tient bien sa place parmi les savants de l'époque, avec des méthodes qui sont proches des leurs, qui ne sont guère éloignées de celles des techniciens. Les astronomes dressaient des tables d'éclipses, les géographes dressaient des tables d'observations.

La médecine ne fut pas oubliée. Érasistrate, de Ceos, dont certains dirent qu'il était le petit-fils d'Aristote, vint à Alexandrie un peu après Hérophile. Il y créa une école rivale de celle de son prédécesseur. Il avait fait ses études à Athènes, auprès de Métrodote, gendre d'Aristote, ce qui a fourni une base à la légende de sa filiation, puis à Cnide, auprès de Chrysippe.

Érasistrate dut écrire d'assez nombreux ouvrages : il n'en est malheureusement rien resté. Mais il semble qu'il fut surtout connu par ses travaux de physiologie et d'anatomie pathologique. Il apporta ainsi d'utiles compléments aux recherches d'Hérophile sur les nerfs et sur le cerveau. Il sut distinguer nerfs moteurs et nerfs sensitifs. Il s'intéressa au cœur, mais buta, comme tous ses successeurs jusqu'à Harvey, sur la circulation sanguine. Par contre, la physiologie de la respiration et de la digestion lui durent beaucoup pour leurs progrès. Signalons qu'il pratiqua assidûment. C'est ainsi qu'il travailla sur l'hygiène diététique, destinée à se prémunir contre d'éventuelles maladies.

Cette œuvre, originale et puissante, repose en grande partie sur l'observation et sur l'expérimentation, au sens le plus moderne du terme. Lui aussi, plutôt que de rechercher les causes, tint à établir des relations, à définir de façon aussi précise que possible le sens de ces relations.

La première génération des savants alexandrins avait contribué à gauchir la pensée grecque. On avait espéré sortir des voies sans issue et l'on avait réimprimé à la recherche scientifique, grâce à l'observation et à l'expérience, un caractère de réalité matérielle. On avait sorti la science de sa métaphysique. Mais ces hommes étaient encore proches d'Aristote et subissaient, inconsciemment sans doute le poids de son enseignement. Tout naturellement, la seconde génération, avec souvent plus de brillant, plus d'esprit constructif aussi, avait poursuivi cette œuvre, et, elle, par contre, plus éloignée des traditions péripatéticiennes. Alors que dans le monde grec, on demeurait attaché à une science formelle et abstraite, ceux qui avaient répondu à l'appel d'Alexandrie, car aucun, ou presque, n'était alexandrin d'origine, se trouvèrent nantis de problèmes neufs, de méthodes inédites, et, par conséquent, de solutions nouvelles.

Il faudrait mieux analyser cette science alexandrine dans son ensemble, moins dans ses résultats qui sont encore hésitants que dans ses méthodes. Les sciences « anciennes » se perfectionnaient d'ailleurs de génération en génération.

Nous arrivons enfin, et à dessein, au dernier grand nom de cette science hellénistique. A dessein parce qu'en lui se confondent le savant et le technicien. Fermons provisoirement nos oreilles à tout ce que l'on a dit d'Archimède se refusant d'avouer ses passions techniciennes et essayons de le comprendre.

Archimède [1] représente bien l'idéal technico-scientifique de l'école d'Alexandrie. Né et mort à Syracuse, Archimède (287-212) était le fils d'un astronome, Phidias, et peut-être parent de Hiéron, tyran de Syracuse, en tout cas de grande lignée. Disons tout de suite que, malgré sa grande notoriété, nous connaissons mal Archimède. Selon Eutocius d'Ascalon, il aurait eu un biographe, Héraclite, dont l'œuvre est perdue.

Jeune encore, en tout cas, il séjourna vraisemblablement à Alexandrie et, s'il n'y connut sans doute pas Euclide, il y rencontra par contre des géomètres et des astronomes, Conon de Samos, Ératosthène et Dosithée, avec lesquels il resta en relations épistolaires. Il n'est pas de notre propos de retracer ici le portrait scientifique d'Archimède : d'autres l'ont fait beaucoup mieux que nous ne pourrions le faire. On a toujours insisté en tout cas sur les étroits rapports de sa science avec la technique qu'il pratiqua toute sa vie à Syracuse. S'il ne vécut pas longtemps à Alexandrie, il paraît hors de doute qu'il n'y fit pas moins des séjours : il est certainement le visible représentant de tout ce mouvement scientifique et technique qui prit corps dans la capitale des Lagides. C'est sa familiarité avec les lois de la statique pratique qui lui fit admettre l'existence d'un centre de gravité pour tout corps pesant. Il procède à une reconstitution logique des lois à partir d'un minimum de postulats dont l'origine technique ne saurait être sérieusement controuvée. La technique est véritablement l'inspiratrice de ses travaux théoriques : lois du levier, centre de gravité des figures planes. La théorie des corps flottants, basée sur l'hydrostatique, est de la même veine.

Savant de génie, on sait qu'Archimède eut également la réputa-

1. Les œuvres d'Archimède ont été traduites en français par Ver Eecke, Paris, 1921, et rééditées avec des compléments en 1961. Texte et traduction française par Ch. Mugler, dans la collection Budé, Paris, 1970-1972. Cf. E.J. Dijksterhuis, *Archimedes*, Copenhague, 1956 (édition anglaise). P. Thuillier, « Une énigme : Archimède et les miroirs ardents », *La Recherche*, n° 100, mai 1979, fait bien le procès de cette prétendue invention d'Archimède.

tion d'un technicien émérite, si bien que l'Antiquité elle-même lui attribua la paternité d'un nombre considérable d'inventions. C'est le propre des génies de tout attirer à eux. Il n'est pas impossible qu'Archimède ait fréquenté les mécaniciens d'Alexandrie : la plupart des problèmes qu'il aborda, selon les légendes, font tous partie des curiosités d'un Ctésibios ou de son contemporain Philon. S'il ne fait pas à proprement parler partie de l'école d'Alexandrie, on ne peut nier l'influence qu'il dut y subir, tant il est proche d'elle à la fois par les problèmes abordés et par les méthodes qu'il emploie. Il dut également subir une forte empreinte du milieu technique syracusain qui avait atteint, quelque temps avant lui, nous l'avons vu plus haut, un niveau élevé de connaissances. Il est bien difficile, dans l'état actuel de nos sources, de dresser des généalogies intellectuelles de nos savants et de nos techniciens. Seuls, rapprochements ou suppositions peuvent concourir à donner des portraits que l'on souhaite valables.

Archimède, aux dires de Plutarque, n'aurait rien écrit sur des matières techniques. On peut assurément supposer que cela est vrai. Nous verrons que pour Plutarque ce fait constituait une preuve du mépris des Grecs vis-à-vis du travail manuel. Et des historiens modernes ont en quelque sorte repris l'explication attribuant à un aristocrate ce dédain pour les choses matérielles. Deux autres hypothèses peuvent être avancées. Il est curieux de constater que des Anciens et des Arabes ont attribué à Archimède des traités techniques qui seraient aujourd'hui perdus, et précisément sur des problèmes qui passionnèrent les mécaniciens d'Alexandrie. On a cité de lui un fragment sur les clepsydres, un traité sur les machines de guerre, un traité sur la traction des poids lourds, une optique et une catoptrique, un travail sur les balances [1]. Vitruve, enfin, le cite comme l'un des mécaniciens dont les œuvres sont utiles aux « ingénieurs ». Il est possible aussi que l'on ait attribué à Archimède des œuvres

1. Cf. Carra de Vaux, « Notes sur les mécaniques... d'Al Jazari et sur un appareil hydraulique attribué à Archimède », *Ann. intern. d'histoire*, Congrès de Paris, section V, Paris, 1901, p. 112-120, et « Notice sur un manuscrit arabe traitant de machines attribuées à Philon, Héron et Archimède », *Bibliotheca mathematica*, I, 1900, p. 28-38. Il s'agissait d'un automate sonore, fait d'un coffre surmonté d'une figurine représentant un aulète et fonctionnant avec de l'air comprimé et chassé par de l'eau.

techniques sur sa seule réputation de mécanicien. D'un autre côté, il ne serait pas non plus surprenant que, contrairement à une réputation bien établie, Archimède, n'ayant rien inventé de totalement nouveau, n'ait pas jugé important de consigner par écrit la description de machines qui n'étaient peut-être que mieux conçues et mieux construites que celles des autres et ne méritaient donc pas des traités en forme. Philon de Byzance pouvait suffire à l'enseignement des générations futures. De toute façon, on ne peut en écrire plus à propos des ouvrages d'Archimède.

Et c'est dans cet esprit qu'il faut étudier concrètement le catalogue de l'œuvre technique d'Archimède. Notons tout de suite que les expressions de Plutarque, le seul qui nous en ait laissé des mentions, sont extrêmement vagues. Il y a, d'autre part, bien des attributions douteuses, bien des paternités discutables. Il y a, en fait, deux grands groupes dans les « inventions » d'Archimède : celles qui ont trait au siège de Syracuse, et celles qui lui furent généreusement attribuées hors d'un lien quelconque avec cet événement historique.

Passons sur le dédain qu'aurait montré Archimède pour les machines d'Appius, le lieutenant de Marcellus. Mais, à propos de ces dernières, peut-être n'est-il pas inutile de souligner que les textes des historiens sont contradictoires. Appius fit dresser, rapporte Plutarque, « une machine sur une grande plate-forme faite de huit vaisseaux attachés ensemble et il s'avança vers le rempart, confiant dans l'importance et l'éclat de son dispositif et dans sa renommée personnelle ». Deux remarques sont à faire. Il ne nous est rien précisé sur cette machine, sur sa nature, sur son but, sur ses effets. Disons ensuite qu'une énorme machine montée sur huit navires semble ressortir de l'imagination plus que de la réalité. Tite-Live [1] et Polybe [2] parlent tous deux de machines de siège montées chacune sur deux navires accolés, et Polybe compte quatre machines de ce genre installées sur huit quinquérèmes accouplées deux à deux. L'erreur de Plutarque, note un récent commentarie [3], est donc surprenante. Elle est confirmée par la suite du texte où il parle d'une unique sambuque, nom donné à ce genre de machines.

1. Tite-Live, 24; 34, 6.
2. Polybe, 8, 4.
3. Plutarque, *Marcellus*, 15, 5-6, Paris, éd. Budé, 1966, t. IV, p. 208, note de MM. Flacelière et Chambry.

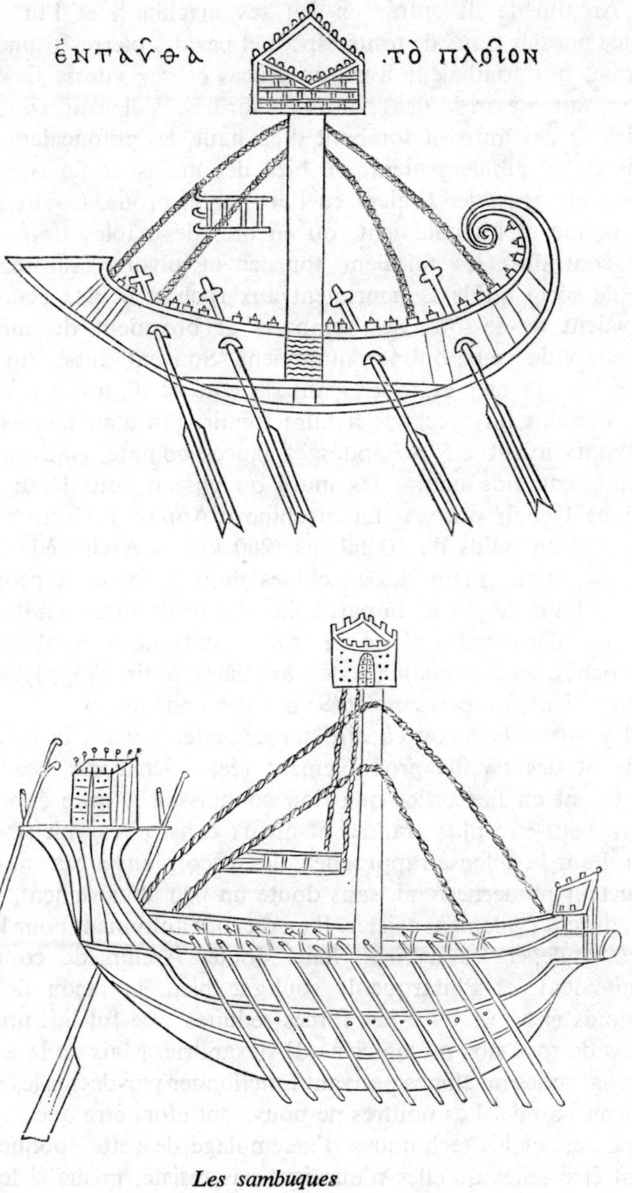

Les sambuques

« Archimède fit entrer en jeu ses machines, et l'infanterie fut arrêtée par des traits de toute espèce et par des pierres d'une grosseur énorme, qui tombaient avec un fracas et une vitesse incroyables... Quant aux navires, des poutres énormes, s'élevant soudainement au-dessus des murs et tombant d'en haut, les enfonçaient sous leur poids et les submergeaient, ou bien des mains de fer ou des sortes de becs de grues les tiraient en l'air par la proue, les dressaient sur leur poupe et les coulaient, ou encore, des câbles tirant dans des sens contraires les faisaient tourner et pivoter sur eux-mêmes, de telle sorte qu'ils se heurtaient aux rochers et aux écueils qui se trouvaient au-dessous des remparts et broyaient du même coup beaucoup de ceux qui les montaient. Souvent aussi, un vaisseau soulevé de la mer et tournoyant de côté et d'autre, suspendu en l'air, donnait un spectacle à faire frémir, jusqu'au moment où, les occupants ayant été précipités et lancés comme avec une fronde, il retombait vide contre les murs ou glissait sous l'eau quand la machine lâchait prise. » La machine d'Appius fut écrasée par des rochers d'un poids de 10 talents (260 kg). « Archimède avait préparé de longue main des machines dont le jet était proportionné à toutes les distances et en particulier des projectiles de faible portée : il avait aménagé des séries de trous, petits mais nombreux et très rapprochés, grâce auxquels des arbalètes à tir rapproché, placées là, pouvaient frapper sans être vues des ennemis. »

Il y aurait beaucoup à dire sur ce texte. Il y a à la fois du Jules Verne et des détails probablement réels. Séparons. Les machines de jet sont en fait celles que l'on connaissait à cette époque. Elles étaient peut-être plus grandes et mieux construites, mieux conduites aussi. Pour la défense rapprochée, des « scorpions à bras », que notre traducteur moderne rend, sans doute un peu abusivement, par arbalètes, durent également exister. Il en est tout autrement pour les machines à soulever les navires. Sans doute, Archimède connaissait-il parfaitement, et Plutarque le souligne bien, la façon de soulever des poids énormes avec des forces réduites : ce fut là l'un des problèmes de tous nos mécaniciens d'Alexandrie. Mais de là à imaginer de très grandes machines pouvant fonctionner par-dessus les murailles, il y a un monde. Les poutres ne pouvaient alors être que des poutres composées, et les techniques d'assemblage de cette époque se trouvaient être telles qu'elles n'auraient pas résisté, même si le principe était bon, à des poids quelque peu considérables. L'utilisation de meurtrières situées au pied des remparts pour les attaques rapprochées semble plus intéressante.

Faut-il rappeler que, malgré les admonestations de Marcellus à ses ingénieurs, la ville fut prise.

Si l'on examine les autres inventions d'Archimède, on se trouve en face de faits semblables. Glissons sur la célèbre vis d'Archimède qui existait probablement depuis longtemps et dont l'attribution est due à un commentaire erroné de Commandin au XVIe siècle. Passons aussi sur le fait de soulever la terre si on dispose d'un point d'appui : c'est une image destinée à faciliter la compréhension de certains phénomènes. « Il fit tirer à terre, au prix de grands efforts d'une nombreuse main-d'œuvre, un navire de transport à trois mâts de la marine royale; il y fit monter un grand nombre d'hommes, en plus de la cargaison habituelle, et, assis à distance, sans peine, d'un geste tranquille de la main, il actionna une machine à plusieurs poulies, de façon à ramener vers lui le navire en le faisant glisser sans à-coups, comme s'il courait sur la mer. » La traction des poids lourds était un problème classique à cette époque et les moufles étaient déjà connues. Et cela d'autant plus que pour nettoyer les coques dans une mer sans marée, il fallait tirer les navires sur le sable [1]. Cette histoire du navire tiré à terre servait surtout à démontrer qu'Aristote avait tort et que ses deux grands principes étaient faux et avaient entraîné la science sur des chemins désastreux :

— la loi de la vitesse proportionnelle au rapport de la force à la résistance,

— la prétendue loi de l'inefficacité de la force pour des valeurs inférieures à une certaine limite.

Nous nous trouvons là à un tournant important, celui où les savants d'Alexandrie, ou ceux qui fréquentèrent les milieux d'Alexandrie, tentaient de se dégager de la physique d'Aristote.

Voici donc des textes vagues, sans doute fortement marqués d'exagération, comme le montrent les différences entre les témoignages de l'époque. Voici des textes dont se sont emparés nos modernes historiens pour faire d'Archimède, qui fut certainement un excellent technicien, un génie de tous les temps, un inventeur fécond et habile.

1. *Ibid.*, 15, 5-6 et 17, 2.

Qu'Archimède ait perfectionné certains mécanismes, qu'il ait donné aux quelques machines dont le monde grec disposait des proportions meilleures, cela n'est pas impossible, cela est même probable. La phrase la plus importante mériterait d'être soulignée : « machines dont le jet était proportionné à toutes les distances ». Nous retrouverons Philon devant ce même problème. Rey [1] affirmait que la statique et la théorie du levier étaient en fait le début d'une théorie générale des machines simples. Cela irait bien dans la ligne de ce que les textes nous suggèrent. La véritable dimension que l'on peut donner aux connaissances techniques et mécaniques d'Archimède est le meilleur service qu'on puisse lui rendre.

Il faut enfin mentionner Apollonios de Perga [2], un peu sur le même plan qu'Archimède. Il était né à Perga, ville de Pamphylie, probablement vers 262, et non 247 comme disent certains; il serait mort vers 190. Tout le monde connaît ses *Coniques*, en huit livres, dont il nous en reste quatre en grec et trois en arabe. L'étude magistrale qu'il donne des courbes nées des sections coniques, l'ellipse et les deux auxquelles il donna des noms, la parabole et l'hyperbole, est présente à toutes les mémoires. Il vécut longtemps à Alexandrie où il étudia les mathématiques, et principalement la géométrie, sous la conduite des disciples d'Euclide. Il fit des travaux d'arithmétique, en particulier sur les nombres irrationnels. Peut-être même fut-il aussi astronome, et Vitruve lui attribue l'astrolabe plan alors qu'Eudoxe avait imaginé l'astrolabe sphérique : les deux instruments ont, au reste, été attribués, dès l'Antiquité, à divers personnages.

Il semble bien qu'à côté de son œuvre mathématique, dont on sait l'importance, Apollonios ait aussi pratiqué la « science appliquée ». Des traités de mécanique lui ont été attribués par les Arabes. Vitruve le cite avec Archytas, Archimède et d'autres encore parmi ceux qui, « avec le concours du calcul et la connaissance des secrets de la nature, ont fait de grandes découvertes dans la mécanique et la gnomonique, et ont laissé de savants traités à la postérité ». Selon Proclus et Pappus, il aurait également écrit sur la vis.

Athénée mentionne un Apollonios qui paraît bien être le même. Cet Apollonios travailla à Rhodes. Il y aurait amené « des masses

1. A. Rey, *L'Apogée de la science technique grecque, l'Essor de la mathématique*, Paris, 1948, p. 245.

2. *Les Coniques*, éd. et trad. Ver Eecke, Bruges, 1923 et Paris, 1963.

de pierres si considérables à la jetée qui protégeait le port de Rhodes, que ceux qui les ont vues ont souvent été embarrassés pour se rendre compte des procédés par lesquels il avait pu les charger sur des bâtiments et les décharger à Rhodes, à leur emplacement définitif ». Et Athénée d'ajouter : « C'est à la suite de ce travail qu'Agésistratos s'attacha à lui, espérant trouver dans sa fréquentation des notions utiles sur la poliorcétique. » Il paraît qu'il ne se trompait pas. Il avait aussi construit des automates musicaux, fonctionnant toujours avec de l'eau. Ceci nous laisse bien voir, une fois de plus, ce désir presque éperdu de chercher des relations entre science et technique, cette double justification d'une science utile et d'une technique raisonnée. Notons aussi le souhait pour les débutants d'approcher les ingénieurs ou les savants célèbres : c'est proprement l'attitude d'un Léonard de Vinci.

Archimède et Apollonios seraient ainsi les dignes descendants d'Archytas. L'accord, un certain accord, entre la science et la technique s'est, n'en déplaise à Platon, poursuivi à travers les générations, prenant même progressivement de l'ampleur. Puis, tout a été bloqué par des incompréhensions. Il faudrait étudier les derniers feux de cette école d'Alexandrie, et mesurer aussi les abandons successifs de certaines idées. Citons en exemple Hipparque de Nicée, en Bithynie. Il séjourna à Rhodes dans le second quart du second siècle et fit des observations à Alexandrie entre 161 et 127. Il aurait inventé des instruments d'observation plus perfectionnés que ceux que possédaient ses prédécesseurs. Il aurait même construit un globe céleste, et découvert la projection stéréographique. On lui doit la division du cercle en 360° et la fondation définitive de la trigonométrie. Il critiqua vivement Ératosthène, premier reflet d'attitudes qui vont s'accentuer chez des gens moins doués que lui.

Le texte de Vitruve sur les mécaniciens grecs, Archimède comme Apollonios, est intéressant par sa formulation : « avec le concours du calcul et la connaissance des secrets de la nature », c'est-à-dire presque ce qu'on leur a refusé, l'application des mathématiques et l'idée des lois naturelles. Nous sommes bien en présence des fondements d'une pensée technique : nous y reviendrons.

De tout cela, à la vérité, ressort une curieuse impression. On a remarqué qu'aucun philosophe ne semble être allé faire de séjour à Alexandrie. Ou, pour dire plus précisément, la philosophie est tard venue à Alexandrie, au moment même où science et technique s'y effaçaient.

Ne serait-il pas possible que beaucoup de ces savants soient venus à Alexandrie pour sortir des ornières péripatéticiennes, pour se dégager d'un système clos sur lui-même, sans porte de sortie, qu'ils aient ainsi retrouvé certaines vertus de l'école pythagoricienne, jusqu'à Thalès et Archytas. Leur refus des qualités, des entités abstraites qui avaient donné au système péripatéticien son unité et sa force, leur goût de l'observation, de l'expérimentation, leur attachement à la quantité, au nombre, à la série, à la table, leur permirent d'aller plus loin, dans des voies qui se fermèrent à leur tour. Ce faisant, il leur fut impossible de construire des systèmes nouveaux : le retour à Aristote se profila alors à l'horizon.

Il est un point que l'on doit souligner. Alexandrie ne fut sans doute pas le seul centre scientifique et technique. Athènes conserva toujours une certaine attirance : Dicéarque, Straton de Lampsaque, Eratosthène, Erasistrate, sans compter Démétrios de Phalère y séjournèrent, y revinrent même après leur intermède alexandrin. Peut-être aussi n'a-t-on pas donné assez d'attention à Rhodes, que nous avons mentionné à plusieurs reprises. Et sans doute trouverait-on moins opposition qu'un certain équilibre entre ces deux centres intellectuels, dépassant, et de beaucoup, les luttes politiques, les appartenances ou les hostilités qui n'ont guère eu d'influence dans le domaine qui nous intéresse ici.

La fortune de Rhodes date de la fin du ve siècle et se manifeste surtout à l'époque hellénistique, à mesure de l'affaiblissement de la puissance athénienne. Empêtrée dans son académisme péripatéticien, la renommée déclinante d'Athènes laisse la place à Alexandrie et à Rhodes. Le développement des échanges commerciaux dans le bassin de la Méditerranée et l'ouverture par Alexandre de voies vers l'Asie mettaient les deux villes au centre de trafics importants. Comme Alexandrie, Rhodes eut vite une ville neuve, avec un port puissamment équipé. Pendant deux à trois siècles, elle allait devenir un centre de transit, une banque internationale et un considérable marché de redistribution.

Dès la fin du IVe ou au début du IIIe siècle, c'est-à-dire au moment même où Alexandrie commença à jouer un rôle que nous avons essayé d'esquisser, Eudème de Rhodes ramène dans sa patrie la doctrine et le système d'Aristote. Déjà, au moment du siège par Démétrios Poliorcète, la réputation de Rhodes est attestée, surtout dans le milieu des « ingénieurs », et nous avons vu que bien des savants et des techniciens étaient passés par Rhodes avant d'aller se retrouver à Alexandrie : il en est aussi qui y revinrent.

Il semble que « l'école » de Rhodes se soit développée dans différentes directions. Une tradition aristotélicienne, certes, et sans doute plus forte qu'à Alexandrie. Mais aussi l'influence nouvelle de ceux qui travaillaient à Alexandrie, et peut-être la difficile synthèse entre ces deux courants de pensée : une sorte de valse hésitation entre les acceptations et des critiques parfois virulentes.

Il faudrait, comme pour Alexandrie, rassembler tous ceux qui furent à Rhodes les animateurs d'un centre actif. Eudème, bien entendu, peut-être l'un des premiers, Apollonios par la suite, le premier au début du IIIe siècle, l'autre certainement postérieur de quelques années. Depuis le milieu du IIe siècle, Rhodes poursuit, dans le domaine intellectuel, sa mission d'intermédiaire et d'organisatrice des relations humaines, succédant un peu à une Alexandrie déchirée par les luttes politiques.

Les géographes firent de Rhodes le point de rencontre des deux grands axes dont ils se servaient. L'axe des parallèles passait par le détroit de Gibraltar, Messine, Athènes, Rhodes et Cnide, soit 36°, ce qui est sensiblement faux pour Messine et Athènes (38°). L'axe des méridiens d'Eratosthène passait par Syène, Alexandrie, Rhodes, Byzance et le Borysthène, c'est-à-dire le Dniepr.

Après avoir vécu à Alexandrie, Hipparque vint s'établir à Rhodes. Il critiqua vivement Eratosthène qu'il jugeait beaucoup trop approximatif et reprit la définition des zones à laquelle on était maintenant bien adapté et habitué. Sa géographie fut presque uniquement mathématique.

Le type même du savant rhodien nous est donné par Poseidonios (vers 140-vers 60) [1]. Originaire d'Apamée, sur l'Oronte, en Syrie, il vint à Athènes, et, sans doute conscient de la chute intellectuelle de cette ville, passa à Rhodes, où il fut l'un des maîtres de Cicéron. Après la mort de Critolaus (vers 140), l'école péripatéticienne était entrée dans l'ère déprimante de la scolastique.

1. M. Laffranque, *Poseidonios d'Apamée*, Paris, 1964.

On reconnaît, dans Poseidonios, les curiosités et les divers courants que nous avons appris à distinguer à Alexandrie : un aristotélisme plus marqué sans doute, mais aussi tout le mouvement scientifique d'Alexandrie. Notre homme travailla dans un peu tous les domaines, avec un certain bonheur. Mathématicien, il ne peut qu'être disciple d'Euclide, et plus près, d'Héron d'Alexandrie. Physicien, il ne peut guère dépasser la science de son temps. Géographe, il est un successeur direct et critique lui aussi d'Eratosthène. Il fut toujours fidèle à une géographie géométrique, à un monde divisé en zones climatiques selon les parallèles. Il fut un fanatique de la mesure. Il se montre tout à la fois soucieux de théorie et sensible aux observations des voyageurs. Il n'est qu'à relire ce qu'il dit des marées, cependant si faibles en Méditerranée, qui est supérieur à tous ses devanciers, en ce qu'il les lie au mouvement apparent de la Lune. Il était d'ailleurs allé jusqu'à Cadix vérifier ce que Pythéas avait dit des marées océaniques. Erudit, observateur sagace, mais poursuivant toutes les généralisations. Ses météorologiques le rapprochent incontestablement d'Aristote, en affinant les connaissances de ce dernier, mais sans découverte notoire.

On sent que désormais les sciences sont devenues autonomes, liées entre elles, certes, en particulier par les mathématiques, mais détachées désormais de la philosophie, tout stoïcien qu'ait été Poseidonios.

Vers 145, à la mort de Ptolémée Philometor, son fils Eupator est détrôné et de nombreux savants du Musée, son chef Aristarque en tête, prennent avec leur roi le chemin de l'exil. De Chypre où ils s'étaient réfugiés, ils vont se disperser, à Rhodes où ils retrouvent une atmosphère analogue à celle qu'ils avaient quittée, à Athènes où les appellent de vieux souvenirs. Mais, dans cette seconde moitié du Ier siècle, on note une émigration croissante des « cerveaux » vers Rome. Même si les écoles romaines, selon Polybe, manquaient de normes fixes, d'unité et de contrôle, le centre du monde s'y était néanmoins déplacé.

4. La syntaxe mécanique

L'école d'Alexandrie représentait donc une remarquable convergence de curiosités de tous ordres. Les Ptolémées avaient tenté d'y concentrer tout ce que le monde grec connaissait de plus avancé dans tous les domaines. Aucun ne devait être négligé et la technique, pour des raisons diverses — dont les raisons politiques ou militaires ne furent probablement pas majeures au début —, faisait nécessairement partie du programme.

C'est donc dans un climat intellectuel tout à fait favorable qu'allait se constituer ce que l'on a appelé, à juste titre, l'École alexandrine de mécaniciens. Désormais, la technique pouvait fort bien s'insérer dans l'ensemble des connaissances scientifiques de l'époque, les connaissances scientifiques de ces savants d'Alexandrie, si sensibles aux réalités naturelles et matérielles. La résurrection d'un courant pythagoricien n'était pas étrangère à cette attitude nouvelle qui tranchait singulièrement sur les doctrines de Platon ou d'Aristote. En outre, et cela est très important, le nouveau groupe de techniciens reprenait le flambeau d'une longue tradition qui ne s'était jamais complètement effacée. En matière de technique, rien ne sort jamais de la mémoire des hommes.

Les débuts de cette école de mécaniciens sont obscurs. Il s'agissait, à l'instar des autres disciplines, de constituer en corps de doctrine, on n'ose dire en système, un ensemble assez disparate de notions théoriques, d'expériences pratiques, d'empirisme et d'un début de rationalité, de progrès supposés ou virtuels. Les techniques que l'on devait aborder étaient le plus souvent fort éloignées les unes des autres, ce qui ne simplifiait guère la tâche de synthèse. Il fallut donc se borner à quelques secteurs, ceux-là mêmes qu'on supposait susceptibles de développements ultérieurs, ceux-là mêmes qui paraissaient susceptibles d'utiliser une certaine science. Des pans entiers du monde technique demeuraient à l'écart, irrémédiablement bloqués dans leur essor.

Du fondateur supposé de cette école, Ctésibios, nous ne savons pratiquement rien. Nous ne le connaissons que par quelques rares mentions de ses successeurs immédiats ou lointains. Dès l'Antiquité on avança même, comme Athénée dans les *Deipnosophistes*, qu'il y avait eu deux Ctésibios : un mécanicien sous Ptolémée II Philadelphe (283-247), et un barbier, inventeur de l'hydraulis, sous Ptolémée VII (145-116) [1]. Depuis, les érudits modernes en ont dénombré six qui, il est vrai, ne correspondent pas tous au portrait que l'on s'en ferait [2]. Le mystère ne sera probablement jamais éclairci. Néanmoins il semble bien correspondre au personnage unique que nous citent Athénée le Mécanicien [3], Pline l'Ancien [4] ou Vitruve [5]. Athénée le Mécanicien pour le premier personnage dont il parle, une épigramme d'Hédylos, Diodore [6] ont permis, en rectifiant une tradition manuscrite incertaine, de le situer sous les règnes de Ptolémée 1er Evergète, voire de Ptolémée Philadelphe, c'est-à-dire en gros à la première moitié du IIIe siècle. Ctésibios serait donc exactement contemporain d'Archimède. Cette solution semble aujourd'hui assez communément admise : elle est en tout cas plus satisfaisante pour la chronologie de nos anciens alexandrins [7]. Ctésibios se situerait par conséquent au moment où l'école d'Alexandrie a déjà atteint une renommée certaine. On peut imaginer que les premiers Ptolémées n'aient pas voulu laisser de côté le savoir technique auquel le premier d'entre eux, pour des raisons évidentes, devait être très attaché.

Selon la tradition, Ctésibios était d'humble origine, fils d'un barbier établi dans un faubourg d'Alexandrie, l'Aspondia. Il aurait manifesté, jeune encore, des dispositions remarquables pour la mécanique, une mécanique, il est vrai, fort élémentaire, plus spectaculaire que raisonnée. Citons Vitruve : « Sa vive intelligence et sa grande

1. Athénée, *Deipnosophistes*, IV, 174 b-e.
2. Pauly-Wissowa, *Dictionnaire*, II, I, p. 950.
3. Athénée, 20.
4. Pline L'Ancien, VII, 125. Il cite Ctésibios avec Chersiphron, architecte du temple de Diane à Ephèse, et Philon d'Athènes, constructeur de l'arsenal du Pirée.
5. Vitruve, IX, 8 et X, 7.
6. Diodore, III, 42.
7. La bibliographie de Ctésibios est courte. On la trouvera dans l'ouvrage de Sarton, et dans l'étude sur les traités de pneumatiques de Drachmann.

activité le mettaient au-dessus de tous les autres, et il trouvait son plaisir, dit-on, en d'ingénieux travaux. C'est ainsi que, voulant suspendre dans la boutique de son père un miroir qui, lorsqu'on désirait le faire descendre et remonter au plafond, remontât de lui-même au moyen d'une corde, grâce à un poids dissimulé, il réalisa le mécanisme suivant. Il fixa sous une poutre un conduit de bois et y disposa des poulies. Par ce conduit, il amena une corde dans un angle de la pièce, où il enfila bout à bout de minces tuyaux, à l'intérieur desquels il fit descendre, à l'aide de la corde, une boule de plomb. Ainsi, le poids, en descendant rapidement dans les tuyaux étroits, comprimait la quantité d'air qui s'y trouvait, et chassant à l'air libre, par sa descente rapide à travers ce passage resserré, l'air rendu plus dense par compression, il avait provoqué, par cette rencontre soudaine, un son aigu[1]. » Quoiqu'un peu elliptique, ce texte est intéressant. Il nous apporte en effet trois indications essentielles sur le sens d'une certaine recherche : l'effet d'étonnement, presque de prestidigitation, auquel les Grecs étaient, aux dires de l'Athénée des *Deipnosophistes*, si attachés, le problème de l'élasticité de l'air et le tuyau sonore, le tout naturellement lié à une combinaison mécanique.

Dans son premier livre, Vitruve cite Ctésibios comme l'un des auteurs essentiels à la formation des ingénieurs, et l'un des mécaniciens célèbres de l'Antiquité. Certains ont cependant pensé que si Ctésibios fut effectivement un mécanicien de talent, et tous les témoignages que nous possédons en font foi, il n'est pas sûr qu'il ait écrit sur les matières qu'il pratiqua avec tant de succès. En fait, le texte de Vitruve et l'affirmation du mécanicien Athénée — et ce dernier donne même le titre d'au moins un ouvrage de Ctésibios qui s'intitulait *Commentaires* —, quelques phrases de Philon de Byzance, plus proche de lui que les autres, laissent bien penser que Ctésibios a bien écrit ou dicté. De tout cela il ressort assez nettement que Ctésibios a su, en définitive, ouvrir à la recherche technique des voies nouvelles d'exploration, des méthodes inédites, établir, en un mot, la qualité d'une culture qui n'était pas encore universellement admise. Fut-il influencé par Straton de Lampsaque, comme l'ont affirmé certains ? Nous connaissons trop mal et le physicien et le mécanicien pour trancher.

1. Vitruve, IX, VIII, 2-4.

On présente souvent Ctésibios comme un inventeur fécond. La liste la plus complète nous en est donnée par Vitruve : sonnerie de cor hydraulique, machines à élever l'eau, aérotone, horloges hydrauliques. Le tout est fondé, on le voit, sur quelques principes que certains ont baptisé lois naturelles, comme l'élasticité de l'air, déjà mentionnée, et l'incompressibilité de l'eau, sur les instruments à vent et sur un nombre limité de mécanismes de transmission et de démultiplication. Nous ne savons trop, faute de textes, comment cette recherche a pu s'articuler sur une science déjà développée, se donner des principes, des méthodes de travail.

Philon de Byzance et Vitruve nous fournissent de bonnes descriptions de la pompe aspirante et foulante, dite pompe de Ctésibios qui en fut peut-être le réel inventeur. Les origines en sont difficilement décelables, les finalités plus précises : élever l'eau, lutter contre l'incendie et pièce essentielle de l'orgue hydraulique. C'est à propos de l'aérotone que Philon de Byzance rapporte comment fut conçue la pompe à cylindres [1] :

« En effet, il avait montré, dans ses théorèmes pneumatiques rapportés plus haut, que l'air est résistant, élastique et très mobile; qu'en outre, lorsqu'on l'emprisonne dans un récipient cylindrique robuste, il peut être comprimé et, en retour, se détendre rapidement en reprenant exactement tout le volume du cylindre. Avec sa grande expérience de la mécanique, Ctésibios a bien compris que ce mouvement (de décompression) permettait d'obtenir, par l'intermédiaire de tiges articulées, une très forte tension et une détente puissante.

« C'est pourquoi il construisit le cylindre [2], de forme semblable aux boîtes à remèdes des médecins, sans couvercle, en airain aminci pour être robuste et résistant, façonné mou comme de la cire et fondu pour acquérir de la solidité. L'intérieur de ce cylindre est travaillé au tour et poli de telle sorte que sa surface soit unie, tracée à la règle et bien lisse.

« Puis on fait un disque de piston en airain, capable de parcourir

1. Nous suivons J. Perrot, *L'Orgue de ses origines hellénistiques à la fin du XIIIe siècle*, Paris, 1965, en effectuant quelques corrections qui s'imposent. Nous reviendrons plus loin sur un certain nombre de questions soulevées par ce texte.

2. *Pyxis*, qui vient de *Pyxos*, bois, ou buis, d'où petite boîte en bois pour les onguents des médecins, puis boîte cylindrique en général. Cf. Daremberg et Saglio, *Dictionnaire*, article « Pyxis ».

toute la hauteur du cylindre, en appuyant fortement sur sa périphérie, elle-même travaillée de façon à être unie et lisse. Ce piston est fiché de telle sorte qu'il ait une articulation maintenue de part et d'autre pour qu'une fuite d'air, s'y infiltrant de toute sa force, ne se produise pas [1]. »

La description détaillée de la machine figure dans un manuscrit arabe de la bibliothèque d'Oxford, attribué à Philon de Byzance. Elle correspond très exactement à celle de Vitruve à partir duquel Choisy a fait un schéma [2]. « On prend deux marmites de cuivre, le diamètre de chacune d'elles étant de 3 empans et la hauteur de 3 coudées. Soit α, β ces marmites. Au milieu de chacune d'elles, nous établissons un corps de pompe solide et vertical γδ, au bas duquel nous ouvrons la soupape d'aspiration ε; et nous lui adaptons un piston qui est οξ. Nous donnons au corps de pompe une proéminence en η, dans laquelle s'ouvre la soupape de refoulement qui est θ. Alors nous prenons deux tuyaux que nous montons sur la proéminence, au-dessus de la soupape de refoulement; la hauteur de chacun d'eux est de 10 coudées. Ils sont marqués ικ. Au sommet du piston, au point ο, du côté extérieur, nous plaçons une tige qui est le levier qu'on manœuvre, et nous attachons à ce levier deux charnières, comme nous l'avons fait dans le puits [3]. A l'orifice des deux marmites, nous mettons un couvercle μ. Il faut nécessairement que lorsque le piston est tiré en haut, l'eau soit aspirée de la marmite dans le corps de pompe, puisque la soupape d'aspiration est soulevée par l'air; alors l'eau est attirée et entre dans le corps de pompe. Lorsque, au contraire, le levier est abaissé, la soupape d'aspiration se bouche, la soupape de refoulement s'ouvre et l'eau monte dans les tuyaux, dont les orifices viennent au point λ; elle est évacuée dans un réservoir qui la reçoit en σ. Il faut qu'il y ait constamment de l'eau dans les deux marmites [4]. »

1. Autrement dit, il faut maintenir le piston dans un plan perpendiculaire à l'axe du cylindre, Philon, IV, 77, 15. Cela était d'autant plus délicat que la tige qui reliait le piston au levier devait être mobile à ses deux extrémités : la solution du schéma de Choisy est, à cet égard, plus correcte que celle de Carra de Vaux.
2. Vitruve, X, 7. Cf. Choisy, *Vitruve*, Paris, 1909, t. IV, pl. 71 et 72.
3. Dans une description qui précède celle-ci.
4. Ce texte et l'image ont été publiés par Carra de Vaux, « Le livre des appareils pneumatiques et des machines hydrauliques par Philon de Byzance », *Notices et Extraits des manuscrits de la Bibl. nat.*, XXXVIII, 1903, p. 216-218.

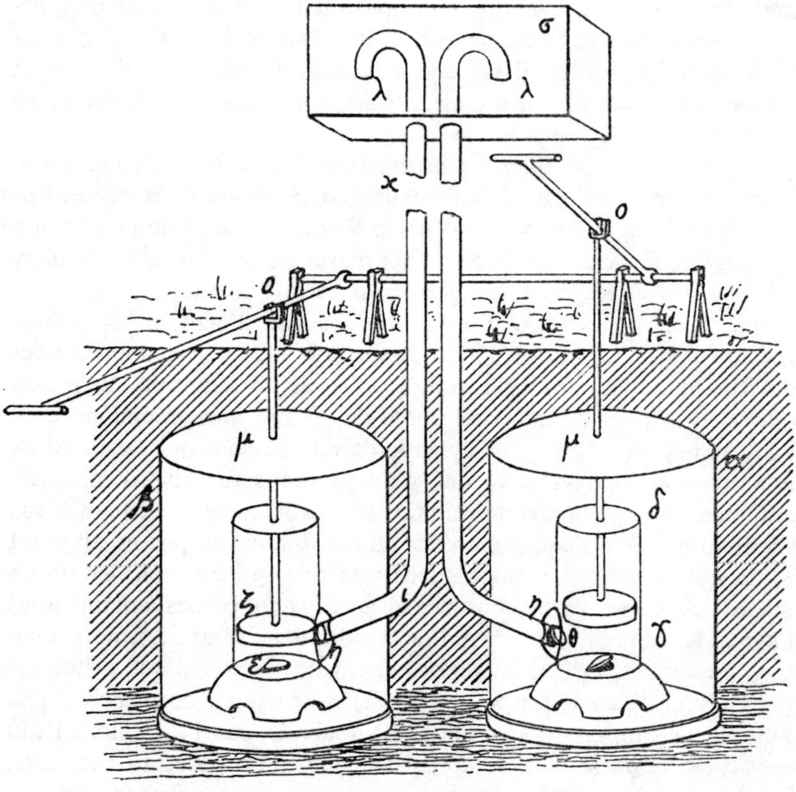

Pompe aspirante et foulante de Ctésibios

C'est donc bien la pompe aspirante et foulante. Héron d'Alexandrie, qui en fit une pompe à incendie [1], et Vitruve [2] ont donc reproduit cette description avec quelques compléments. Les pistons étaient polis au tour, frottés et ajustés à l'huile. Mais nous ne savons rien du mode de fabrication des cylindres, la partie la plus importante de la machine. Les difficultés d'exécution ne devaient certes pas manquer et limitaient sûrement l'usage de l'appareil.

1. Héron, *Pneumatiques*, I, 28.
2. Vitruve, X, 7.

L'apparition de la pompe aspirante et foulante ne manque pas de poser quelques problèmes. En effet, la structure essentielle de l'instrument, à savoir le cylindre et le piston, semble apparaître ici, comme dans l'orgue, brusquement, pour la première fois dans les techniques de l'Antiquité classique. L'Égypte ancienne connaissait plusieurs types de soufflets : sarbacane, chalumeau, qui utilisaient en fait le souffle de l'homme, et les soufflets à outre. On s'était même servi de l'outre-pompe foulante : lorsqu'une outre remplie de liquide laisse une petite ouverture pour l'écoulement, la pression de la main sur l'outre projette au loin le liquide, avec d'autant plus de violence que la pression exercée est grande. Cette pompe foulante a été appliquée en médecine comme seringue : elle était déjà utilisée pour cet usage au temps d'Hippocrate, soit au ve siècle, et l'on ignorait à cette époque la seringue qui, précisément, est faite d'une structure cylindre-piston [1]. Les Égyptiens se servirent également de soufflets à diaphragme de peau, le pied du souffleur servant de soupape.

Il est fort curieux de constater que cylindre et piston apparaissent dans certaines civilisations dites primitives, tant pour les soufflets que pour les briquets, en Mélanésie, à Madagascar et chez certains peuples d'Amérique [2]. La pompe dite de Ctésibios est le seul exemple, ou le premier exemple que nous connaissions en Europe occidentale. Le problème de l'origine de ce mécanisme reste entier.

La conception même de la machine, le jeu du cylindre et du piston, le jeu des soupapes ne peuvent certainement pas venir de démarches purement empiriques. En tout cas, il n'y a pas de filiation directe entre cet appareil et les autres types de soufflerie que nous connaissons, et que les Anciens ont effectivement pratiqués. C'est bien une invention, une nouveauté, au sens plein du terme. Il nous faudra certainement toujours regretter de ne rien savoir de la genèse de cet appareil. Les difficultés de fabrication, en particulier la jonction du piston avec les parois du cylindre, la réalisation même d'un cylindre parfaitement régulier aux parois rigoureusement dressées à une époque où l'alésage était inconnu, freinèrent, nous l'avons dit, l'expansion de la pompe de Ctésibios. A cause de l'eau, il était difficile de les faire en bois. Il est, bien entendu, des explications faciles.

1. Cf. Ch. Fremont, *Origine et Évolution de la soufflerie*, Paris, 1917.
2. A. Leroi-Gourhan, *L'Homme et la Matière*, Paris, 1943, p. 84 s.

Partant du premier texte de Philon, un auteur écrivait, il y a quelques années : « Il suffisait donc, après avoir ajouté à cet appareil un jeu de soupapes, de manœuvrer la bielle (en fait la tige du piston) avec un levier pour avoir une pompe. Aspirer et refouler un fluide quelconque devenait facile : c'est l'application pratique du principe d'Aristote : l'inspiration est traction, l'expiration poussée [1]. » Les « il suffisait » ou « devenait facile » sont parfaitement trompeurs. Tout est toujours facile vingt-deux siècles après.

L'instrument était cependant devenu réel. On en a trouvé un à Silchester, en Angleterre, un autre à Castronovo en Italie [2]. On connaît la lettre de Pline le Jeune à Trajan pour lui réclamer une pompe à incendie destinée à la ville de Nicomédie, qui en manquait [3].

Il semble bien que pour les instruments de musique, les premières approches de Ctésibios se soient concrétisées par la fabrication d'automates à musique en forme de rhyton, tel celui qui fut installé dans le temple d'Arsinoe Zéphyritis, construit à l'est d'Alexandrie. Il s'agissait d'un instrument purement mécanique, émettant une sorte de ritournelle dont la sonorité était celle de la trompette. Ctésibios avait certainement employé une anche. Le vent était produit par l'écoulement d'un liquide qui ne pouvait guère être que de l'eau [4]. Héron, plus tard, imaginera des rhytons à surprise, mais sans musique. Mais il citera aussi l'appareil de Ctésibios : « Une figurine sur piédestal, embouchant une trompette, en jouera si l'on souffle dedans. Soit un piédestal, sur lequel se dresse une figurine. A l'intérieur du piédestal, soit un hémisphère creux, ayant des échancrures sur son

1. J. Perrot, *op. cit.*, p. 51. La citation est tirée d'Aristote, *Physique*, VII, 243 b. A la vérité, le texte d'Aristote est fort obscur, du moins tel qu'il nous a été transmis. Les traductions les plus récentes en portent témoignage. « La dilatation est une répulsion (vu que la répulsion part du moteur lui-même ou d'autre chose) et la condensation une traction (vu que la traction va vers le moteur lui-même ou vers autre chose) », collection G. Budé, traduction de M. Carteron. Si tant est qu'il s'agisse d'une pompe, comme le suppose ou le suggère M. J. Perrot, il vaudrait mieux employer les termes de détente et de compression. Laissons réfléchir les hellénistes aux bizarreries de ce texte et à la très grande difficulté que présente la traduction de certains termes. L'ensemble du passage de la *Physique* d'Aristote mériterait une reprise attentive.

2. Daremberg et Saglio, *Dictionnaire*, article « Sipho » rédigé par Sorlin-Dorigny.

3. Pline le Jeune, X, 33, 2.

4. Athénée, *Deipnosophistes*, XI, 97.

bord libre. Hors de cet hémisphère se dresse un conduit amenant le vent à la figurine jusqu'à la trompette; que celle-ci soit pourvue d'une embouchure à anche. Que, d'autre part, de l'eau soit versée dans le piédestal à travers une ouverture qui, après remplissage, sera fermée hermétiquement avec un bouchon. Donc, lorsque nous soufflons dans le pavillon de la trompette, l'air qui (vient) de nous pressera l'eau qui est dans l'hémisphère, à travers les échancrures; cette eau montera dans le piédestal. Mais si nous cessons brusquement de souffler, l'eau reviendra dans l'hémisphère et comprimera l'air (qui s'y trouve); cet air, sortant par l'embouchure de la trompette, produira un son [1]. » On comprimait donc l'air par le poids d'une masse d'eau déplacée. Écoutons J. Perrot : « Il suffisait d'adapter le tuyau de la pompe à air au col de l'hémisphère pour obtenir le vent sous pression; à chaque coup de pompe, l'eau, chassée de l'hémisphère par l'air y arrivant, passe dans la cuve en forme de piédestal, et son niveau monte : le poids du liquide déplacé comprime le vent. Entre chaque coup de pompe, l'eau de la cuve redescend, celle de l'hémisphère remonte et la pression est conservée. Ctésibios disposait ainsi d'une soufflerie puissante et entièrement originale pour alimenter un instrument de musique dont les possibilités sonores pourraient pratiquement être illimitées [2]. »

Le passage de cet instrument à un système permettant de distribuer le vent à une série de tuyaux à anche pouvait paraître plausible. Après bien des discussions à la fin du siècle dernier [3], on a fini par restituer l'invention de l'hydraulis, l'orgue hydraulique, à Ctésibios. Nous n'en possédons que des descriptions incomplètes, fournies par Philon de Byzance, par Héron et par Vitruve, aussi par une série de manuscrits arabes. Signalons aussi l'image qui nous est donnée par la mosaïque de Nennig, village sarrois à 40 km de Trèves, datée de l'époque d'Hadrien, les restes d'un appareil de cette nature conservés au musée de Naples et d'autres restes, datés du IIIe siècle après J.-C., découverts à Aquincum, en Hongrie [4]. La description de Vitruve montre un appareil nettement plus perfectionné que celui d'Héron.

1. Héron, *Pneumatiques*, II, 10.
2. J. Perrot, *op. cit.*, p. 53.
3. P. Tannery, « L'invention de l'hydraulis », *Revue des études grecques*, XXI, 1908, p. 326-340.
4. J. Perrot, *op. cit.*, pl. I, XVII, XXI, etc.

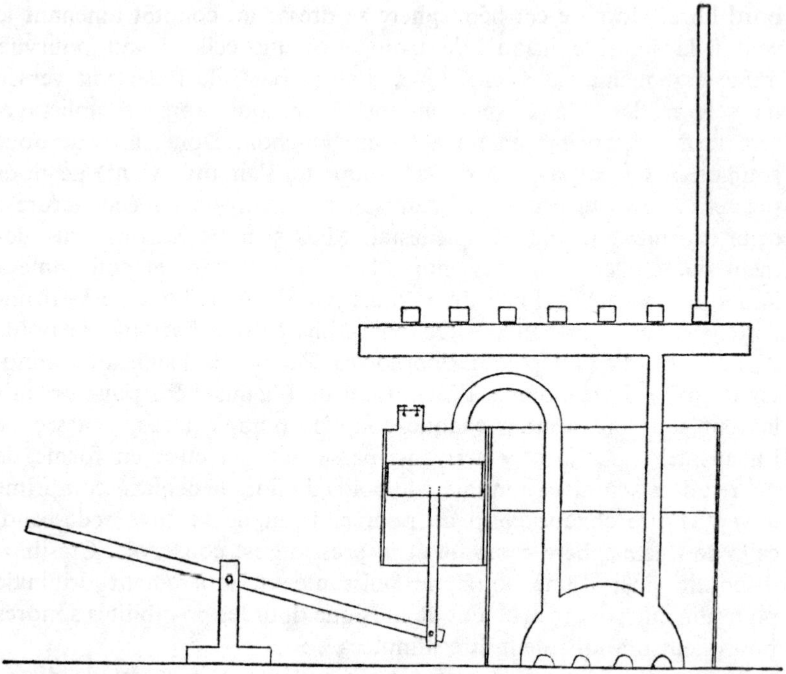

L'orgue d'Héron

Simplifions. L'orgue hydraulique comporte un certain nombre d'éléments essentiels qui sont :

— les tuyaux sonores, à anche,
— le sommier pour emmagasiner le vent,
— la soufflerie mécanique, à pompe ou à soufflet,
— le clavier pour diriger le vent sur les tuyaux.

L'instrument est fondé sur les mêmes principes que le biniou ou la cornemuse. Il y a un réservoir d'air, outre dans le biniou, caisse dans l'orgue. Ce réservoir est alimenté dans le premier cas par le souffle d'un homme, dans le second par une pompe qui est exactement la pompe aspirante et foulante. On exerce sur cet air une pression, avec le bras dans la cornemuse, avec l'eau dans l'orgue. Dans le biniou cet air actionne des flûtes sur lesquelles les doigts du musicien agissent. Dans le cas des orgues, ce vent est dirigé sur une série de tuyaux à anche, grâce à un clavier qui ouvre ou ferme les différentes sorties liées aux tuyaux, de façon mécanique. Dans les restes archéologiques figure cette pièce qui est le distributeur du vent.

Pour réaliser l'instrument, il avait fallu mettre en jeu des principes, des mécanismes, des instruments sonores : l'incompressibilité de l'eau et la compressibilité de l'air, les pompes et les soupapes, le clavier, la série des tuyaux sonores — et dès la fin du Iᵉʳ siècle avant J.-C. on constate l'existence de plusieurs jeux de tuyaux sonores, ce qui compliqua le problème mécanique —, et la musique, comme le fait justement remarquer Vitruve. Ce dernier d'ailleurs montre un dispositif qui permettait de jouer, ensemble ou séparément, des jeux de timbre et de diapason différents : anches, flûtes ouvertes ou bouchées, octave et quinte. L'instrument avait pris alors sa véritable dimension musicale.

La femme de Ctésibios, Thaïs, une troisième et moins célèbre Thaïs, aurait appris à jouer de cet instrument et serait donc la première organiste de l'histoire. Des questions restent néanmoins en suspens. L'orgue est premier en date des instruments mécanisés. Le son qu'il donne est continu alors que s'épuise le souffle du flûteur, que s'éteint la percussion de la timbale, que meurt la vibration de la corde. Premier instrument polyphonique également. L'orgue existait-il avant Ctésibios? Autrement dit est-ce que l'orgue hydraulique n'est qu'un perfectionnement d'un instrument préexistant? Tous les auteurs anciens qui en ont traité en attribuent la paternité à Ctésibios. Mais ce dernier aurait pu seulement le doter d'un système de soufflerie continue.

Nous savons, par Philon et par Vitruve, comme par Athénée le Mécanicien, que Ctésibios s'occupa aussi de machines de guerre. Nous voyons donc se préciser le programme de la syntaxe mécanique, tel qu'il se trouvera réalisé, plus largement, chez Philon et chez Héron. Admettons, au moins provisoirement, deux faits. Le premier est qu'il existait déjà à l'époque de Ctésibios des traités de machines de guerre, ne serait-ce que celui, tout proche, de Diadès. Le second est qu'il paraît à peu près certain que Ctésibios ne composa pas de traité de machines de guerre : ses successeurs l'auraient cité.

Athénée, si respectueux des paternités, attribue à Ctésibios une machine dont il nous parle avec assez de détails, et qui aurait figuré

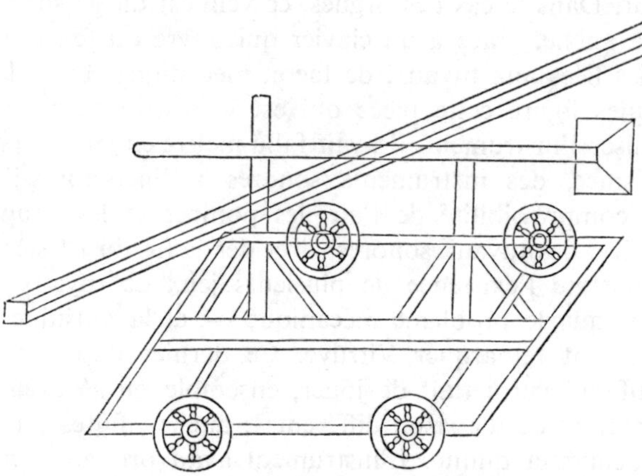

La « machine » de Ctésibios

dans les fameux *Commentaires* qu'il attribue à l'Alexandrin. Il s'agit d'une de ces innombrables machines à passer les murailles sans utiliser d'échelles, dont Grecs, Romains et hommes du Moyen Age ont été si friands. Le support en est un chariot à 4 roues. On y plaçait, transversalement, une pièce de bois équarrie, munie de tourillons et portée de chaque côté sur deux autres pièces verticales. Autour de cet axe, on faisait osciller un tube disposé en forme de bascule, et assez grand pour qu'un homme pût y entrer facilement, s'y tenir debout et aller et venir en avant et en arrière. « Cela fait, on élève le tube du côté que l'on veut; car l'une des extrémités de ce tube étant amenée sur le sol grâce aux tourillons qui sont pratiqués sur chacun des côtés de la pièce de bois, il suffit de diriger le tube de telle manière que son orifice soit près du mur vers lequel on amène le chariot et alors, celui qui est à l'intérieur du tube ouvre sa porte et s'élance sur le rempart. » Cette machine est également citée par Héron. Ctésibios n'avait pas donné les dimensions de l'appareil et Athénée ajoutait, un peu sceptique : « Elle n'a pas une grande valeur pratique et doit être classée parmi les appareils singuliers [1]. »

Philon de Byzance nous donne la description de deux autres machi-

1. Athénée, 20.

nes de guerre qu'il attribue, l'une et l'autre, à Ctésibios. Malheureusement, les manuscrits de Philon manquent d'images et les descriptions ne sont pas parfaitement claires.

La première de ces machines pose des problèmes qui sont loin d'être résolus. Les interprétateurs se disputent encore à son sujet. Elle est en effet appelée *chalkotone*. Sa construction et la nature exacte des matériaux dont elle est faite sont très discrètement mentionnés par Philon, avant lequel elle n'avait jamais été décrite. D'après les auteurs qui s'y sont intéressés [1], le perfectionnement aurait consisté à substituer aux écheveaux de fibres élastiques des ressorts métalliques. Que pouvaient être ces ressorts métalliques, et comment étaient-ils disposés? Le texte de Philon nous laisse partiellement sur notre soif. Le doute a porté tout d'abord sur le mot *chalcos*. Dans son acception la plus fréquente, ce mot est traduit par cuivre ou par bronze. Notons cependant que dans les *Pythiques* de Pindare, il doit être traduit par fer : ce ne semble là, cependant, qu'une déviation. Pour Philon il ne paraît pas faire de question que ce métal est bien du bronze : il précise même un bronze de 3% d'étain [2]. Marsden pense que ces 3% doivent être ajoutés à un bronze ordinaire contenant 12% d'étain : le texte de Philon prouve que c'est là une simple supposition [3]. Nous concevons mal un ressort de bronze, l'élasticité de ce métal étant fort médiocre. Par contre, Philon paraît connaître l'élasticité de certains fers aciérés. Mais comme il ignore totalement la composition particulière de ces fers, il en attribue l'élasticité aux martelages à froid, nombreux et réguliers. Il doit donc supposer que l'on en peut faire autant du bronze. Et il nous fournit à ce sujet un texte très proche de Straton de Lampsaque : « Les passages au feu amollissent le fer et le bronze en relâchant leurs particules, comme on dit, tandis que les refroidissements et les martelages les durcissent. Les deux sont en effet causes du resserrement des corps, car les particules se rapprochent et l'entrelacs du vide est supprimé. Nous avons donc martelé les lames à froid des deux côtés, et ainsi il se fit que leur surface devint dure, tandis que le centre restait doux parce que le coup, étant faible, n'allait pas en profondeur. Ainsi les

1. V. Prou, « La chirobaliste d'Héron d'Alexandrie », *Notices et Extraits...*, XXVII, 1877, p. 14-15. Cf. aussi Marsden, *Artillery*, p. 5.
2. Philon, *Bélopée*, 47.
3. Marsden, *Treatises*, p. 139.

lames étaient constituées en quelques sorte de trois corps, deux durs et un, celui du milieu, plus mou [1]. »

Un récent ouvrage sur les métaux dans l'Antiquité met fort bien les choses en place [2]. L'explication de Philon est manifestement erronée. « La trempe du bronze, loin de le durcir, le rend simplement malléable à froid. » Le seul mérite de Philon, suivant sans doute en cela Ctésibios, c'est de lier l'élasticité du métal à une dualité dans sa structure. « Pour le reste, c'est l'explication traditionnelle, formulée en termes de molécules : le feu relâche la structure du métal. Le resserrement qui suit est dû à deux causes : d'abord le martelage qui est, en somme, une compression plus ou moins profonde; ensuite la trempe, c'est-à-dire l'expulsion par le froid des particules de feu, entraînant les particules de métal à reprendre leur place primitive, soit par *horror vacui*, soit par la pression de l'air extérieur. » Et de conclure : « Philon représente donc un des rares points de convergence entre les connaissances empiriques des forgerons et la métallographie théorique des nouveaux atomistes. » Il semble que la solution de l'acier soit à écarter. Certains historiens assurent que ce serait sous les Romains, et peu avant le milieu du IIe siècle avant J.-C., que les ingénieurs des Ptolémées auraient connu l'élasticité spéciale des aciers espagnols. Au temps d'Héron, cette caractéristique des aciers et son application étaient encore peu connues dans le monde oriental de la Méditerranée.

Il y a un second problème, non moins important. Si l'on faisait usage de ressorts métalliques, la structure de l'appareil, de la machine de jet, devait être entièrement transformée. Il ne pouvait plus s'agir de bras, de deux bras insérés dans une matière élastique. Le ressort reprenait alors l'aspect d'un arc classique. Il se composait de plusieurs lames, superposées les unes aux autres, et par conséquent difficiles à tendre. Philon assure que l'effet de chacune des lames ne s'ajoute pas, de même que deux navires, reliés par un câble et allant à la même allure, n'ajoutent pas leurs vitesses respectives. En quoi, Philon, précisément, se trompait : la comparaison était fausse. Nous nous trouvons en fait devant ce qui allait devenir l'arbalète médiévale, faite, elle, de ressorts de fer aciéré, souple et élastique.

1. Philon, *Bélopée*, 47.
2. R. Halleux, *Le Problème des métaux dans la science antique*, *op. cit.*, p. 126-128, donne une excellente mise au point.

Les commentateurs modernes paraissent avoir fait des confusions entre divers types d'instruments. Le ressort de métal exigeait un retour vers l'arc traditionnel, primitif, non plus un arc fragmenté comme l'était la machine névrobalistique que connaissaient les Anciens. Les principes des deux armes étaient fondamentalement différents.

La seconde machine de Ctésibios, destinée, elle, à lancer des pierres, est l'*aérotone*. On a naturellement fait de cette machine à lancer des projectiles un chef-d'œuvre dont toute la mécanisation aurait pu sortir. « Elle présente, écrivait Philon, une disposition qui se rattache étroitement à la mécanique et à la physique. » C'est en fait une machine à air comprimé, comme on en voit tant parmi les jouets d'enfants en vente dans nos sociétés modernes. La puissance de l'air comprimé ne paraît d'ailleurs pas être utilisée directement. Elle sert à tendre un ressort. Cet air était enfermé dans des vases d'airain battu, façonnés au tour, à la surface dressée à la règle. Ces cylindres étaient munis de pistons, également d'airain, et construits de telle façon que l'air ne pouvait passer entre le cylindre et le piston. Il est peu probable qu'une telle machine ait été réellement construite, à l'opposé des autres qui furent certainement utilisées. Peut-être Ctésibios voulait-il rendre sensibles, ou plus sensibles, certains phénomènes de physique ou de lois naturelles qu'il avait mis en valeur dans d'autres domaines. « Ctésibios, note en effet son successeur, nous faisait bien voir par des exemples et la nature de l'air et la force et la rapidité de son mouvement. » Le disciple, qui venait de critiquer assez sévèrement la machine en question, due au maître, avoue au contraire son admiration pour l'aérotone. Mais peut-être s'agissait-il plus d'une admiration pour l'idée et pour tout ce qu'elle comportait, que pour la réalisation concrète.

On a dit et écrit que Ctésibios avait inventé les horloges hydrauliques. Cela paraît d'autant plus controuvé qu'Athénée le Mécanicien les mettait au compte de Platon lui-même [1]. Il ne serait pas impossible que Ctésibios ait apporté certains perfectionnements à des instruments que l'ancienne Égypte et probablement les Mésopotamiens connaissaient déjà. Le moteur est un flotteur en forme de dôme, nageant dans un vase cylindrique et soulevé par un filet d'eau. C'est

1. Athénée, 17, 174.

montage de Diels (d'après O. Mayr)

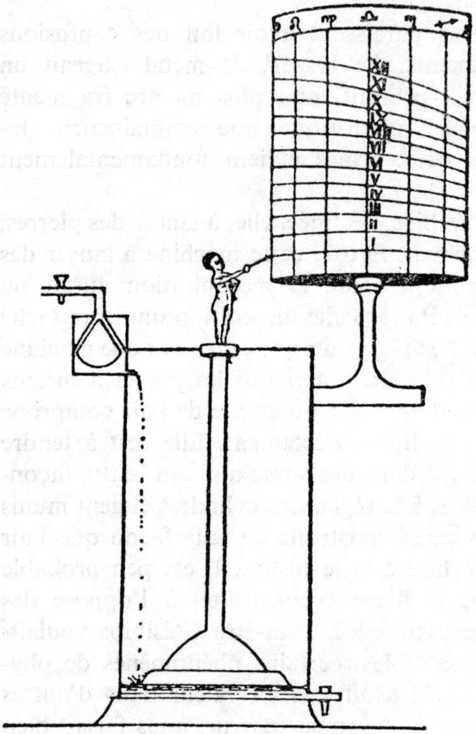

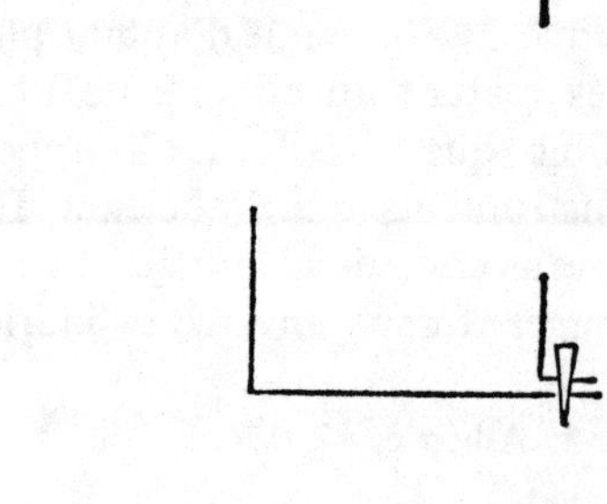

système de Diels (édition G. Budé)

montage de Diels (d'après G. Budé)

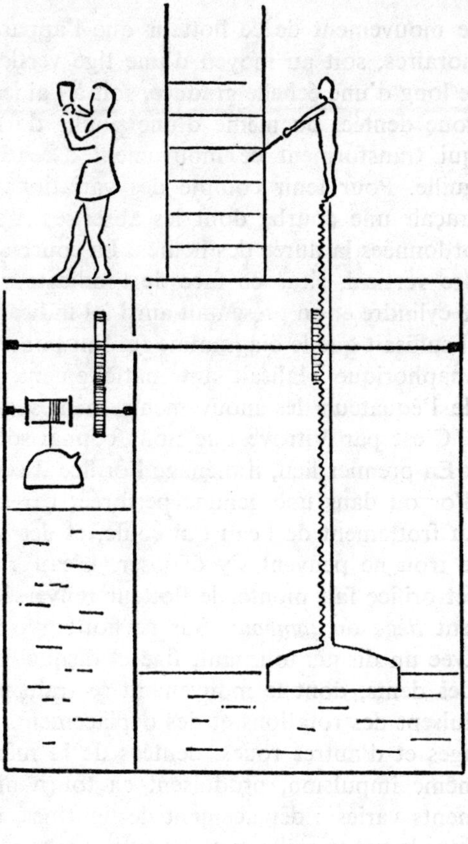

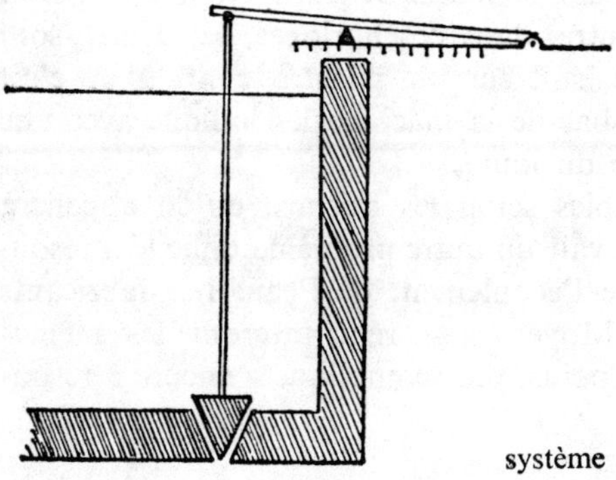

système avec les coins (édition G. Budé)

de Ctésibios

le mouvement de ce flotteur que l'appareil convertit en indications horaires, soit au moyen d'une tige verticale dont l'extrémité monte le long d'une échelle graduée, soit à l'aide d'une crémaillère ou d'une roue dentée, ou même d'une poulie de renvoi et d'un contrepoids qui transforment ce mouvement ascendant en une rotation d'aiguille. Pour tenir compte des variations de la durée du jour, on traçait une courbe dont les abscisses représentaient les jours et les ordonnées la durée des heures. La courbe était enroulée sur un cylindre vertical, situé en face de l'indicateur. Chaque jour on tournait le cylindre et on présentait ainsi à l'indicateur une ordonnée nouvelle. Il suffisait que le diagramme fût fait pour un semestre. L'horloge dite anaphorique réalisait automatiquement, en projection sur le plan de l'équateur, les mouvements mêmes de la sphère céleste.

C'est par Vitruve que nous connaissons l'horloge de Ctésibios : « En premier lieu, il ménage l'orifice d'écoulement dans un morceau d'or ou dans une gemme perforée; car ces matières ne s'usent pas au frottement de l'eau qui coule, et des saletés capables de boucher le trou ne peuvent s'y déposer. L'eau s'écoulant régulièrement par cet orifice fait monter le flotteur renversé, que les techniciens appellent *liège* ou *tambour*. Sur ce flotteur est fixée une tige en contact avec un disque tournant, tige et disque étant munis de dents égales. Ces dents, dont le mouvement se transmet de l'une à l'autre, produisent des rotations et des déplacements mesurés. De plus, d'autres tiges et d'autres roues, dentées de la même façon et mues par une même impulsion, produisent en tournant des effets et des mouvements variés : déplacement de figurines, rotation de bornes, projection de petits cailloux ou d'œufs, sonnerie de trompettes, sans parler des autres accessoires. En outre, dans ces horloges, les heures sont tracées soit sur une colonne, soit sur un pilastre contigu et c'est une figurine qui, sortant du bas de la machine les indique avec une baguette pour toute la durée du jour[1]. »

En dehors d'heures variables selon les saisons, qu'on appellera des heures temporaires, il y avait un autre problème difficile à résoudre, celui de la régularité de l'écoulement de l'eau. Les fabricants d'horloges mécaniques au Moyen Age rencontreront les mêmes difficultés avec la chute d'un poids, plus compliquées encore à résou-

1. Vitruve, IX, VIII, 4-7.

dre. Le texte de Vitruve est particulièrement obscur et a donné matière à des commentaires qui ne sont pas tous d'accord entre eux. Inversons le texte du célèbre architecte : « Les robinets de l'eau, pour le réglage du débit, sont établis de la façon suivante : on fabrique deux cônes, l'un plein, l'autre creux, si bien façonnés au tour que l'un puisse entrer et s'ajuster dans l'autre, et qu'au moyen de la même tige on les écarte ou on les resserre pour activer ou ralentir l'écoulement de l'eau dans ces récipients [1]. » Le cône plein est un flotteur qui obstrue donc l'arrivée d'eau quand le réservoir est plein. C'était l'interprétation de Diels. Revenons à Vitruve : « En ajoutant ou en ôtant des cales chaque jour et chaque mois, on rend compte obligatoirement de la durée plus courte ou plus longue des jours. » Les deux dessins montrent les deux interprétations : le second est sans doute plus proche de la réalité. Les cales, placées sur une règle graduée, permettent en effet d'agir sur le débit de l'eau.

On en a déduit, peut-être un peu rapidement, que Ctésibios avait ainsi inventé la régulation automatique [2]. Le raisonnement a été fondé sur l'interprétation de Diels, née vraisemblablement d'un contresens.

Il est évidemment regrettable que l'on ait perdu l'œuvre écrite de Ctésibios, dans la mesure où elle a véritablement existé. Les *Commentaires*, auxquels font allusions Vitruve et Athénée, auteurs qui sont presque de la même époque, furent-ils une œuvre originale ou un véritable commentaire postérieur ? Rien ne nous permet de répondre à la question. On peut assurer en tout cas que la curiosité de ce premier mécanicien, et les témoignages concordent, s'est exercée dans un grand nombre de domaines de la technique, dans ceux-là mêmes qui vont constituer la syntaxe mécanique. Il est probable que si nous avions les titres des ouvrages de Ctésibios, ceux qu'il aurait pu écrire ou que l'on aurait rédigés pour lui, la différence serait minime par rapport à l'œuvre de son successeur immédiat, Philon de Byzance. En tout cas, tous les Anciens qui le pratiquèrent le présentent bien comme le véritable fondateur de l'école des méca-

1. Vitruve, IX, Paris, J. Soubiran, 1969, dessin et commentaire, p. 280 s.
2. O. Mayr, *The Origins of Feedback Control*, Cambridge, MIT, 1970, p. 11-16. Cf. les reconstitutions de A. Choisy, *op. cit.*, pl. 77 pour l'horloge hydraulique à écoulement constant et pl. 78, pour l'horloge à écoulement variable, avec l'obturateur réglé avec des cales.

niciens d'Alexandrie, vantent ses mérites, son sens mécanique et la multiplicité des inventions qu'on lui doit. « D'ailleurs, poursuivait Vitruve à son propos, ce n'est pas la seule excellente conception que l'on rapporte à Ctésibios; mais en outre, on montre de lui des effets nombreux et de genres variés, dont le principe est l'élément liquide forcé par pression à transmettre les impulsions empruntées à la nature. Par exemple : des chants de merle produits par l'action de l'eau, et bien d'autres choses qui, par l'amusement des yeux et les perceptions de l'oreille charment nos esprits. » Vitruve, avec une honnêteté intellectuelle digne de tous les éloges, indique qu'il a emprunté à Ctésibios la description de machines utiles. « Quant aux autres, qui ne sont pas pour la nécessité, mais pour un caprice de raffinement, ceux qui seront curieux de son ingéniosité les pourront trouver d'après les mémoires de Ctésibios lui-même. » Affirmation d'une œuvre écrite, d'un praticien habile, peut-être même de génie, d'une indiscutable influence.

Il est difficile de conclure sur un personnage dont on ne sait à peu près rien, ni de son œuvre ni de sa vie. Au point que certains ont voulu prétendre que les traités de Philon n'étaient qu'une rédaction du savoir de Ctésibios. Mais il paraît bien que Philon cherche si manifestement à se démarquer de celui qu'il suggère comme ayant été son maître, qu'il est impossible de confondre les deux œuvres.

Ctésibios a sa place toute marquée dans l'école des mécaniciens grecs d'Alexandrie, et tout le monde la lui reconnut. Il nous paraît en effet être le premier à avoir dépassé notablement le niveau préexistant des techniques, à avoir pris les choses par un bout : le meilleur exemple en est la pompe aspirante et foulante, cette pompe qui ne doit rien à une tradition, cette pompe qui ne pouvait avoir d'ancêtre à cette époque et qui, en définitive, est bien une construction abstraite de l'esprit, selon des raisonnements que nous ne connaissons malheureusement pas, que nous ne connaîtrons jamais à moins de les imaginer.

L'esprit inventif, qui est certain, l'étendue des curiosités, même s'il y eut dans tel ou tel domaine des prédécesseurs, cette recherche des explications possibles, un effort de rationalité, l'idée, confuse certes, d'un système technique parallèle au système de la nature, peuvent faire de Ctésibios, véritablement, l'homme du tournant, pour donner à une technique élaborée sa véritable dimension.

5. Philon de Byzance

Philon de Byzance ne pose pas moins de problèmes que son prédécesseur. En certains cas même le départ est parfois difficile à faire entre eux deux. Au reste, Philon ne cite pas fréquemment celui que l'on a voulu présenter comme son maître.

De la vie de Philon, nous ne connaissons pas grand-chose[1]. Héron, Vitruve et Eutocius le disent de Byzance, Athénée d'Athènes : la première hypothèse semble plus vraisemblable, Athénée l'ayant peut-être confondu avec son homonyme, célèbre architecte dont

1. La bibliographie de Philon est assez abondante. Pour un certain nombre d'ouvrages nous manquons cependant de textes correctement édités et de traductions convenables.

Le traité des *Machines de guerre* a été publié par Thévenot en 1693, par Köchly et Rüstow en 1853, avec traduction allemande, par R. Schöne en 1893 *(Philonis mechanicae syntaxis, libri quartus et quintus)*, édité par H. Diels et E. Schramm en 1918, dans A.P.A.W., 16. Le texte et une traduction anglaise ont été donnés par E.W. Marsden en 1971. Il existe une traduction inédite de Vincent à la bibliothèque de l'Institut, à Paris.

Le traité de *Poliorcétique* a été publié par R. Schöne, en 1893, par Diels et Schramm, en 1918. Il a été traduit partiellement par A. de Rochas d'Aiglun, *Traité de fortification, d'attaque et de défense des places par Philon de Byzance*, Paris, 1872; republié et retraduit par le même et Ch. Graux, dans *Revue de philologie*, 1879, p. 91-151. Il a enfin été édité et traduit en français, avec commentaire, par Y. Garlan, *Poliorcétique*, p. 279-404.

Les *Pneumatiques* ont été publiés partiellement par V. Rose, *Anecdota graeca et greco-latina*, Berlin, 1870 t. II. Une édition latine avec traduction allemande des mêmes fragments a été donnée par Schmidt, à la fin du tome I des œuvres de Héron, chez Teubner. Une traduction française du même extrait est due à A. de Rochas, dans la *Revue archéologique*, 1881. Enfin, *Le Livre des appareils pneumatiques et des machines hydrauliques*, au complet, a été publié en version arabe avec traduction française par Carra de Vaux, dans *Notices et Extraits...*, XXXVIII, 1902. F.D. Prager, *Philon de Byzance*, *Pneumatics*, Wiesbaden, 1974. Fragments latins et texte arabe, traduction et commentaire.

Le traité des *Clepsydres* a été analysé par Carra de Vaux, d'après une tradition arabe dans le *Journal asiatique*, 1891, t. I, p. 295.

On se reportera à la bibliographie générale pour avoir connaissance des travaux de Beck, de Drachmann, de Marsden et de Garlan, sur l'œuvre de Philon.

nous avons parlé plus haut. Chronologiquement, l'homme est difficile à situer. La façon dont il parle de Ctésibios tendrait à prouver qu'il ne l'a jamais rencontré. On pourrait donc le placer dans la seconde moitié du IIIe siècle : son *acmé* se situerait vers 225 avant notre ère. Philon paraît s'être beaucoup déplacé. Il vécut certainement quelque temps à Alexandrie, mais il passa, avant ou après, également à Rhodes. On identifie avec autant de mal le personnage auquel il dédia trois de ses ouvrages, Ariston.

Philon de Byzance est le premier dont l'œuvre nous soit, en grande partie, parvenue. Grâce à lui et à ses successeurs, nous connaissons le titre d'à peu près tous ses traités. Il y a, bien sûr, des hésitations sur l'existence de certains de ses ouvrages, sur l'attribution d'autres. Le tout faisait partie d'un ensemble appelé la *Syntaxe mécanique*. Nous ne discuterons pas ici de l'ordre dans lequel les différentes matières furent traitées : c'est là un problème d'érudition. Laissons aussi de côté quelques problèmes importants, mais sur la solution desquels nous n'avons présentement aucune lumière. Ils touchent essentiellement à l'originalité de quelques-uns des livres de Philon. Certains pensent que sa poliorcétique n'est qu'une adaptation de celle qu'écrivit son homonyme d'Athènes. D'autres ont estimé que Philon aurait pu n'être que le rédacteur de Ctésibios. Qu'il y ait eu des filiations, nul n'en disconvient, mais il paraît qu'il s'agit bien là d'un travail d'ensemble et que notre Philon en est bien l'auteur.

Grâce à Philon nous connaissons donc l'ensemble des curiosités de nos mécaniciens. Elles coïncident, avec plus d'étendue, à celles qu'avait eues Ctésibios, elles coïncident presque exactement avec celles que devait avoir Héron d'Alexandrie. Qu'on ne se méprenne pas : cette syntaxe mécanique ne couvre pas l'ensemble des techniques, ni même l'ensemble de la mécanique de cette époque. Il s'agit d'un programme limité à des techniques bien précises, celles sur lesquelles travailleront tous les mécaniciens jusqu'aux compilations byzantines des IXe et Xe siècles. Nous donnons cette liste des ouvrages de Philon avec réserve et en marquant d'un astérisque ceux qui nous ont été conservés.

* *Traité des leviers, et, peut-être, mécaniques*
* *Pneumatiques*
Automates
Instruments merveilleux (orgues et tuyaux)

Traction des poids lourds (baroulkos)
* *Clepsydres*
Construction des ports
* *Poliorcétique*
* *Machines de guerre*
* *Roues qui se meuvent elles-mêmes*
Messages secrets

Essayons de comprendre ce qui se cache sous tous ces titres. Il est vraisemblable que Philon, comme plus tard Héron, a voulu, en introduction, fournir à ses lecteurs quelques notions scientifiques indispensables à la compréhension des techniques. Ainsi en serait-il pour le traité des leviers, pour d'hypothétiques mécaniques. Ainsi en est-il aussi pour les « roues qui se meuvent elles-mêmes », en fait ouvrage sur la démultiplication grâce à des roues dentées. Une science qui n'allait peut-être pas très loin, mais dont nos mécaniciens se faisaient une gloire de la connaître et de pouvoir l'exposer.

Ensuite viennent une série de traités qui sont à la fois théoriques et pratiques. Ce serait par les orgues que Philon aurait esquissé une théorie des tuyaux sonores. La *Traction des poids lourds* met en jeu les engrenages à roues dentées. Les *Pneumatiques* tentent de montrer, en présentant des expériences amusantes, certaines lois naturelles concernant les liquides et les gaz. Nous avions dans le premier groupe une science déjà bien établie. Dans le second groupe, faute de disposer d'un savoir organisé, on le fractionne en un certain nombre de « démonstrations ». Les physiciens du XVIIIe siècle, avec leurs petits modèles et leurs instruments, ne procédaient pas autrement.

Le groupe des techniciens militaires est bien représenté. Nous avons vu que ces matières connaissaient déjà une longue tradition. La *Poliorcétique*, les *Machines de guerre*, les *Messages secrets* avaient déjà fait l'objet de plusieurs ouvrages : leur perte ne nous permet malheureusement pas de mesurer l'originalité de Philon dans ces domaines.

Tradition aussi, certainement, pour les automates et les clepsydres. On y pouvait prouver son savoir-faire. Au reste les deux techniques étaient parfaitement liées. D'Archytas à Ctésibios et à Philon, les filiations sont sans doute continues et, ici encore, notre regret sera le même de ne point posséder les œuvres antérieures. Ces jeux, comme on a dit à propos des automates, cette physique amusante, comme on a dit à propos des pneumatiques, avaient en fait, au-delà d'un certain amusement, une valeur profonde : tenter de rendre compte de certains phénomènes, d'utiliser certains mécanismes. Les savants des XVIIe et XVIIIe siècles n'ont-ils pas écrit des « récréations » mathématiques ou physiques ?

La construction des ports paraît une matière beaucoup plus isolée. Peut-être les réussites dans ce domaine à Alexandrie et à Rhodes incitaient-elles à en traiter. Il se peut aussi qu'il y ait confusion avec un traité de Philon d'Athènes.

Ce sont incontestablement les traités militaires qui ont été les plus étudiés. Les recherches ont été à peu près continues depuis la fin du XVIIe siècle. Le traité de fortification, la *Poliorcétique*, est le premier ouvrage complet que nous possédions : des précédents nous n'avons plus que l'ouvrage d'Enée, incomplet et peut-être résumé. Selon certains commentateurs, tout livre de poliorcétique devait comprendre quatre parties : sur les fortifications, sur les préparatifs (problèmes humains et approvisionnements), sur la défense, sur l'attaque des places. Chez Enée, les messages secrets font d'ailleurs partie de la poliorcétique. En fait, le traité de Philon ne possède pas cette logique, même si on y retrouve à peu près tout. Nous avons là les grands principes de la fortification classique de l'époque qui suivit Alexandre. Philon n'innove sans doute en rien : l'art de la fortification a atteint l'un des sommets et il n'est plus guère possible de transformer ou de perfectionner. Philon se contente donc d'essayer de codifier les règles appliquées dans tout le bassin de la Méditerranée. Il prend bien soin, au passage, de mentionner ses références, les ingénieurs rhodiens en particulier. C'est un savant dosage de recettes et d'empirisme : on ne pouvait guère aller plus loin en ce domaine.

« Les emplacements de tous les remparts ainsi que leurs inclinaisons, leurs courbures et leurs élargissements doivent toujours être déterminés par la nature des lieux. » Première règle d'adaptation au terrain que l'on trouve jusque chez les ingénieurs de la Renaissance. Ce n'est qu'en fin d'ouvrage que Philon indique les grands systèmes de fortifications, les tracés adoptés par ses contemporains selon la nature des lieux : systèmes à méandres dans les plaines, les hémicycles ou la scie sur les terrains accidentés, système double lorsqu'il y a des rentrants prononcés, courtines obliques pour les formes triangulaires.

— Dans le système à hémicycles, les courtines sont circulaires, la partie concave tournée vers l'extérieur : leur diamètre doit être égal à la base des tours.

— Le système en forme de scie aurait été inventé par l'ingénieur Polyeidos. Il est assez analogue au précédent, mais en renforçait les positions favorables en construisant, à la gorge des saillants, des tours pentagonales.

Dans le système à courtines doubles, les courtines, légèrement cintrées, avaient 100 coudées de long (46,2m), 12 d'épaisseur (5,5 m) et 6 orgyes de haut (11m). La partic supérieure du mur extérieur devait se composer de deux murs qui commençaient au moins à 12 coudées au-dessus du sol extérieur (la base massive résistait ainsi mieux aux coups de béliers).

— Dans le dernier système, les courtines étaient obliques par rapport à la ligne à fortifier et les tours avaient deux angles adjacents au mur, l'un aigu, l'autre obtus. C'est en fait ce que nous appelons un tracé en crémaillère.

La longueur de la courtine, de 100 coudées, correspond probablement à la portée de la flèche, telle que nous la donne Vitruve. Philon détermine l'espacement des flancs d'après la portée des armes à main, non d'après celle de machines plus ou moins compliquées dont le service est beaucoup plus lent et qui sont le plus souvent hors d'usage au moment décisif. Notons également que Philon donne des conseils pour adapter et moderniser de vieilles fortifications.

Le flanquement latéral est évidemment un des grands principes de ces tracés. Les tours et les poternes en étaient les éléments essentiels. Tous ces ouvrages devaient donc déborder à l'extérieur, mais se trouver, à l'intérieur, au contraire dans l'alignement du mur pour faciliter la circulation. Il y a chez Philon beaucoup de notations sur la forme de ces tours. Celles qui étaient proches des portes devaient être hexagonales ou tétragonales, en briques, avec des raccordements en courbes avec la courtine, ce qui leur donnait un aspect tenaillé assez moderne d'allure. La disposition des lieux commandait en définitive les solutions. L'essentiel était de prendre garde, ce qui n'était pas toujours facile, qu'aucune partie des courtines ne soit vue à evers.

Les courtines, c'est-à-dire le mur principal d'enceinte, se trouvaient à 60 coudées (27,6 m) des dernières maisons de la ville, pour assurer une circulation rapide des munitions et des renforts. Le mur devait avoir un minimum de 20 coudées (9,2 m) de haut, pour le mettre à l'abri des assauts, et 10 coudées (4,6 m) d'épaisseur. Ces courtines étaient munies de toits et de créneaux. Il existait aussi des courtines sans chemin de ronde, portant seulement des corbeaux pour placer éventuellement un chemin de bois qu'on pouvait enlever si l'on dégarnissait ce front. A Rhodes, il y avait un chemin large de 7 coudées (3,22 m) au-dessus d'une série de voûtes. Les Anciens avaient parfaitement reconnu que parmi les causes de destruction des murs, les vibrations n'étaient pas à négliger. Il était moins nécessaire, souvent, d'augmenter les épaisseurs que de leur procurer des points d'appui destinés à empêcher les oscillations. Ces points d'appui s'obtiennent facilement et avec économie en opposant des murs perpendiculaires les uns aux autres. C'est ainsi qu'ils ont été amenés à adosser à leurs murs primitifs d'enceinte, des pieds-droits et à jeter entre ces pieds-droits des voûtes pour en contenir les vibrations. On avait en outre, grâce à ce dispositif, des abris pour la garnison et des vues rasantes sur les approches au moyen d'embrasures, de ces embrasures dont on fit tant de gloire à Archimède.

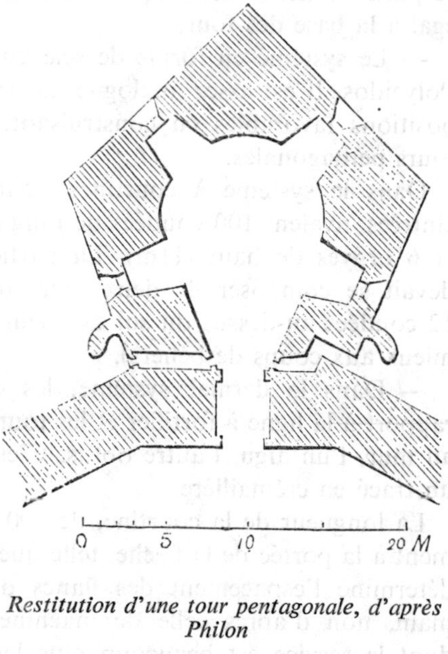

Restitution d'une tour pentagonale, d'après Philon

Il fallait ménager beaucoup de poternes dans les flancs pour effectuer tranquillement les sorties. Les unes étaient faites avec des brisures, les autres avec des portes fermant au verrou. Les poternes percées dans les flancs droits étaient destinées aux sorties, celles percées dans les flancs gauches aux rentrées. Les premières étaient directes et fermées, les secondes étaient sans porte, étroites avec des coudes, de manière qu'une sentinelle puisse barrer le passage.

Le traité de Philon contient maintes prescriptions sur la construction des fortifications. Il fallait creuser les fondations jusqu'au roc. On employait, pour les constructions, des pierres dures pour les parties les plus exposées des courtines, sinon des pierres à bossage. Les bossages devaient être saillants d'une palme (0,08 m) et assez distants les uns des autres pour ne point permettre aux projectiles d'un talent d'arriver au mur proprement dit.

On noyait longitudinalement dans la maçonnerie des poutres de chêne assemblées bout à bout. Ces chaînages espacés verticalement de quatre coudées (1,85 m) étaient destinés à localiser les effets des projectiles de l'ennemi sur le mur et à faciliter les réparations. Ainsi maintenait-on les parties supérieures dans le cas où l'ennemi arriverait à pratiquer une trouée vers le bas.

Notons enfin le principe du défilement des maçonneries au moyen de couvre-face en terre.

Malgré tout, le principal objectif des assiégés était d'éloigner le plus possible l'assaillant de la fortification. Deux éléments primordiaux jouaient à cet égard : les fossés et les ouvrages extérieurs. Les fossés devaient être maintenus à sec et minés, c'est-à-dire garnis de galeries de mine, partant de l'intérieur de la place et aboutissant au bord du fossé, pour y retirer ce qu'on y jetait pour le combler. Ces fossés étaient aussi profonds que possible, et d'une largeur d'au moins 10 coudées (32 m), ce qui reportait l'ennemi à une distance telle que les machines à lancer les pierres d'un talent ne pouvaient plus être efficaces. En creusant les fossés, on rejetait, comme nous l'avons dit, la terre contre les murs. La terre des autres fossés était rejetée sur le milieu des brayes, afin de rendre les palissadements plus solides et afin que les brayes, en s'élevant, pussent protéger le mur et l'avant-mur. En avant du premier fossé, on préparait un sol mou de façon qu'on n'y pût pas installer des machines. Toutefois, on devait laisser vide l'emplacement des chaussées routières.

En avant de ces fossés se dressaient des palissades. Mais il y avait parfois aussi des ouvrages fixes plus considérables. Les batteries pour les projectiles les plus gros et les plus nombreux étaient établies au pied des murs et des avant-murs. Les unes étaient creusées dans le sol, de plain-pied, et ménagées dans la partie inférieure des murs. Les autres devaient être enterrées de manière à avoir une grande plate-forme et à mettre les artilleurs à l'abri. En avant des poternes on élevait des constructions tant pour empêcher l'ennemi de s'en approcher que pour les garantir de l'incendie et des projectiles.

On voit donc le perfectionnement déjà poussé de ces techniques. Quelques-uns des grands principes de la fortification sont déjà connus. Il y en a de fort avancés, comme la primauté de l'épaisseur du mur sur sa hauteur, comme l'idée très nette du flanquement latéral avec toutes ses conséquences. Il fallait en effet une certaine relation entre la longueur de la courtine, la hauteur des flancs et l'inclinaison maximum des pièces flanquantes. Les plates-formes des tours devaient se trouver suffisamment basses pour que les machines, inclinées autant que le permettait leur affût, vinssent battre le milieu de la courtine. On flanquait souvent, faute précisément de machines adéquates, au moyen des armes à main et de petites machines de jet abritées dans les casemates.

Un livre est consacré aux « approvisionnements ». Il nous fournit des indications précieuses sur des points qui ne concernent pas uniquement l'art militaire. Notons en particulier les prescriptions pour la conservation des vivres et l'aménagement des silos ou la construction des greniers. Une grande attention est prêtée aux moyens de purifier les eaux usées.

La défense des places donne matière plutôt à un aide-mémoire qu'à un véritable traité. S'assurer les munitions, se prémunir contre les mines, contre les tours ennemies, les béliers ou les trépans, allait de soi. Philon préconise les retranchements en forme de triangles, et même l'aménagement défensif des divers quartiers de la ville. Cette partie se termine par l'étude des moyens spéciaux à employer pour la défense des villes situées sur des montagnes et pour celles des ports de mer. Les chaînes de fer ou les grilles étaient employées dans les ports. Il fallait également protéger les murs baignant dans la mer des éperons des navires formant béliers. « Mais avant tout, il faut s'occuper avec le plus grand soin des lithoboles de 30 mines, et des hommes qui doivent les manœuvrer, ainsi que de l'établissement, dans les meilleures conditions possibles, de leurs batteries. Car si les lithoboles sont bien construites, si leurs batteries sont faites dans des endroits propices et suivant les règles de l'art, si enfin leurs servants sont des artilleurs habiles, il n'y aura ni tortue d'osier, ni tour de charpente, ni portique, ni tortue de comblement, ni tortue bélière. »

L'attaque des places n'avait pas été traitée par Énée, ou avait disparu. Nous avons donc ici l'un des premiers textes à ce sujet. Passons rapidement sur quelques préceptes qui ne tiennent pas essentiellement à la mécanique : les attaques par surprise, la façon de trouver des agents dans la place, la conduite à tenir vis-à-vis des assiégés, l'époque de l'attaque. Bornons notre propos aux techniques matérielles proprement dites. On utilisait donc des machines de plusieurs espèces, encore rudimentaires dans leur conception et dans leur construction. Presque toutes ces machines sont connues depuis fort longtemps et ne subirent, au cours des siècles, que des transformations mineures.

Les instruments d'escalade sont très brièvement décrits : échelles de cuir, cousues comme les outres et dont les coutures étaient ointes de graisse, munies de filets pour accrocher les créneaux, clous de fer trempé et aiguisés, servant de crampons, crochets avec des cordes à nœuds. On utilisait également la mine, quitte à prendre des précautions utiles pour se défendre des contre-mines.

Les tortues étaient faites d'osier, branches d'osier enlacées, de façon à former une arête à la partie antérieure et à la partie supérieure. Elles étaient couvertes de peaux. Le cadre inférieur était composé de poutrelles à section carrée et les montants de poteaux cylindriques, solidement assemblés. On pouvait en mettre sur des embarcations pour l'attaque des villes maritimes. Il y avait les tortues de terrassiers, montées sur roues et munies par-devant d'un toit, les tortues bélières, sur roues et arrondies, que l'on pouvait ancrer au sol pour que l'ennemi ne les enlevât point du haut des murailles avec des filets et des crochets, comme Archimède le fit, dit-on, avec les navires de Marcellus.

Les tours devaient rouler sur des chemins bien préparés. Le plus important pour elles était de pouvoir résister à l'incendie. Elles avaient soit des réserves d'eau, comme le note Polybe au siège d'Égine par Philippe de Macédoine, soit des tuyaux reliés à un réservoir qui pouvait être muni d'une pompe aspirante et foulante. Elles étaient cuirassées de rondins de palmier, de lames de fer ou de corps mous. On en voyait aussi se protégeant avec des lames de métal — fer, airain ou plomb —, avec des algues marines enfermées dans des filets, ou des éponges humides, ou des peaux imbibées de vinaigre, d'eau ou de glu.

Philon est le parfait héritier, probablement, des ingénieurs de Philippe et d'Alexandre. On remarquera d'ailleurs que l'attaque est beaucoup plus développée que la défense, ce qui correspond bien à l'époque macédonienne où l'on avait beaucoup plus de villes à prendre qu'à défendre. Les rois macédoniens ne construisirent au reste aucune fortification. On sent également que ces techniques sont saturées : il est difficile de transformer profondément le matériel existant, toute nouveauté étant pratiquement impossible.

Le *Traité des machines de jet* de Philon de Byzance présente à nos yeux une double importance. Tout d'abord, et encore, s'il ne fut certainement pas le dernier à cet égard, il demeure le premier qui soit parvenu jusqu'à nous. On y voit, de façon très claire, ce lent cheminement des machines de jet jusqu'à l'artillerie névrobalistique. Si le nombre des machines est peu élevé, on n'en compte en effet que quatre, par contre les méthodes employées pour leur construction manifestent une pensée technique déjà trés évoluée.

Philon commence son ouvrage, comme il le fait presque toujours, par des propositions d'ordre général, qui nous mettent directement en face des problèmes à résoudre. C'est là que l'on sent parfaitement combien faisait défaut à tous nos mécaniciens une physique adéquate. Philon nous apprend, et nous y reviendrons plus longuement dans le dernier chapitre, que les premiers ingénieurs qui s'occupèrent du perfectionnement de ces machines n'agirent strictement que par empirisme. Ils n'avaient pas découvert la véritable méthode qui, à partir d'un élément, celui que Philon appelle l'élément premier, permet de déterminer les dimensions de chacune des pièces de la machine, lui assurant ainsi les proportions les meilleures. Et si les prédécesseurs de Philon réussirent parfois à construire de merveilleuses et efficaces machines, ils n'étaient capables ni de dire comment, ni de recommencer.

La relation élémentaire, c'est celle qu'il faut établir entre l'énergie disponible, c'est-à-dire celle produite par les faisceaux de fibres élastiques, et le poids du boulet. Pour déterminer l'énergie, Philon se base sur le diamètre du trou par lequel passent ces faisceaux de fibres élastiques, soit à peu près le diamètre du faisceau. La racine cubique du poids en drachmes du projectile, augmentée d'un dixième,

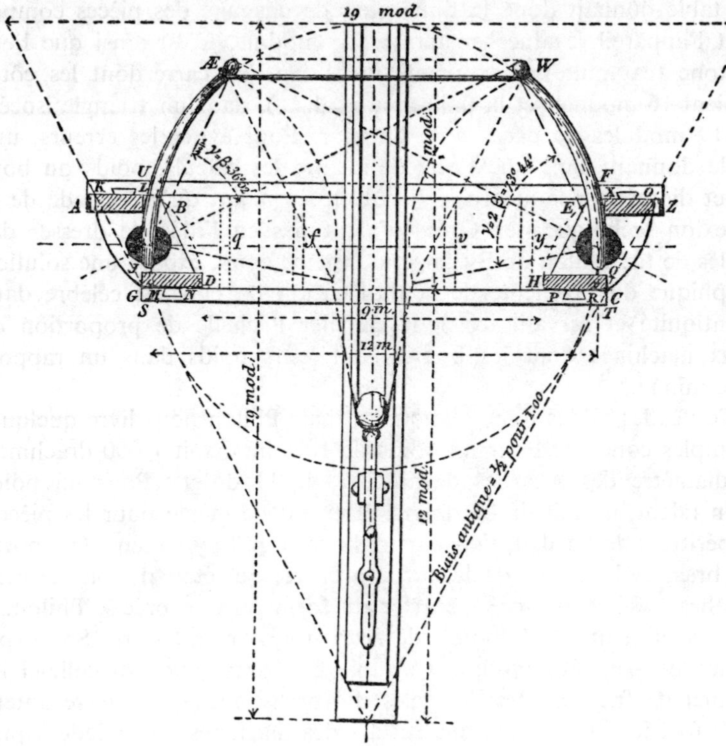

Épure complète du palintone

représente le nombre de doigts du diamètre du trou du bâti. Diels en a donné la formulation mathématique :

$$d = \sqrt[3]{p} + \frac{\sqrt[3]{p}}{10} = 1{,}1\sqrt[3]{p}$$

Le dixième supplémentaire était nécessaire pour le calcul approché souvent par défaut, d'une racine cubique. Une première table permettait l'utilisation du module, que Philon appelle le ton. En effet chaque pièce représentait un multiple ou une fraction du module.

La table donnait donc la dimension de chacune des pièces composant l'appareil, évaluée en termes de module. C'est ainsi que l'euthytone (catapulte) se trouvait tracée dans un carré dont les côtés avaient 16 modules et la palintone (baliste), dans un triangle isocèle de 19 modules de base et de hauteur. Pour éviter les erreurs, une table donnait, sans que l'on eût à faire les calculs, poids du boulet et diamètre des lucarnes. Il eût été étonnant qu'à ce stade de la réflexion technique, les Grecs n'aient pas eu l'idée de dresser des tables de tir. Philon de Byzance, du même coup, expose une solution graphique du problème de la duplication du cube, si célèbre dans l'Antiquité et servant ici pour calculer l'échelle de proportion de deux machines dont les boulets ont leurs poids dans un rapport déterminé [1].

Toutes les tables nous manquent, mais Philon nous livre quelques exemples concrets. Pour un poids de 10 mines, soit 1 000 drachmes, le diamètre des lucarnes devait être de 11 doigts. Pour un poids d'un talent, il était de 21 doigts. Il en est de même pour les pièces, le péritrète, le barillet, l'épaisseur du moyeu, l'hypothème (support), les bras, la longueur de la corde archère, qui était double de celle des bras. « Nul n'a osé s'écarter du formulaire », précise Philon.

Le sentiment de Philon est de ne rien laisser au hasard. Son expérience ne peut être qu'une véritable expérimentation et celle-ci lui permet de franchir des obstacles d'ordre scientifique. Notre auteur note fort judicieusement que cet art des machines est difficile à pratiquer lorsque entrent en jeu tant de conditions nécessaires : « C'est ce qui arrive dans la pratique de notre art lorsque de nombreux calculs sont nécessaires pour arriver à l'achèvement, à la perfection d'un travail. La plus petite déviation dans un détail suffit pour conduire à des erreurs dans le résultat définitif. » Parlant d'une pièce de machine, il précise : « Il ne faut pas la tracer à la légère, mais bien aussi avec une certaine méthode. » Il prescrit enfin d'exécuter les montages avec le plus grand soin.

Reprenons le jugement porté par V. Prou sur l'ouvrage de Philon : « Il signale avec vivacité et critique, avec une sagacité merveilleuse,

1. Héron d'Alexandrie, Pappus, Archytas, Platon, Philon de Byzance, Apollonios de Perga, Dioclès, Porus, Ménechme, Eratosthène, Nicomède, ont traité le problème de la duplication du cube. Cf. Reiner, *Hist. problem. de cubi duplicat.*, Göttingen, 1798.

les inconvénients nombreux du système (névrotone). Il fait connaître les améliorations qu'il y a lui-même introduites, entre autres la méthode du bandage du faisceau à l'aide d'un coin, substitué à la torsion par rotation des barillets. Insistant sur l'insuffisance des fibres tordues, il démontre la supériorité du métal, du bronze essayé par Ctésibios en remplacement du système névrotone. Racontant ensuite les expériences de son illustre prédécesseur, il en fait ressortir les défectuosités. Il termine par la description du modèle qu'il a personnellement produit de la machine à ressorts de bronze. La valeur de l'ouvrage de Philon est considérable. L'enchaînement des détails y est rigoureusement exact. La filiation des progrès racontés par lui est manifeste. On peut contester à Philon la justesse de quelques-uns de ses jugements théoriques. Mais on ne peut qu'admirer sa bonne foi dans le récit qu'il apporte d'inventions antérieures à la sienne, et qu'il surpasse sans les éclipser[1]. »

Philon montre en effet que la machine à des limites. Si on veut augmenter la puissance, il faut renforcer les faisceaux de fibres élastiques, mais cela ne se peut faire qu'au détriment de la solidité générale de l'appareil. Il note également qu'en manœuvre soutenue, le faisceau de fibres perd de son élasticité. D'où la faveur qu'il accorde à la machine chalcotone de Ctésibios. Sans l'exprimer, Philon sent que sa formule n'est pas universelle : elle joue parfaitement dans une fourchette de poids de boulets. Au-delà d'un certain niveau, il faudrait une autre formule qu'il ne donne pas.

Philon nous présente la machine oxybole, c'est-à-dire à traits pénétrants, bandée avec des coins, comme une machine de son invention. Le mécanisme est ici décrit de façon assez confuse et les manuscrits ne donnent pas de figure. Les machines anciennes étaient « pénibles et coûteuses », de peu de valeur, et ne pouvaient soutenir une tension prolongée. Cette dernière caractéristique obligeait à lancer soit beaucoup de traits à la fois, soit à les lancer successivement et très rapidement. La machine perfectionnée par Philon avait une portée considérable, elle conservait, à ses dires, longtemps sa solidité et sa puissance. Elle était facile à construire et à démonter,

1. V. Prou, « La chirobaliste d'Héron d'Alexandrie », *Notices et Extraits...*, XXVI, 1877, ouvrage sur lequel nous reviendrons, donne une partie des textes de Philon de Byzance.

elle était peu coûteuse. C'est à peu près tout ce qu'on en puisse dire.

La machine polybole aurait été inventée par un ingénieur d'Alexandrie nommé Denys, qui l'avait construite pour les Rhodiens. Elle avait des dispositions particulières, souvent ingénieuses, mais compliquées. Il lui fallait des soins attentifs. Elle était en effet délicate à construire et à conduire.

C'est à cause de la dédicace à Ariston, qui figure sur la poliorcétique, sur le traité des machines de jet et sur les pneumatiques, qu'on a attribué à Philon un traité sur les clepsydres, longtemps admis comme une œuvre d'Archimède. Ce traité ne nous est parvenu, comme les *Pneumatiques*, que dans une version arabe. L'auteur de ce texte nous explique son intention : « Ayant constaté que tout ce qui avait été écrit sur les clepsydres est incomplet et imparfait, j'ai composé ce livre qui traite le sujet dans les plus grands détails. » En fait, le manuscrit lui-même est tronqué, malgré seize figures. La rédaction n'en est pas bonne, des explications sont omises.

L'ouvrage débute par un exposé du mécanisme essentiel des clepsydres. Toutes les dimensions en sont soigneusement données. L'appareil est constitué de trois caisses de cuivre superposées. Celle du milieu, cylindrique, contient de l'eau qui sort lentement par un tuyau latéral. Sur l'eau est placé un flotteur hémisphérique, qui descend à une vitesse uniforme. Le flotteur est relié par une chaîne à une poulie placée dans la caisse supérieure.

L'eau trouve à la base de la caisse médiane un tuyau horizontal, muni d'un orifice évasé tourné vers le sol. Dans cet orifice vient s'appliquer un bouton porté par le plan supérieur d'un autre flotteur situé à la surface de l'eau contenue dans un seau. C'est l'eau qui sort de ce tuyau horizontal, en s'échappant goutte à goutte avec un appareil de réglage de vitesse, qui remplit le seau. Le réglage est réalisé par un tuyau coudé, dont la partie perpendiculaire tourne devant un demi-cercle divisé avec les signes du zodiaque. Il est percé et muni d'un index. Il règle ainsi la distance verticale de son niveau à celui du seau et par conséquent la durée de l'écoulement. Quand le niveau de l'eau est au point haut, l'eau cesse de s'écouler, le bouton fermant l'orifice du tuyau vertical. Alors le niveau du seau baisse et débloque à nouveau l'évacuation de l'eau. Ces alternatives répétées entretiennent un niveau quasi constant de l'eau du seau et l'écoulement lent de l'eau qui mettait un jour à vider le réservoir.

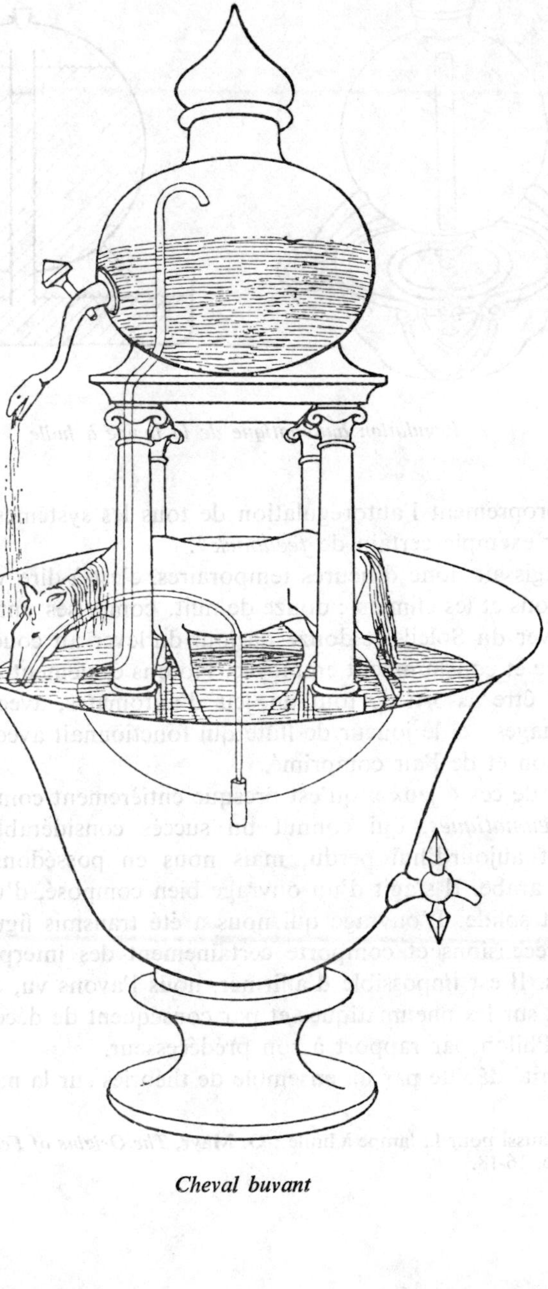

Cheval buvant

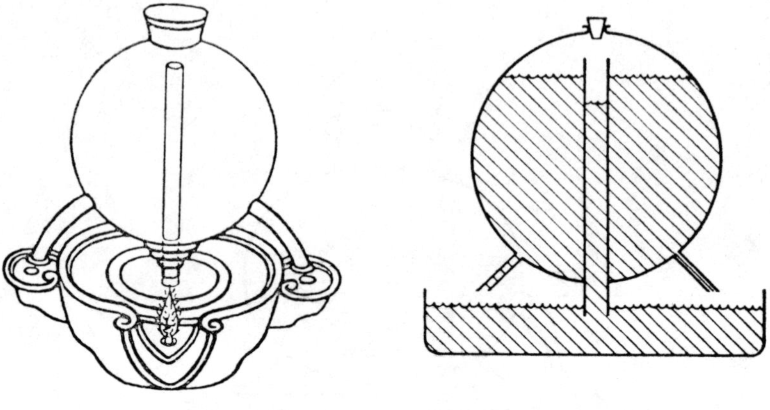

Régulation automatique de la lampe à huile

C'est proprement l'autorégulation de tous les systèmes de flotteurs, premier exemple certain de *feedback* [1].

Il s'agissait donc d'heures temporaires, c'est-à-dire variables avec les saisons et les climats : douze de nuit, comprises entre le coucher et le lever du Soleil, et douze de jour du lever au coucher, formule ancienne et constamment employée. Notons également que l'appareil pouvait être assorti de tout un jeu d'automates, avec sonneries et personnages, tel le joueur de flûte qui fonctionnait avec une trompe, un siphon et de l'air comprimé.

C'est de ces « jeux » qu'est presque entièrement composé le traité des *Pneumatiques*, qui connut un succès considérable. L'original grec est aujourd'hui perdu, mais nous en possédons une bonne version arabe. Il s'agit d'un ouvrage bien composé, d'une rédaction brève et solide. L'ouvrage qui nous a été transmis figure dans plusieurs recensions et comporte certainement des interpolations plus récentes. Il est impossible d'affirmer, nous l'avons vu, que Ctésibios ait écrit sur les pneumatiques et par conséquent de déceler l'originalité de Philon par rapport à son prédécesseur.

Le traité débute par un ensemble de théories sur la nature de l'air,

1. Cf. aussi pour la lampe à huile : O. Mayr, *The Origins of Feedback Control*, *op. cit.*, p. 16-18.

sur son rapport et sa « jonction » avec l'eau, sur le vide. Il est probable que dans tout ceci Philon ne faisait que suivre ceux qui l'ont précédé : Ctésibios qui avait enseigné sur la nature de l'air, Straton de Lampsaque qui s'était attaché au vide. Il s'agit d'une physique très simple, fondée sur un certain nombre d'expériences faciles. Mais là, on s'aperçoit que l'habileté technique ne conduit pas nécessairement à la connaissance scientifique. Et encore, cette technique présente peu de ressources : il n'y a ni vis, ni ressorts, ni spirales, ni engrenages, mais seulement des leviers et des tuyaux habilement percés. La théorie du levier, que Pappus nous dit avoir été donnée par Philon dans ses *Mécaniques*, est énoncée une fois. La théorie du vide et des tuyaux sonores à air aurait été donnée par Philon dans son traité des orgues que nous avons perdu.

Toutes les notions, tous les concepts que nous livre Philon sont naturellement très vagues. L'eau est un corps, comme l'air, et un vase que l'on croit vide est en fait rempli d'air. L'air est composé de petits corpuscules insaisissables par nos sens. La nature du feu se mélange aussi avec l'air et c'est pourquoi il est attiré avec lui. Philon insiste à plusieurs reprises sur l'inexistence du vide. Et c'est l'expérience du vase renversé sur une bassine d'eau et dans lequel on place un flambeau. On s'aperçoit que l'eau, alors, monte dans le vase. « Cela ne peut arriver que pour la cause que nous avons dite (dans une précédente expérience), à savoir que l'air emprisonné dans le vase s'évanouit, s'use et s'en va à cause de la présence de la flamme et qu'il ne peut subsister avec elle, et quand l'air a été dissous par le mouvement du feu, l'eau monte dans la proportion de l'air qui s'en est allé. » Il tente également d'expliquer comment se « joignent » l'air et l'eau et il en arrive à la conclusion que l'eau est tirée par l'air à cause de la continuité qui existe entre eux deux, « à la façon de la glu ou par tout autre mode d'attache ». Ceci est démontré par le vase rempli d'air et renversé sur une bassine d'eau. Si on fait une petit trou dans le vase, l'air s'en va, et on l'entend siffler, et l'eau monte, en quelque sorte collée à l'air.

C'est par toute une série d'expériences analogues que Philon établit quelques notions comme la compressibilité de l'air, l'équilibre des liquides dans les vases communiquants, le principe du siphon.

Tout le reste de l'ouvrage est consacré à la présentation de

Serveuse versant du nébid

« vases merveilleux », qui utilisent ces diverses propriétés. Ainsi se trouvent construites des fontaines intermittentes, des vases à deux liquides, le vase voleur de vin, selon des montages plus ou moins compliqués, la programmation étant assurée par l'écoulement de l'eau d'un réservoir. Grâce à la pression de l'air obtenue par l'écoulement d'un liquide, Philon en arrive à la fabrication d'automates, comme le cheval à l'abreuvoir ou comme l'oiseau dans son nid, qui bat des ailes, effrayé par un serpent qui jaillit du sol, ou le vautour qui menace de petits oiseaux. « L'eau étant versée sur le crible entre dans le fonds du récipient; le flotteur du serpent s'élève et le serpent avec. On continue à verser de l'eau et le serpent continue de monter jusqu'au moment où il atteint presque les poussins. Alors l'eau atteint le flotteur de l'oiseau qui monte et déploie ses ailes (grâce à un système de leviers logé dans son corps). »

Vient ensuite la description des robinets à voies multiples. Nous avons également les roues sifflantes et tous les automates sifflants, l'eau comprimant l'air qui s'échappe par un ajutage approprié.

La dernière partie, consacrée aux machines élévatoires, n'est très probablement pas de Philon, mais d'un auteur certainement très postérieur au mécanicien d'Alexandrie.

On a beaucoup discuté de ces mécanismes qui n'ont servi qu'à construire des automates et des jeux. En fait, si Philon, comme ses successeurs, n'a pas dépassé ce stade, c'est qu'il avait une mauvaise connaissance des phénomènes mis en jeu d'une part, et que, d'autre part, leurs techniques n'étaient pas assez avancées pour les traduire en grand. On dirait aujourd'hui que les automates étaient le seul débouché possible à leur génie mécanique.

Malgré la perte d'une part importante de son œuvre, Philon nous montre bien l'étendue des curiosités d'un technicien de son temps. Il est aussi le parfait exemple des limites de la pensée technique. Il n'est pas injuste de le placer au niveau des savants de son temps.

6. Héron d'Alexandrie

Nous connaissons fort mal la tradition de l'enseignement plus ou moins inauguré par Ctésibios. Sans doute, l'École s'était-elle prolongée, voire développée, sans que nous puissions saisir les jalons d'une évolution, citer des noms, mentionner des œuvres.

Il ne fait aucun doute que la syntaxe mécanique, peut-être mise au point par Philon de Byzance, fut abondamment reprise, plagiée, complétée, mise à jour à mesure des découvertes faites ici et là, découvertes au reste mineures si l'on compare le texte de Philon à celui d'Héron. Le progrès technique de certaines techniques put également être l'apanage d'autres cités qu'Alexandrie et des courants parallèles ont pu s'établir. Quelques faits, isolés ou mal reliés les uns aux autres, peu nombreux certes, la plupart rapportés par Athénée, nous montrent cependant que l'école d'Alexandrie n'avait pas disparu et qu'on continuait à y former des praticiens tout autant que des théoriciens. Et qu'il existait toujours des rapports entre Alexandrie et Rhodes.

Dans la mesure même où une certaine évolution avait pu avoir lieu dans toutes les techniques dont s'était occupée l'école d'Alexandrie, il convenait peut-être de reprendre la syntaxe mécanique, ou tout au moins les parties qui pouvaient se trouver, deux siècles plus tard, plus ou moins dépassées : le même temps sépare exactement l'*Encyclopédie* de Diderot de notre époque. Nous appellerions cela une mise à jour : c'est qu'en effet, semble-t-il, rien n'avait été bouleversé totalement. C'était là un travail considérable, car il ne mettait pas seulement en jeu les découvertes techniques, les inventions ou les perfectionnements, mais aussi quelques-uns des principes scientifiques sur lesquels avait travaillé un homme comme Philon de Byzance. Il fallait faire preuve non seulement d'une curiosité assez large, mais même d'une sorte de savoir encyclopédique. Tout ne sera d'ailleurs pas abandonné de l'ancienne tradition : des pans entiers sont repris, qui devaient passer intégralement dans la nouvelle œuvre. On pourrait presque expliquer ainsi que des traités anciens n'aient pas figuré dans l'œuvre des successeurs immédiats de Philon : ainsi en est-il, par exemple, pour la poliorcétique. A travers Héron d'Alexandrie, qui s'attacha à ce travail de révision, c'est bien toute l'école d'Alexandrie que nous allons retrouver.

Héron allait au reste devenir un personnage presque mythique. « Ce qu'Euclide était pour la géométrie, note fort justement A. Dain [1], Héron l'était pour les sciences appliquées et son nom, à en juger par les fragments nombreux qui ont été conservés sous le vocable de cet auteur, pouvait servir à couvrir tout traité de sciences appliquées. » C'est-à-dire qu'il est parfois difficile d'attribuer à ce personnage des œuvres qui nous sont parvenues, pour beaucoup, à travers l'Orient byzantin ou arabe, munies de très abondantes interpolations d'époques diverses. Signalons, après les recherches de Martin, au siècle dernier, qu'on a pu identifier, de façon plus ou moins précise, une vingtaine d'Héron vivant dans le bassin oriental de la Méditerranée, entre le Ier siècle avant et le Xe siècle après J.-C. C'est pourquoi certains, et Tannery le premier, ont pu parler d'un « *corpus* héronique » pour désigner un ensemble d'œuvres qui s'échelonneraient sur trois siècles.

Est-il dès lors nécessaire de souligner le fait que nous ne savons pas grand-chose de la vie de celui que nous appellerons, par facilité, Héron d'Alexandrie ? L'on discute ferme, sans arriver à un accord, sur l'époque à laquelle il put vivre. Pour une grande partie des historiens modernes, il serait contemporain de Ptolémée Evergète II, c'est-à-dire de Ptolémée VII, dit Physcon, et appartiendrait donc à la fin du IIe siècle avant notre ère. Quelques-uns ont pu avancer qu'il aurait pu naître vers 126 et qu'il serait mort après 51. On a voulu le rajeunir en se fondant sur une langue pleine de latinismes et sur quelques faits particuliers. Il est curieux en effet qu'Athénée, Vitruve et Pline citent toujours Ctésibios et ne mentionnent jamais Héron. Par contre Pappus, Eutocius et Héron de Byzance, qui sont beaucoup plus tardifs, citent Héron d'Alexandrie et ne parlent

1. A. Dain, *La Tradition du texte d'Héron de Byzance*, Paris, 1933.

jamais de Ctésibios. D'après Neugebauer, dans la mesure de la distance de Rome à Alexandrie, il est fait allusion à deux observations d'une même éclipse de lune qui aurait eu lieu en 62 de notre ère. Heath le situe même à la fin du IIe siècle après J.-C. La seule précision qui nous est donnée sur lui est qu'il était, comme Ctésibios, d'humble origine : il aurait débuté comme cordonnier. Selon certains, il ne serait même pas originaire d'Alexandrie, mais d'Ascra.

Son œuvre dut avoir l'ampleur de celle de Philon de Byzance, s'il s'agit bien d'un auteur unique. Il nous en est parvenu la majeure partie, en nombre et en importance. Grâce à Héron lui-même et à certains auteurs postérieurs, on peut ainsi classer ses ouvrages, l'astérisque indiquant ceux que nous possédons aujourd'hui :

— Tout d'abord des œuvres d'un caractère scientifique assez prononcé :
* *Métriques*
Scolies d'Euclide, citées par Proclus
* *Mécaniques et baroulkos.*

— Ensuite des ouvrages qui mêlent les préoccupations scientifiques avec leurs applications pratiques :
* *Pneumatiques*
Catoptrique
* *Dioptre.*

— Enfin quatre ouvrages de mécanique appliquée :
Horloges hydrauliques, mentionnées par Pappus
* *Machines de guerre*
* *Chirobaliste*
* *Automates.*

On discute sur l'attribution à Héron d'un traité de gnomonique en quatre livres, qui doit cependant appartenir au *corpus* héronique.

Cette liste est légèrement différente de celle de Philon de Byzance. Il semble que les préoccupations scientifiques d'Héron d'Alexandrie aient été plus larges et plus profondes. En revanche, son œuvre de mécanicien est tout à la fois moins vaste et certainement plus terne que celle de son prédécesseur. On voit que les problèmes de fortification et de poliorcétique, et certains problèmes annexes, comme la construction des ports, ne figurent pas chez Héron. Il est aussi possible qu'Héron ait délibérément laissé de côté ce qui ne méritait pas une nouvelle rédaction, ou ce sur quoi il ne pouvait rien dire de nouveau [1].

1. La bibliographie d'Héron d'Alexandrie est abondante, plus encore que celle de Philon. On consultera tout d'abord un travail un peu vieilli, mais qui reste la base de toute recherche sur Héron : Th. H. Martin, « Recherches sur la vie et les œuvres d'Héron d'Alexandrie », *Mémoires présentés par divers savants à l'Académie des inscriptions et belles-lettres*, IV, 1854.

Thévenot, en 1693, publie le *Traité des machines de guerre*, les *Pneumatiques*, les *Automates* et la *Chirobaliste*. Le texte grec et la traduction allemande ont été publiés chez Teubner, en cinq volumes, en 1899-1914, avec la répartition suivante :

1. *Pneumatiques, automates,*
2. *Mécaniques, catoptrique,*
3. *Métriques, dioptrique,*
4. *Définitions, géométrie,*
5. *Stéréotomie, mesures.*

Cette édition de W. Schmidt n'est donc pas complète.

Un certain nombre des traités d'Héron ont fait l'objet de publications particulières :

Mécaniques, traduction française d'après une version arabe, par Carra de Vaux, Paris, 1894, (extrait du *Journal asiatique*).

Pneumatiques, traduction latine de Regiomontanus au milieu du xve siècle, non éditée, première édition latine imprimée par Commandin, Urbin, 1575 et nombreuses éditions par la suite. Traduction française par A. de Rochas, dans *La Science des philosophes et l'Art des thaumaturges dans l'Antiquité*, Paris, 1912.

Machines de siège, publié et traduit en allemand par Köchly et Rüstow, en 1853, publié à nouveau par Wescher en 1867. Edité et traduit en anglais par Marsden en 1971.

Chirobaliste, traduction française de V. Prou, avec de nombreuses notes et explications techniques, dans *Notices et Extraits...*, Paris 1877.

Automates, édité en traduction latine par Baldi dès 1589 et nombreuses éditions postérieures. Traduction française de V. Prou, dans *Mémoires présentés... à l'Académie des inscriptions et belles-lettres*, 1881.

Métriques, vient d'être publié et traduit en anglais par E.M. Bruijns, *Metrica*, Leyde, 1964.

Géodésie (dioptre), édité et traduit par Vincent, dans *Notices et Extraits...*, XIX, Paris, 1862, 2e partie.

Il est intéressant de consulter les divers articles publiés par P. Tannery et réunis sous le titre de *Mémoires scientifiques*, Paris, 1912 :

t. I : « Sur les fragments d'Héron d'Alexandrie conservés par Proclus », p. 156-157 ; « L'arithmétique des Grecs dans Héron d'Alexandrie », p. 181-212 ; « La stéréotomie d'Héron d'Alexandrie », p. 397-421 ; « Etudes héroniennes », p. 422-448.

t. II : « Questions héroniennes », p. 137-178 ; « Un fragment des métriques d'Héron », p. 447-450 ; « Sur un fragment des métriques d'Héron », p. 451-454.

t. III : « Heronis Alexandrini opera suae supersunt omnia », p. 131-157 (après la découverte, en 1896, des mécaniques) ; « Notes critiques sur les metrica d'Héron », p. 196-207.

A propos des *Pneumatiques*, on consultera l'ouvrage de Drachmann, cité

Des *Métriques* nous ne possédons que des fragments très dispersés et incomplets dans une vingtaine de manuscrits. Certains morceaux sont au reste d'attribution fort douteuse : il y eut certainement de nombreuses interpolations postérieures. Il s'agit en fait d'un manuel élémentaire de mathématiques, dont pouvaient se servir mécaniciens et ingénieurs. La première partie devait comporter une définition des termes d'arithmétique. Eutocius, dans son commentaire de l'œuvre d'Archimède, renvoie aux *Métriques* d'Héron pour l'extraction approximative de la racine carrée des nombres qui ne sont point des carrés parfaits. Une seconde partie était consacrée à la définition des termes de géométrie. Il s'agissait là d'une sorte de préambule à un exposé de la géométrie d'Euclide.

Par la suite, l'ouvrage s'occupait de géométrie plane. C'était en fait un traité des mesures, dont on a dit que la *Géodésie* n'était qu'un résumé. La *Stéréotomie* s'intéressait aux volumes. Dix problèmes sont posés, qui se rapportent : à la sphère, au cône, à l'obélisque, au cylindre, au cube, à la sphrénisque (coin), à la miure, à la colonne, à la plinthide et à la pyramide.

Ne nous y trompons pas. Il n'y avait dans cette science rien de fondamentalement nouveau, sauf quelques procédés de calcul, comme ceux des racines carrées, ou quelques formules géométriques, comme la mensuration des triangles en trigonométrie. Mais on a noté qu'en ces matières Héron faisait preuve de finesse mathématique et de connaissances étendues. Il cherche dans ses démonstrations à se démarquer de ses prédécesseurs. Ses dons d'analyse sont assez remarquables. Incontestablement, Héron est un savant de valeur et sa science dépassait largement le but qu'il s'était proposé de donner aux techniciens, le vernis scientifique qui pouvait leur être nécessaire. On reste cependant toujours sur les mêmes problèmes et la gloire n'est pas tant de faire des découvertes que de donner à d'anciens problèmes une solution nouvelle, inédite. C'est en quelque sorte une satisfaction que l'on se donne à soi-même et il semble qu'Héron y ait été sensible.

Les *Mécaniques* sont sans doute d'un autre genre. Le texte, sinon le titre de l'ouvrage, a été longtemps ignoré et l'on n'en connaissait

---

dans la bibliographie générale, comme celui de Beck, et B. Woodcroft, *Pneumatics of Hero of Alexandria*, Londres, 1851.

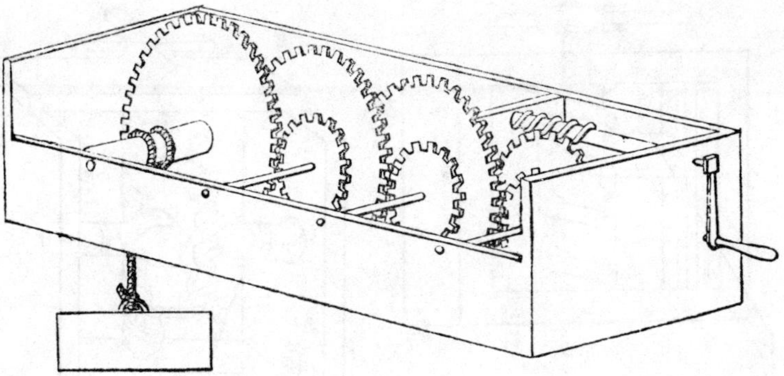

Le principe du baroulkos

des fragments que par les successeurs d'Héron. Pappus séparait les mécaniques du baroulkos, ou traité de la traction des poids lourds. En fait, le manuscrit arabe que nous possédons montre bien qu'il ne s'agit que d'une seule et même œuvre, même si l'ordre logique n'est pas scrupuleusement respecté. Aussi examinerons-nous d'abord la partie tout à fait générale avant d'aborder une de ses applications les plus spectaculaires, en tout cas les plus aimées de nos mécaniciens.

Alors, les mécaniques apparaissent bien comme un des éléments de cette science générale que devait posséder tout praticien digne de ce nom. D'après Carra de Vaux, qui nous en donna le texte, en arabe, et la traduction française, la mise à jour du manuscrit permit d'y déceler « l'un des traités les plus importants que nous offre l'Antiquité dans la branche des sciences mathématiques ». Son originalité, à vrai dire, n'est pas parfaite et l'on s'en pouvait douter. Le traité doit beaucoup, assurément, à Aristote et surtout au pseudo-Aristote dont il reprend toute une partie soit 17 problèmes, et à Archimède qui est neuf fois cité dans les problèmes d'équilibre et de répartition des poids sur les supports. D'Archimède, il cite : le *Livre des supports*, le *Livre des leviers* et le *Livre de l'équivalence de la pesanteur*. Philon est beaucoup moins mentionné : Héron est tout de suite allé aux grands auteurs. L'esprit d'ensemble, et en particulier la recherche des causes, conserve un relent aristotélicien.

Nous reviendrons sur le premier livre qui est consacré à la « trac-

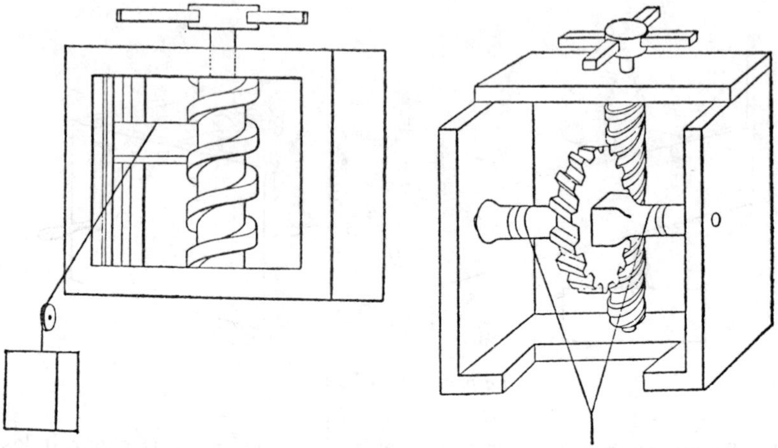

Élévateurs à vis

tion des poids lourds ». Le second livre tente de faire la théorie des machines simples. Il est évident que la méthode d'Héron consiste à réduire les problèmes à des notions scientifiques connues, en particulier le levier. Nous noterons plus loin que les démonstrations d'Héron ne sont guère convaincantes pour ce qui est du coin et de la vis, les deux problèmes les plus difficiles à résoudre. Le troisième livre traite des appareils de levage. Une longue tradition nous montre que l'enseignement de Chersiphron, qui se prolongera jusqu'à Vitruve, trouve ici une étape intermédiaire. Et l'ouvrage se termine par un certain nombre de propositions qui restent pour la plupart sans réponse : pourquoi les poids plus lourds tombent-ils plus vite, pourquoi un corps plat tombe-t-il moins vite qu'un corps sphérique ? Les questions sont intéressantes, elles ne pouvaient effectivement avoir de réponse : c'est toujours l'absence de lois naturelles.

L'ouvrage ne manque pas de finesse, ainsi l'effet de percussion sur le coin, ainsi dans l'examen des conditions plus ou moins favorables du travail de la vis, ni d'habileté, ainsi le ralentissement de la vitesse dans les machines où la démultiplication de la puissance est plus grande. L'étude du mouvement des cercles, concentriques ou non, a beaucoup retenu Héron : il en arrive de la sorte à la décomposition

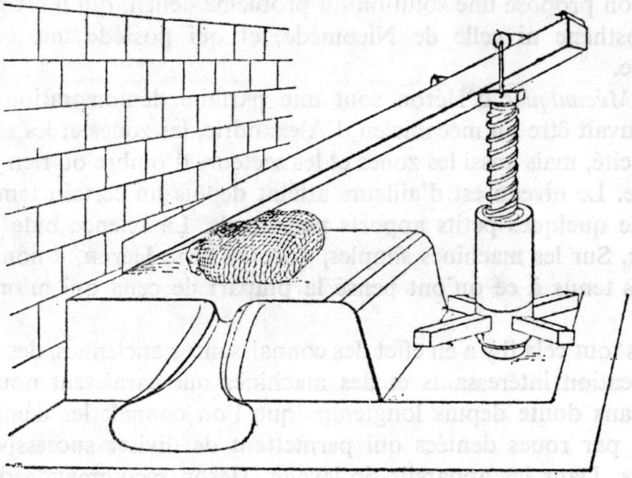

Pressoir à vis

et à la composition des mouvements. Sa conception de la pesanteur n'est pas totalement aristotélicienne.

Les données sur les engrenages, qui figurent surtout dans le livre Ier rassemblent la plupart des propositions connues à cette époque. Sur un même axe, deux roues se meuvent dans le même sens. Les roues qui s'engrènent se meuvent en sens contraire. Si deux cercles se trouvent sur un même axe, les grands se meuvent plus vite que les petits. Si deux cercles se meuvent sur deux axes et s'engrènent, les petits se meuvent plus vite que les grands. Et la fameuse loi que les grands cercles l'emportent sur les petits, proposition donnée par Pappus comme ayant été démontrée par Archimède dans son traité περί ζυγῶν et par Philon de Byzance dans ses *Mécaniques* et reprise dans son traité des machines de jet. Tous les problèmes de rapports et de démultiplication sont passés en revue, ramenés toujours à des problèmes de leviers. Nous assistons une fois de plus à la même méthode de réduction des problèmes mécaniques aux machines simples et, au-delà, à une certaine géométrie. Et ceci montre parfaitement les limites de leur compréhension des machines, de leurs mouvements et des forces dont elles disposent et qu'elles transmettent sous des formes et des puissances diverses. C'est dans cette partie qu'Héron propose une solution du problème délien, qui n'est ni celle d'Eratosthène ni celle de Nicomède, et qui possède une certaine élégance.

Les *Mécaniques* d'Héron sont une parfaite démonstration de ce que pouvait être un mécanicien d'Alexandrie, les zones et les secteurs d'efficacité, mais aussi les zones et les secteurs d'ombre où rien n'était possible. Le niveau est d'ailleurs atteint depuis un certain temps, en dépit de quelques petits apports personnels. La science bute contre un mur. Sur les machines simples, note au reste Héron, « nous nous sommes tenus à ce qu'ont pensé la plupart de ceux qui m'ont précédé ».

Dans tout cela il y a en effet des connaissances anciennes, des détails d'application intéressants et des machines qui paraissent nouvelles. C'est sans doute depuis longtemps que l'on connaît les démultiplications par roues dentées qui permettent de diviser successivement le poids. Dans les appareils de levage, Héron recommande d'éviter clous et chevilles qui font des trous dans les pièces de bois et en diminuent par conséquent la résistance : il préconise les liens de cordes. Parmi les machines nouvelles citons les presses : presse à vis, à vis centrale, presses à vis et à levier, presses à levier et à treuil. On retrouvera tous ces instruments chez Vitruve.

En reprenant les *Pneumatiques* et grâce à la conservation de ces traités, Héron fournit de bons points de comparaison avec ses prédécesseurs. Le fond est assurément le même, en gros, que chez Philon de Byzance. Il existe cependant, entre les deux œuvres des différences notables. M. Drachmann a dressé un état comparatif des traités de Philon et d'Héron. Chez ce dernier figurent 44 des appareils de Philon, 23 sont entièrement nouveaux et 8 donnent des solutions différentes. Philon, en conclut M. Drachmann, n'a pas été une source directe et l'on voit en effet Héron négliger chez Philon des groupes entiers d'instruments. D'autres, au contraire, sont totalement inédits chez lui, comme certains appareils utilisant la force de la vapeur. Dans leur ensemble, les *Pneumatiques* concernent toujours la mécanique des gaz et des liquides, et son application à diverses expériences que certains ont, bien à tort, traitée de « physique amusante ». Drachmann estime cependant que ce n'est pas là une œuvre achevée : seulement une collection d'expériences qui ne pouvaient être érigées à la hauteur d'un traité. On en est encore au stade de la recherche ;

on note ainsi plusieurs versions d'un même appareil, à ces niveaux d'élaboration qui vont d'une disposition recopiée ailleurs à la conception qui est propre à Héron. Cette mécanique est très raffinée, toujours parfaitement comprise et d'une présentation très claire. Il est indéniable qu'il cherchait avant tout la nouveauté.

Le préambule consiste à donner au lecteur les principales opinions de l'auteur sur certains points de physique et fournit matière à une discussion sur les opinions contraires aux siennes. En fait, dans cette partie, nous nous trouvons très près de ce qu'avait écrit Philon : seule, la vapeur apparaît ici comme quelque chose de nouveau. Tout l'ouvrage offre des applications ingénieuses des connaissances que les savants d'Alexandrie possédaient sur la force élastique de la vapeur, sur sa force motrice également, et spécialement en ce qui concerne l'action que cette vapeur comme les autres gaz, comprimée et dilatée, exerce sur l'équilibre et le mouvement des liquides. Dans tous ces domaines, la science hellénistique n'avait guère fait de progrès en deux ou trois siècles. Il y a toujours un manque profond de conceptualisation des phénomènes.

On retrouve à la suite, comme nous l'avons dit, un certain nombre des expériences de Philon et il serait tout aussi fastidieux d'en donner ici la description complète : les ventouses, les seringues, les lampes, les siphons, les pompes aspirantes et foulantes, les orgues hydrauliques (qui ne font plus d'ailleurs l'objet d'un traité particulier), étaient à cette époque choses parfaitement connues et l'on s'en servait couramment dans les automates dont les Grecs étaient si friands et sur lesquels nous reviendrons.

Les éléments nouveaux sont intéressants. La fontaine intermittente, dite fontaine d'Héron, représente des perfectionnements d'idées qui figurent déjà chez Philon. On a longtemps cité, avec éloge, l'éolipyle, ce petit tourniquet mû par l'échappement de la vapeur, grâce à l'idée ingénieuse de deux petits tuyaux formant couple. Nous verrons qu'il n'en fallut pas plus pour faire d'Héron un des lointains précurseurs de la machine à vapeur. C'est dans les *Pneumatiques* que l'on retrouve les systèmes de régulation automatique. « Les *Pneumatiques*, a pu écrire Otto Mayr, décrivent des appareils compliqués contrôlés selon un programme rigide mais sans mettre en jeu de boucle fermée; le livre sur les clepsydres, qui contenait peut-être des applications du *feedback*, a été perdu, à l'exception d'un fragment insignifiant [1]. » Certes, Héron est l'héritier de la soupape à flotteur de Ctésibios. Dans la « coupe inépuisable », les fonctions d'évaluation et de commande ne sont pas encore séparées. Dans le « distributeur automatique de vin », le système est identique, mais amélioré dans le détail technique : les deux fonctions sont ici séparées, ce qui permet de multiplier les réglages. Dans le « distributeur de vin contrôlé par un poids », c'est le poids du verre de vin qui est mesuré à l'aide d'une balance. Il n'y a, jusque-là, aucune novation importante : la « coupe inépuisable» venait directement de la lampe à huile de Philon.

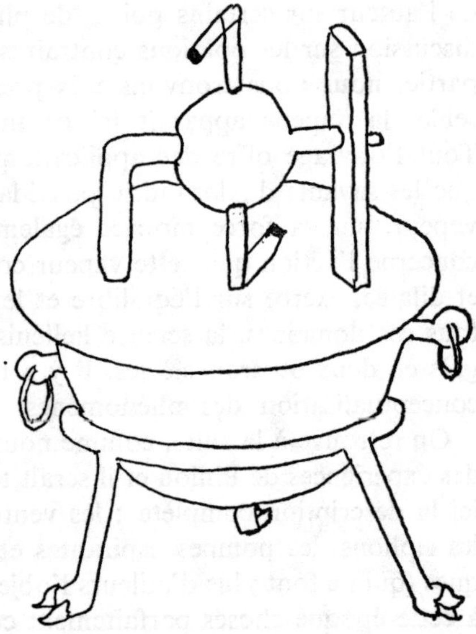

L'éolipyle

Le mécanisme préféré d'Héron est le siphon flottant. « Un siphon, qui relie deux récipients où le niveau du liquide est différent, flotte au niveau le plus bas et il est solidaire d'un petit récipient d'épanchement. En conséquence, le liquide s'écoulera du niveau supérieur au niveau inférieur jusqu'à ce qu'une certaine différence de niveau, fixée par avance, soit atteinte. Le système de contrôle règle cette différence de niveau entre les deux récipients par référence au niveau inférieur. La différence de niveau souhaitée est déterminée par la distance entre le trop-plein et la ligne de flottaison du flotteur, le niveau supérieur effectif étant le même que dans le petit récipient d'épanchement. »

Les *Pneumatiques* d'Héron montrent une maîtrise plus parfaite de la technique. Si Héron surpasse en cela son prédécesseur Philon, il convient de noter que c'est une différence de degré, non de nature. Son succès, qui contribua à la gloire de l'auteur au détriment de celle

1. O. Mayr, *The Origins of Feedback Control*, *op. cit.*, p. 19 s.

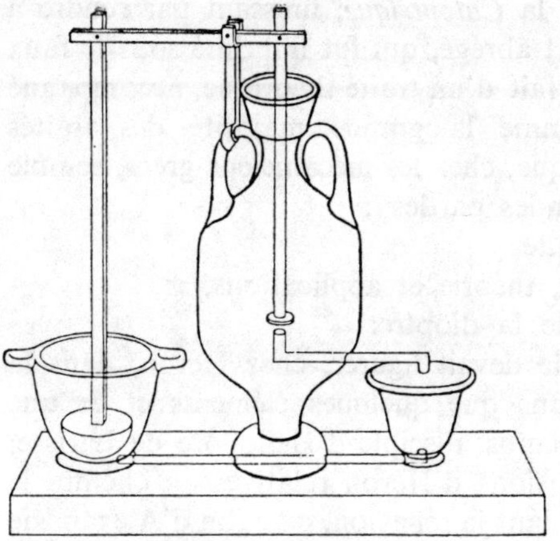

régulateur à flotteur

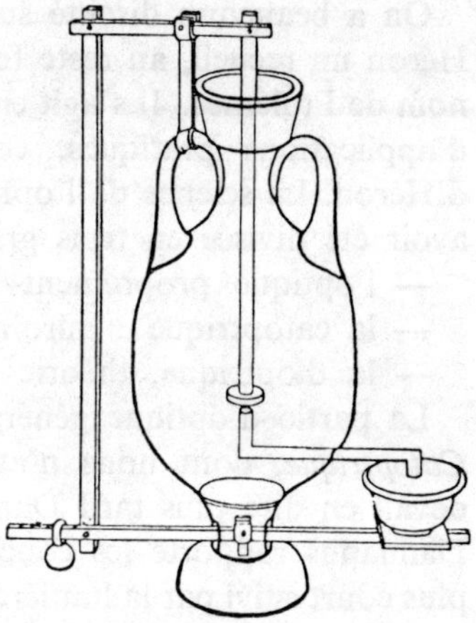

régulateur à poids

régulateur à siphon flottant

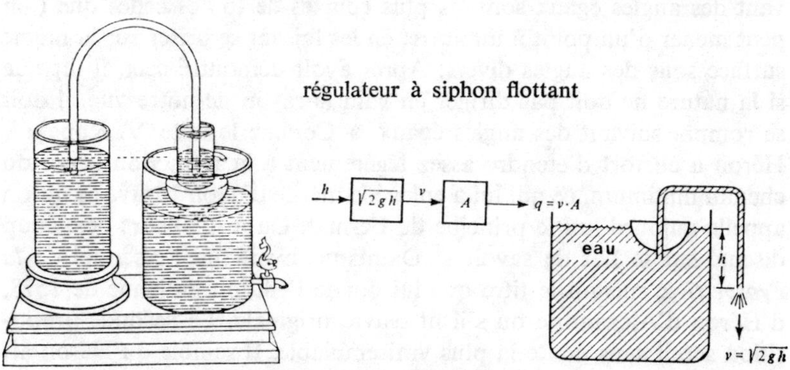

Les régulateurs automatiques d'Héron

de Philon, tient à ce que ce livre connut, tout au long de la basse époque antique et du Moyen Age, une longue et heureuse tradition, jusqu'à ses premières éditions au XVIe siècle. Philon ne nous a été transmis, dans ce domaine, que par une traduction arabe, mise à la disposition des érudits à la fin du siècle dernier.

La *Catoptrique* et la *Dioptre* apparaissent comme également liées à la science et à la technique. Nous ne disposons malheureusement que de textes mal transmis, incomplets et sans doute interpolés, qu'il est donc fort difficile de rétablir dans leur état original.

On a beaucoup discuté sur la *Catoptrique*, finissant par rendre à Héron un recueil, au reste fort abrégé, qui fut imprimé sous le faux nom de Ptolémée. Il s'agit en fait d'un traité théorique, accompagné d'applications pratiques, comme la grande majorité des traités d'Héron. La science de l'optique, chez les mécaniciens grecs, semble avoir été divisée en trois grandes parties :

— l'optique proprement dite,
— la catoptrique : miroirs, théorie et applications,
— la dioptrique, théorie de la dioptre.

La partie d'optique générale devait figurer, chez Héron, dans la *Catoptrique*, dont nous n'avons que quelques éléments et ce que devait en dire plus tard Damianus, disciple d'Héliodore de Larisse. Damianus rapporte les conclusions d'Héron relatives au chemin le plus court suivi par la lumière dans la réflexion. « Héron d'Alexandrie a démontré dans son livre sur les miroirs que les droites brisées suivant des angles égaux sont les plus courtes de toutes celles que l'on peut mener d'un point à un autre, en les faisant se briser sur la même surface sous des angles divers. Après avoir démontré cela, il dit que si la nature ne doit pas diriger en vain le rayon de notre vue, il doit se rompre suivant des angles égaux. » Comme le note V. Ronchi [1], Héron a eu tort d'étendre assez légèrement à la réfraction la loi du chemin minimum, ce qui lui a enlevé le mérite d'avoir trouvé ce qu'on appelle aujourd'hui le principe de Fermat. On a d'ailleurs beaucoup discuté sur le fait de savoir si Damianus avait tiré l'essentiel de *la Prospettiva*, suivant le titre que lui donne l'édition italienne de 1578, d'Héron d'Alexandrie ou s'il fit œuvre originale. La seconde proposition serait sans doute la plus vraisemblable. Il semble qu'Héron ait suivi fort consciencieusement l'optique géométrique conçue par Euclide et il est difficile, pour ne pas dire impossible, de situer la place qu'il tint entre cette optique géométrique d'Euclide et l'ouvrage, en tout point remarquable, de Damianus.

On trouve, dans le premier livre de la *Catoptrique*, deux théorèmes d'optique et six théorèmes sur les miroirs plans et concaves. Dans le second livre, il y a neuf théorèmes concernant la construction et l'usage de divers appareils composés de miroirs plans, convexes et concaves. De tout cela on peut déduire que, comme pour les *Méca-*

1. V. Ronchi, *Histoire de la lumière*, *op. cit.*

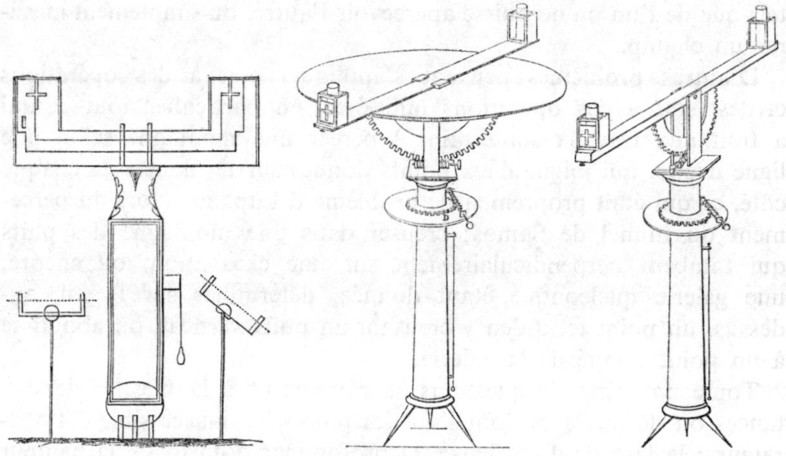

fac-similé du manuscrit restitution de Venturi restitution de Vincent

La dioptre et ses restitutions

niques et les *Pneumatiques*, Héron avait non seulement une bonne connaissance de la science de son temps, mais que sa réflexion y avait apporté des éléments intéressants.

Le traité de la *Dioptre* est une description de cet instrument, suivie de nombreux exemples d'application. La dioptre est un instrument à l'aide duquel on vise. La dioptre d'Hipparque servait à mesurer le diamètre apparent du Soleil et de la Lune. La dioptre d'Héron d'Alexandrie consistait principalement dans un niveau d'eau mobile sur un trépied; mais ce niveau pouvait être enlevé et remplacé soit par une simple alidade mobile horizontalement ou verticalement, soit par un plateau circulaire divisé en degrés et pouvant se fixer à volonté, dans un plan oblique quelconque. Cet appareil est, à certains égards, apparenté, de par son usage, aux théodolites modernes.

La seconde partie de l'ouvrage a trait à un certain nombre de problèmes de mesures dont beaucoup ressemblent à ceux des agrimenseurs romains. Quelques solutions s'obtiennent d'ailleurs par appro che ou par tâtonnements : mener une ligne droite entre deux points tels que de l'un on ne puisse apercevoir l'autre, ou simplement mesurer un champ.

D'autres problèmes peuvent s'appliquer soit à des opérations civiles, soit à des opérations militaires, en particulier tout ce qui a trait aux travaux souterrains : percer une montagne selon une ligne droite, qui joigne deux points donnés sur les flancs, de chaque côté, ce qui était proprement le problème d'Eupalinos lors du percement du tunnel de Samos; creuser dans une montagne des puits qui tombent perpendiculairement sur une excavation, ou encore, une galerie quelconque étant donnée, déterminer sur le sol, au-dessus, un point tel qu'en y creusant un puits vertical, on aboutisse à un point donné de la galerie.

Toute une série de questions se rapportent à la mesure de distances ou de hauteurs dont l'un des points est inaccessible à l'opérateur : la largeur d'un fleuve, la profondeur d'un fossé, la hauteur d'une muraille, la distance entre deux points éloignés, tous problèmes qui se posaient nécessairement à des militaires en campagne. Telle encore cette question qui consiste à déterminer la place à bonne distance d'un engin d'artillerie dont on peut régler le tir. Ou encore : d'un point éloigné de l'opérateur, prendre, avec la dioptre, une distance égale à une distance donnée, sans approcher de ce point et sans avoir la droite sur laquelle il faut prendre cette distance, comme lorsqu'il fallait placer une machine de jet dont on connaissait la portée maximum.

La géométrie pratique, agraire, était fort bien représentée : la mesure d'un champ, même sans entrer dedans, retrouver d'après un plan les bornes perdues d'un terrain, partager un terrain en portions données. Héron allait même jusqu'au jaugeage des fontaines.

Enfin, les problèmes astronomiques n'étaient pas absents de ce traité et l'on y parle de l'art de mesurer les distances angulaires célestes : distance angulaire de deux astres, détermination de deux lieux situés sous des climats différents par les heures d'observation d'une même éclipse faites dans des endroits dont les latitudes sont supposées connues.

Héron nous donne également la description de l'odomètre, assez ingénieux compteur adapté aux voitures et consistant dans une combinaison de vis sans fin et de roues dentées. Un appareil analogue permet, grâce à l'intermédiaire d'une roue à palettes, de mesurer

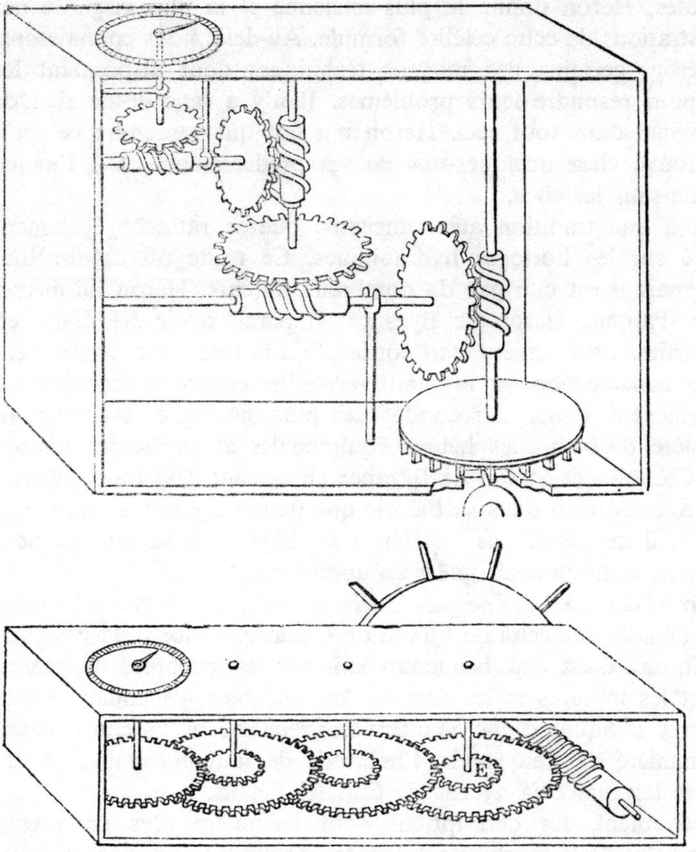

terrestre

marin

Les calculateurs de distance

la distance parcourue par un navire. Il critique enfin l'astérisque, instrument fort analogue à la groma des Romains.

C'est donc en fait de la géométrie pratique, grâce à un instrument de visée et de mesure, précieux reste de la géométrie des Égyptiens, héritière d'Euclide et des géométries mésopotamiennes et babyloniennes. Mais il y a aussi un souci très net de progrès scientifique. Au problème de la mesure de l'aire d'un triangle en fonction de ses trois côtés, Héron donne la plus ancienne et la plus élégante des démonstrations de cette célèbre formule. Au-delà, nous connaissons, par Héron, certains des moyens techniques dont disposaient les Grecs pour résoudre leurs problèmes. Il n'y a sans doute rien de très original dans tout ceci. Héron n'a fait que reprendre ce qu'il avait trouvé chez quelques-uns de ses prédécesseurs et il l'avoue lui-même sans les citer.

C'est à une tradition aussi ancienne que se rattache également le traité sur les horloges hydrauliques. Ce traité est aujourd'hui perdu, mais il est cité par de nombreux auteurs, Héron lui-même, Proclus, Pappus, Héron de Byzance. Il paraît avoir été divisé en deux parties. La première était consacrée à la technique proprement dite de construction et insistait sur la nécessaire uniformité de l'écoulement de l'eau. La seconde était plus théorique et concernait la manière d'obtenir les heures équinoxiales et les heures temporaires. Ctésibios et Philon de Byzance en avaient déjà traité et cette question, aussi bien dans sa théorie que dans sa pratique, était bien connue : il ne paraît pas qu'Héron ait apporté beaucoup de neuf à la chose, et ne pouvait guère en apporter.

Le *Traité des machines de guerre* d'Héron est à la fois moins complet et plus détaillé que celui de Philon de Byzance. « Nos prédécesseurs, note-t-il, ont, il est vrai, beaucoup écrit sur les machines de guerre, donnant les mesures et les dessins des machines; cependant aucun d'eux n'a indiqué, d'une manière convenable, ni la construction ni la manière de s'en servir, l'habitude des auteurs étant d'écrire pour des lecteurs déjà avertis de tous les détails. »

Effectivement, les descriptions sont beaucoup plus complètes. Chaque pièce de la machine est décrite, ses dimensions sont données. Mais tous ces détails, qui ne manquent pas certes d'intérêt, n'apportent aucune précision vraiment supplémentaire sur ces machines et l'on n'y retrouve plus ces réflexions caractéristiques d'un état d'esprit que l'on rencontrait chez Philon. Notons enfin que le texte d'Héron est très proche de celui de Vitruve qui, dans son livre X, traîte des mêmes matières.

Héron distingue bien les deux types de machines de jet : les machines euthytones qui ne lançaient que des traits (scorpions) et les machines palintones (balistes), qui lançaient ou des traits ou des boulets de pierre (lithoboles). Les principes étaient toujours les mêmes. « Le but de la balistique, précise notre mécanicien, est d'envoyer un trait de manière à frapper à une grande distance un objet situé dans une direction donnée. » Héron tente un aperçu historique de l'évolution des machines de jet, mais de façon tout à fait générale : en ce sens il est infiniment moins précis qu'Athénée.

Il reprend exactement la formule de Philon pour le calcul du module à partir duquel toute la machine doit être construite. La seule différence est l'emploi de mesures différentes (doigt pour le diamètre du trou, mine pour le poids du boulet de pierre). Mais il y ajoute la formule pour les machines qui lancent des traits, que n'avait pas donnée Philon de Byzance. Le diamètre du trou doit être égal au neuvième de la longueur du trait :

$$d = \frac{1}{9}$$

Ainsi, pour un trait de 3 coudées, le module sera de 8 doigts.

Le traité d'Héron d'Alexandrie se termine par l'exposé d'une solution graphique du problème de la duplication du cube, si célèbre dans l'Antiquité, et servant ici pour calculer l'échelle de proportion de deux machines dont les boulets ont leurs poids dans un rapport donné.

S'il est plus précis, plus pratique, cet ouvrage n'apporte pas grand-chose de neuf sur ce que nous savions déjà des machines de jet par Philon de Byzance et Biton. Désormais tout est défini, tout est coté, tout est mis en tables que personne ne peut ni ne veut modifier. Cette technique est maintenant saturée.

On a beaucoup discuté sur la *Chirobaliste*. Le texte, transmis par des copistes qui, vraisemblablement, ne l'ont pas compris, a longtemps été fautif. Son interprétation posait des problèmes difficiles que les hellénistes n'étaient souvent pas en mesure de résoudre. C'est à la fin du XIXe siècle seulement que l'on a pu en donner une explication valable, permettant de rétablir un texte convenable, grâce à un certain nombre de manuscrits dont les leçons se complétaient. Restait la question de l'attribution. Quelques-uns de nos manuscrits en donnent la paternité à Héron, sans autre précision. Il paraît bien, et cela semble maintenant bien établi, que la *Chirobaliste* fait partie de l'œuvre d'Héron d'Alexandrie.

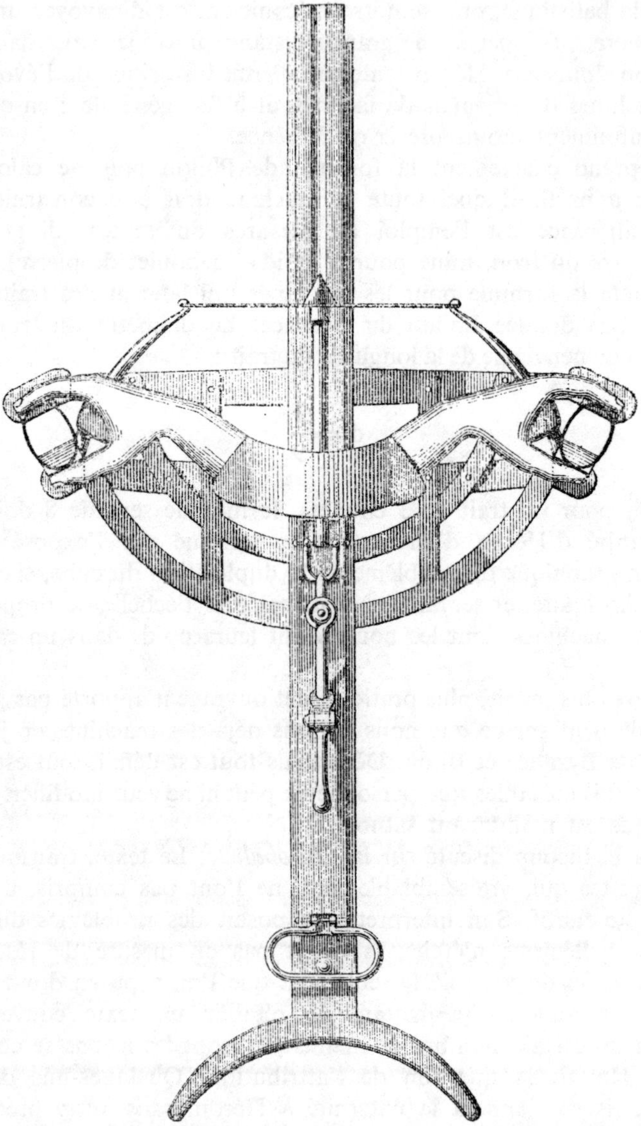

La chirobaliste

Le traité a pour but essentiel de relever exactement, complètement au point de vue exclusif de la construction, toutes les dimensions d'un modèle évidemment placé sous les yeux de l'auteur. On ne note en effet aucune indication sur le fonctionnement de l'engin. Il s'agit d'une machine palintone, portative. Les auteurs romains, en particulier Végèce, ont également parlé de manubaliste. La machine, réduite en quelque sorte, dérive du scorpion. Il semble que l'élément essentiel en était constitué par des ressorts métalliques, peut-être d'acier, disposés en lames superposées. Ainsi en est-on arrivé à attribuer à Héron d'Alexandrie l'invention des leviers flexibles à lames jointives étagées.

Les traités d'automates avaient déjà, à l'époque d'Héron, une longue tradition. C'était sans doute aussi l'un des domaines où l'on voulait le plus se démarquer de ses prédécesseurs. Il était impossible de faire œuvre d'imagination en matière d'arpentage, difficile en matière de machines de guerre : les automates constituaient au contraire, en ce sens, un domaine privilégié. Il s'agissait de montrer son habileté. « Sur les automates à ensemble fixe, écrivait Héron, nous voulons écrire quelque chose de plus nouveau, de meilleur eu égard au passé, et, en même temps, de plus instructif; et nous ne dirons rien sur ce sujet de ce qu'a écrit Philon de Byzance. »

Le traité est divisé en deux grandes parties : les « automates à siège fixe » et les « automates à siège mobile ». Les derniers, en effet, fonctionnaient sur une sorte de caisson roulant qui renfermait le mécanisme, moteur invisible, préposé non seulement au jeu des automates scéniques, mais à la manœuvre même du chariot. Dans les premiers, au contraire, le caisson demeurait immobile, servant de base à un véritable théâtre, où d'élégants pantins jouaient des pièces en plusieurs actes, avec entractes et changements de décors. Dans chaque système, le moteur était constitué par la descente d'un contrepoids. Nous avons donc là la description de théâtres d'automates, que les Grecs appréciaient tant.

Il y avait deux genres de représentations scéniques. Au théâtre mobile, en effet, le premier livre du traité d'Héron consacre l'apothéose de Bacchus, scène unique, où tous les personnages, rangés d'avance au pied du dieu, exécutent leurs rôles à ciel ouvert, sans changement de décors, au centre d'un public assis en cercle autour du groupe. Le second livre, au contraire, déroule en cinq actes, sur un théâtre fixe, avec entractes et changements de décors, une véritable tragédie intitulée la légende de Nauplius. De ces deux pièces, Héron détaille ensuite, avec une remarquable précision, les divers procédés d'exécution pratique. La prédilection de l'auteur pour le théâtre fixe dénote en ce système une supériorité technique, non seulement par la facilité et par la sûreté de son mécanisme, mais encore par les possibilités qu'il offre aux combinaisons scéniques.

L'apothéose de Bacchus reproduit deux séries d'évolutions automatiques, inverses l'une de l'autre. L'autel s'allume, un liquide jaillit du thyrse que porte le dieu et sa coupe répand du vin sur une panthère et, au bruit des cymbales et des tambours, les bacchantes dansent en rond autour de l'édicule. Il y avait une distance considérable à franchir pour passer de là aux jeux de scène continus à décors variables.

Le mécanisme du théâtre roulant est extrêmement simple. Il s'agit d'un chariot à 3 roues, allant sur des rails fixes, en forme d'ornières. Le mouvement est assuré par un contrepoids fixé au bout d'une cordelette enroulée sur l'axe des roues motrices. Pour régulariser le mouvement de chute, car on avait une parfaite conscience du mouvement accéléré de la chute des corps, le contrepoids est logé dans un tuyau, et repose sur un lit de grains de millet ou de sénevé, à la fois légers et glissants, qui s'échappent par un trou de dimensions appropriées, pouvant s'ouvrir et se fermer au moyen d'une vanne. Le poids est calculé d'après les résistances à vaincre dont l'une est la remontée d'un autre contrepoids, ou, pour mieux dire, l'enroulement de sa cordelette autour de l'autre axe qui provoque le mouvement inverse. La longueur des cordelettes devait également répondre aux besoins.

Le même système de contrepoids servait au théâtre fixe. Mais on devait y ajouter une multitude d'autres mécanismes pour le jeu des personnages. L'appareil n'étant plus roulant, le contrepoids pouvait être mieux aménagé. Les grains étaient remplacés par du sable sec, matière plus économique et plus durable que l'autre.

Les mécanismes alors mis en œuvre étaient de plusieurs sortes :
— leviers, contrepoids et roues à rochet faisant office de cames,
— liaison des différents mouvements avec le contrepoids général,
— maintien par une cheville des éléments mobiles jusqu'à ce que le contrepoids la fasse tomber.

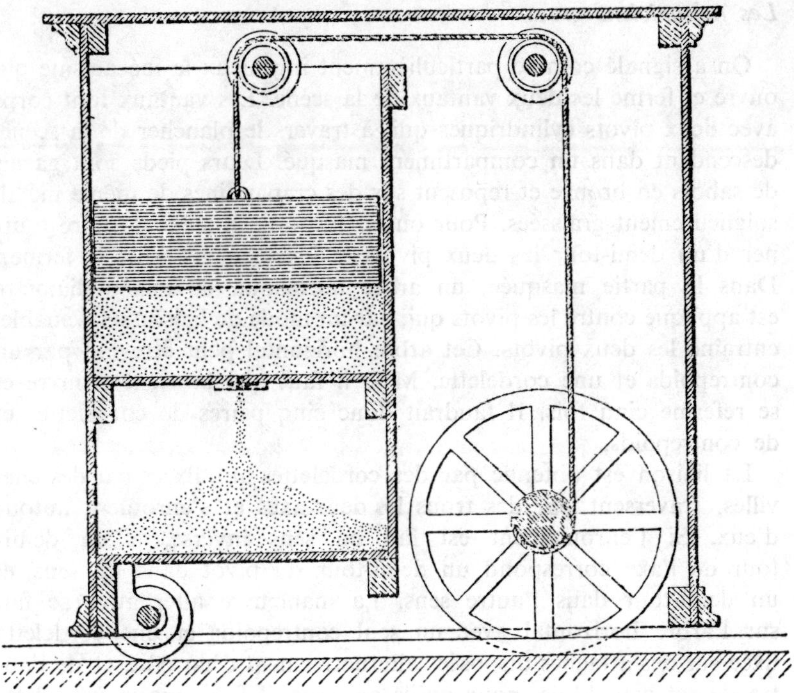

b

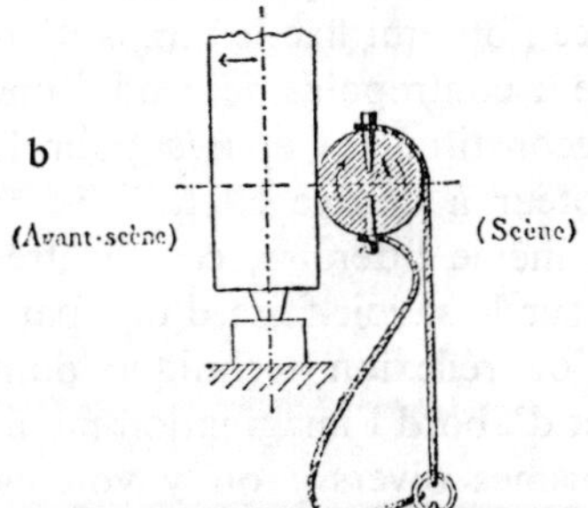

c

d

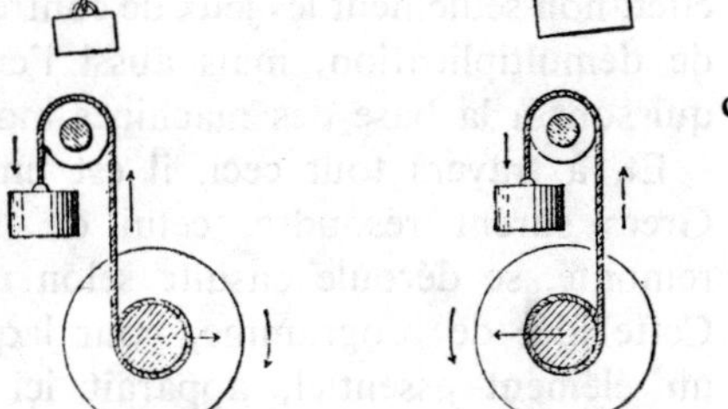

Les mécanismes des automates

a. contrepoids moteur du théâtre roulant ; coupe verticale parallèle aux roues du chariot. — b. demi-tours alternatifs d'un arbre à l'aide d'un seul contrepoids. — c. mécanisme des outils en mouvement dans le chantier naval. — d. roulement, aller et retour, à l'aide d'un seul contrepoids.

On a signalé comme particulièrement ingénieux le mécanisme qui ouvre et ferme les deux vantaux de la scène. Les vantaux font corps avec deux pivots cylindriques qui, à travers le plancher de la scène, descendent dans un compartiment masqué. Leurs pieds sont garnis de sabots en bronze et reposent sur des crapaudines de même métal, soigneusement graissées. Pour ouvrir la porte, il suffit de faire tourner d'un demi-tour les deux pivots et inversement pour la fermer. Dans la partie masquée, un arbre horizontal de même diamètre est appliqué contre les pivots qui, par un mode de liaison convenable, entraîne les deux pivots. Cet arbre horizontal peut être mû par un contrepoids et une cordelette. Mais il faut que la scène s'ouvre et se referme cinq fois. Il faudrait donc cinq paires de cordelettes et de contrepoids.

La liaison est obtenue par des cordelettes qui, fixées par des chevilles, traversent par des trous les deux axes et s'enroulent autour d'eux. Si l'enroulement est fait en sens inverse, à un demi-tour de l'axe correspond un demi-tour du pivot dans un sens et un demi-tour dans l'autre sens. La manœuvre alternative se fait sur l'arbre horizontal avec un seul contrepoids et une cordelette fixée sur des attaches disposées alternativement d'un côté et de l'autre de cet axe. Mais, pour qu'ils agissent, il faut que la cordelette se tende, et c'est la longueur ainsi laissée libre qui fixe le temps d'arrêt entre ouverture et fermeture, puisque le contrepoids descend d'une manière uniforme. V. Prou a ainsi reconstitué les épures pour le calcul de la longueur d'un cordon moteur à double effet.

En dehors de l'intérêt populaire, et même littéraire, ces théâtres d'automates nous apportent beaucoup sur le savoir-faire d'une part, mais aussi, d'autre part, sur l'effort de réflexion technique dont firent preuve nos mécaniciens. C'est tout d'abord l'imagination manifestée par les combinaisons de mécanismes divers : on y voit en effet, non seulement les jeux de contrepoids et de poulies, d'engrenages de démultiplication, mais aussi l'emploi de mécanismes nouveaux qui sont à la base des machines modernes, en particulier les cames.

Et, à travers tout ceci, il est un problème fondamental que les Grecs surent résoudre, celui de la programmation. Le système, remonté, se déroule ensuite selon un programme tracé à l'avance. Cette idée de programme, pour laquelle, précisément la came était un élément essentiel, apparaît ici comme un gain considérable.

Il est absolument faux de dire que les Grecs ne surent pas tirer parti de tout cet effort dans la vie technique courante. Nous y reviendrons. Mais précisons tout de suite ici qu'on ne voit pas très bien à quoi auraient pu être appliqués tous ces mécanismes. L'utilisation rationnelle de toutes les chaînes cinématiques connues, mais souvent adaptées à un effet particulier, de tous les principes énoncés dans les *Pneumatiques*, a permis une construction d'ensemble qui mérite l'admiration. L'adoption de la came, qui est un levier à effets successifs, définis dans le temps, prouve, s'il en était besoin, que les mécaniciens de l'école d'Alexandrie se trouvaient déjà en possession d'une imagination technique développée. Entre ces automates et les machines automatiques, il y a exactement la même distance que connurent les œuvres de Vaucanson et de Jaquet Droz vis-à-vis des machines-transferts.

Arrêtons-nous là : ou plutôt, cette histoire des mécaniciens grecs s'arrête à Héron d'Alexandrie. Le *corpus* est maintenant constitué : il a atteint ses limites, il est saturé. L'œuvre d'Héron couronne en quelque sorte les efforts qui prirent racine peut-être chez Archytas plus de quatre siècles plus tôt.

7. Un héritage figé

Nous sommes au début de notre ère. Rome a achevé la conquête du bassin de la Méditerranée, et débordé largement vers le nord. L'Empire est créé, organisé. Le Romain est peu imaginatif en matière de technique, mais il est bon élève : il adopte facilement ce qu'il trouve dans les territoires conquis et, une fois le système établi, il légifère et administre en fonction des techniques existantes. Il ne peut donc que les figer, pour la bonne marche des choses : l'ordre le préoccupe plus que l'innovation, toujours plus ou moins source de perturbation.

D'un autre côté, les techniques mises au point par le monde hellénistique sont saturées : aucun progrès notable n'est à attendre. Ni la science ni, provisoirement, les ressources en matières premières n'incitent à des progrès spectaculaires. L'horizon est parfaitement barré. Ce barrage, rien ne permet de supposer qu'il puisse être surmonté.

On perçoit fort bien cet arrêt du progrès, dès l'époque alexandrine, chez des auteurs qui ne firent point partie de l'École. On n'en a pas de meilleur exemple que Biton [1]. De cet auteur, nous ne savons à peu près rien, sinon qu'il a dédié l'un de ses traités à un roi de Pergame. Grâce à cette indication, les historiens les plus récents ont pu le situer vers le milieu du IIIe siècle avant J.-C. Il serait donc

1. L'ouvrage de Biton a été publié par Thévenot en 1693, par Wescher en 1867, par Marsden avec traduction anglaise en 1971. Il existe une traduction française inédite par Vincent, à la bibliothèque de l'Institut. Cf. A.G. Drachmann « Biton and the development of the Catapult ». *Mélanges W. Hartner*, Wiesbaden, 1977, p. 119-131.

à peu près contemporain de Philon de Byzance. De lui nous possédons un traité de machines de guerre. Cet ouvrage marque, par rapport aux auteurs de l'école d'Alexandrie, un esprit singulièrement plus primitif. Une bonne partie de son œuvre concerne une artillerie qui n'est pas névrobalistique, ce qui a probablement incité plusieurs commentateurs à reculer sensiblement, et très sensiblement l'époque de sa vie. Quand il parle des machines qui paraissent nouvelles de son temps, il ne se sert d'aucune de ces formules générales, mathématisées, que nous ont livrées Philon ou Héron. Biton donne bien les dimensions de ses machines, mais elles lui viennent d'ingénieurs qui ont réussi. Il se borne à donner la description des réussites d'ingénieurs qui sont ses contemporains ou presque. C'est bien là la machine « exceptionnelle » dont parlait Vernant, après Philon, et que l'on n'était jamais sûr de pouvoir reproduire. Il semble bien que Biton ne soit pas encore sorti de l'expérience commune, et d'un pragmatisme élémentaire.

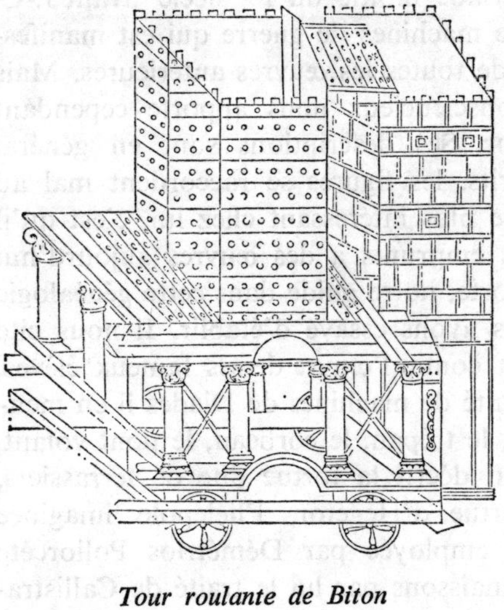

Tour roulante de Biton

Abordant dans son traité le problème de la hauteur des remparts des places que l'on voulait enlever, Biton nous informe que « cette question a été traitée par lui dans des livres d'optique ». Il y avait expliqué la construction d'une espèce de dioptre. « La dioptre, ajoutait-il, est avantageusement employée à faire jaillir les eaux du sein de la Terre, à construire des remparts, des portes, des édifices de toutes sortes. » Elle servait aussi bien à l'observation du ciel qu'à la géographie des îles et des mers. Ainsi, Biton avait également écrit sur la dioptre, comme les maîtres de l'école d'Alexandrie. Nous nous trouvons en face d'un mouvement général, ayant partout les mêmes structures.

Athénée, par contre, est sensiblement postérieur [1]. Il vivait probablement au Iᵉʳ siècle avant J.-C. A la vérité, tout comme pour Héron, le nom d'Athénée est fort répandu dans le monde hellénistique. L'empereur Gallien (260-268) utilisa, selon Trebellius Pollio, un Athénée pour remettre en état les fortifications de l'Empire et en construire d'autres. Le Marcellus auquel est dédiée l'œuvre serait vraisemblablement Marcus Claudius Marcellus, lieutenant de Pompée, consul de 51 avant notre ère, et certainement pas le Marcellus de Syracuse. Athénée cite Agésistratos et Vitruve ne le cite pas. Tout ceci confirmerait bien une seconde moitié du Iᵉʳ siècle avant J.-C.

Il nous a donné un traité de machines de guerre qui est manifestement une large compilation de toutes les œuvres antérieures. Mais ce compilateur honnête et consciencieux nous apporte cependant beaucoup d'éléments de valeur. Ses descriptions sont en général obscures et, dans les manuscrits, les figures se raccordent mal au texte. Ce qu'il y a peut-être de plus intéressant chez lui, c'est qu'il mentionne très exactement ses emprunts à des œuvres aujourd'hui disparues : il est, en quelque sorte, notre guide dans cette généalogie des techniciens grecs que nous avons essayé d'établir. Il nous cite Polyeidos, et il a certainement connu l'œuvre de ses fameux élèves, Diadès et Charias. Citant le traité de machines de Diadès il en mentionne les tours transportables, le trépan, le corbeau, le pont volant, les béliers montés sur roues. Il décrit la tortue dite de terrassiers, de Philon de Byzance, la tortue d'Hégétor, l'hélépole imaginée par Épimachos l'Athénien et employée par Démétrios Poliorcète au siège de Rhodes. Nous connaissons par lui le traité de Callistratos sur les machines, et même quelques-unes des machines que Ctésibios aurait mises au point, les mines expliquées par Pyrrhus dans son traité de poliorcétique. En bref, c'est une vaste compilation, érudite, de tout ce qui avait été écrit sur les machines de guerre. Il a connu tous les mécaniciens d'Alexandrie, et même ceux qui les avaient précédés, pour écrire son traité.

Il nous donne même sa filiation intellectuelle, ce qui est intéressant à plus d'un chef. Athénée se dit en effet élève de l'ingénieur

1. Le traité d'Athénée a été publié par Wescher en 1867, traduit par Rochas dans les *Mélanges Graux*, Paris, 1884, p. 781-801. Il a été édité et traduit en allemand par R. Schneider en 1908, édité et traduit en anglais par Marsden en 1971.

Agésistratos, lui-même disciple d'Apollonios. Si Agésistratos n'a pas, à ce qu'il semble, écrit de traité sur les machines de guerre, il aurait inventé une catapulte de 66 cm de module, qui lançait des traits à près de 1 000 m. Sa catapulte de 200 cm envoyait le trait à 1 300 m.

Nous sommes bien toujours dans la même lignée. On cherche moins à inventer qu'à rapporter les textes et les réussites des meilleurs mécaniciens. L'œuvre de technologie, commencée à Alexandrie, tend à devenir le catalogue d'un arsenal perfectionné. Plus intéressantes sont les phrases qu'Athénée attribue à son maître. « Il est évident qu'il faut être expérimenté dans l'art de tracer les épures pour être capable, si l'on est chargé de la défense d'une place, de s'opposer aux machines de l'attaque, et, dans le cas contraire, de construire contre la défense les engins nécessaires à l'attaque. Il n'est certes point facile au premier venu de s'en tirer, mais seulement à celui qui a étudié cet art avec soin, qui a passé par toutes les études qui s'y rattachent, et qui s'est rendu compte, sans se contenter de l'à-peu-près, des écrits des maîtres en la matière et des faits nouveaux qui ont pu se présenter relativement à cette science. Il faut en effet nous servir des bonnes inventions et ne pas vouloir innover en toute chose, à moins d'être de ceux qui cherchent à tromper les ignorants, préférant l'apparence à la vérité elle-même. »

Ce texte est instructif. Il existe bien désormais une tradition dans la science des engins, principalement des engins de guerre, et cette tradition est représentée par les ouvrages des grands maîtres, ceux que nous possédons encore, comme ceux qui ont disparu. Cette technique, on dirait presque cette science, est érigée en système. Pour pratiquer ces techniques, il faut de bonnes connaissances théoriques, en particulier géométriques, disons plus largement mathématiques. Mais surtout, il faut une bonne pratique, une pratique étendue des auteurs qui en ont traité et aussi ce que nous appellerions un bon service de documentation sur tout ce qui s'était fait et se faisait en ce domaine. Le constructeur d'engins n'est plus un artisan, un empirique.

Et l'on pouvait se fier, pour commencer, à Agésistratos, élève d'Apollonios, qui avait suivi à la lettre ces préceptes. Il avait en effet été « tellement supérieur, dans la construction des machines de trait, à tous ceux qui l'avaient précédé, qu'on a de la peine à croire ce qui est raconté de lui ». Sa catapulte était bien restée dans toutes les mémoires.

C'est aussi bien là qu'on mesure les limites de la pensée technique. De ce jour, et c'est bien ce que traduit le texte d'Athénée, tout est figé et les inventions et les innovations rejetées : il suffit de suivre la tradition. On n'en est même plus au stade de réflexion atteint par les grands représentants de la tradition alexandrine, il n'est plus question de formules, plus question de recherche.

Aussi étonnant que cela puisse paraître, Vitruve est l'un des derniers grands mécaniciens grecs [1]. Il est d'ailleurs très proche d'Athénée dans son livre X, et, par là, nous sommes bien encore dans le chemin de la tradition alexandrine.

On a beaucoup discuté sur l'auteur, et d'autant plus que la dédicace de l'ouvrage prête à confusion. Non seulement le personnage donc, mais l'époque à laquelle il vivait ont été très controversés. Par des recoupements, qui n'ont peut-être pas une valeur absolue — en particulier l'éruption du Vésuve, de 79 après J.-C., qu'il n'aurait pas connue, ce qui est une preuve négative —, on le situe généralement autour du milieu du premier siècle de notre ère. Il aurait accompagné Vespasien dans une partie de ses campagnes, en particulier en Afrique. Il fut sans doute praticien, mais d'Athénée il tient une profonde érudition et sa bibliothèque devait être remplie de tous les traités que nous avons passés en revue.

Le *De architectura* se compose de trois parties fort inégales : la « construction », soit les huit premiers livres, la « gnomonique », soit le livre IX, et la « mécanique », soit le livre X. Si l'on pénètre plus avant dans le plan de l'ouvrage, on voit que sont passées en revue les matières suivantes :

1. Vitruve a été traduit en français par Cl. Perrault en 1673 (cette traduction a été récemment reproduite). Le traité est édité et traduit par A. Choisy, *Vitruve*, Paris, 1909, 4 vol. Il a été édité et traduit en anglais à Harvard et à Londres en 1955. Une édition française a été commencée dans la collection G. Budé : ont paru les livres VIII par L. Caillerat (1973), et IX par J. Soubiran (1969). Nous nous sommes servi largement de la très intéressante introduction de Choisy. Sur Vitruve, on consultera M. Thiel, *Quae rationae intercedat inter Vitruvium et Atheneum mechanicum*, Leipzig, 1895; V. Mortet, *Recherches critiques du Vitruve*, Paris, 1902-1908, 6 fascicules; F. Granger, *Vitruvius, on architecture*, New York, 1934; Pellati, *Vitruvio*, Rome, 1938; P. Grimal, « Vitruve et la technique des aqueducs », *Revue de philologie*, XIX, 1943, p. 162-174; P. Tannery, « La science de Vitruve et de Frontin », *Revue de philologie*.

1. architecture générale,
2. matériaux,
3. édifices religieux,
4. les ordres d'architecture,
5. bâtiments profanes,
6. constructions privées,
7. enduits et couleurs,
8. hydraulique,
9. gnomonique,
10. machines civiles et militaires.

L'œuvre de Vitruve n'apporte guère de précisions sur l'auteur. Il dit avoir été le constructeur d'une basilique. Il fut également préposé à l'entretien et à la réparation des machines de guerre. Architecte et ingénieur, c'est d'autant plus plausible qu'il serait dans la droite lignée d'un certain nombre de ses prédécesseurs grecs, comme il sera l'ancêtre des Italiens de la Renaissance. Le contenu de l'ouvrage est déconcertant. Le titre, qui n'est peut-être pas, sans doute pas de l'auteur, laisserait à penser qu'il s'agit d'un traité d'ensemble de la profession d'architecte. C'est tout au moins ce que nous attendrions, nous modernes, d'un tel ouvrage. Il n'en est rien : il y a des lacunes manifestes, il y a des digressions hors du propos. La préface même induit en quelque sorte en erreur : son but était non seulement d'être utile aux architectes, aux professionnels, mais à tous ceux que l'architecture intéressait à des degrés divers. D'un côté il écrit effectivement sur l'architecture et l'urbanisme, mais ne dit presque rien des voûtes, de certains bâtiments qui firent la gloire des villes romaines de cette époque, rien des ports, rien des fortifications. Le livre relatif à l'hydraulique est très sommaire : il s'intéresse à des problèmes essentiels, certes, le nivellement, les bassins, les tuyaux, mais est très rapide sur les aqueducs. Et cependant, selon Frontin, un architecte devait être attaché à la personne du *curator aquarum*. Écrire sur les machines de guerre sans parler de fortifications, consacrer un livre entier à la gnomonique et aux clepsydres, nous plongent dans l'embarras.

V. Mortet pensait qu'en fait le traité de Vitruve était destiné à donner des connaissances techniques aux fonctionnaires de la curatelle des travaux publics, ce qui expliquerait des lacunes surpre-

Treuil et roue d'écureuil d'après le Vitruve du Vatican

nantes. L'explication n'est pas convaincante. Ni les machines de guerre ni les clepsydres n'appartenaient à cette curatelle, et l'hydraulique, dont il est question, appartenait à une autre curatelle. Les arcs de triomphe, les amphithéâtres, les cirques sont totalement absents.

Allons plus loin. Certainement praticien, Vitruve fut également érudit : sa « bibliographie » est bien faite, tout l'essentiel y est, et principalement l'héritage de l'école d'Alexandrie. Il y a sans doute ceux qui étaient déjà perdus, il y a sans doute ceux que nous ne possédons plus : le même problème, et très exactement le même problème existe chez les agronomes latins, dont certains sont de la même époque. Sa langue, au reste, traduit bien des influences grecques. Les six premiers livres sont d'architecture. Il nous est difficile d'en parler : les Grecs ont certainement écrit sur l'architecture, dont rien ne nous est resté. Tout ce qui a trait aux proportions, comme tout ce qui nous est dit sur les appareils de levage, manifestement issus d'un fonds grec ou hellénistique, pourrait laisser supposer que le reste était de la même provenance. Puis, les derniers chapitres sont purement alexandrins, souvent textuellement démarqués.

Vitruve fut compilateur et vulgarisateur. Il a écrit à la demande de son public. Bien équipé, l'Empire romain naissant n'avait plus besoin de créer de ports, ils étaient faits. Largement protégé de l'extérieur, il n'avait plus besoin de fortifier ses villes. Il lui restait la nécessité de connaître l'heure et l'amusement des machines de guerre, en dehors de l'ordonnancement de ses édifices.

Vitruve avait une bonne bibliothèque à sa disposition, et cela dans un grand nombre de matières : des architectes naturellement et des artistes aux savants, aux mécaniciens, et jusqu'aux médecins. Peut-être n'avaient-ils pas tous écrit : les traditions orales devaient encore compter pour beaucoup. Parmi les mécaniciens, on peut distinguer ceux qui sont présentés plutôt comme théoriciens : Archytas, Archimède, Aristarque, Apollonios, Philolaüs, Ératosthène, tous personnages que nous avons déjà rencontrés. La mécanique appliquée est également largement représentée : Archytas, Diadès et Charias, Philon d'Athènes, Nymphodorus, Pyrrhos, Ctésibios, Philon de Byzance, Diphilos, Démoclès, Polyeidos, Agésistratos.

La partie architecture est d'autant plus intéressante que c'est le premier traité en ce domaine que nous possédions. Que Vitruve se soit inspiré de prédécesseurs dont les œuvres ne sont pas arrivées jusqu'à nous ne fait aucun doute. Mais il paraît, en plusieurs cas, distinguer les procédés grecs de ceux qui étaient en usage à Rome.

Sur les différents matériaux utilisés, il fournit surtout des recettes très simples : mélanger de la paille à l'argile pour les briques, tirer des carrières les pierres tendres pendant l'été, respecter certaines proportions dans les mortiers, couper les arbres à l'automne, etc. On retrouve chez Pline l'Ancien un certain nombre de ces prescriptions. Sur les procédés de construction, Vitruve n'est guère plus précis : il donne, ici encore, des conseils pour élever les murs, avec des dimensions qui semblent avoir été standardisées. Des voûtes, il ne pratique que la voûte sphérique et le berceau. Quant aux charpentes des toits, elles sont encore d'un type très archaïque : les pentes étaient peu prononcées pour éviter le glissement des tuiles qui étaient simplement posées et non fixées.

Passons sur la gnomonique et sur les horloges où rien de ce qu'écrit Vitruve ne semble original. Le dernier livre est consacré à la mécanique. Tout d'abord la mécanique de chantier dont avait déjà traité Chersiphron : leviers, civières à bras, chèvres et grues, treuils et cabestans, roues d'écureuil sont passés en revue avec des indications précises grâce auxquelles on a pu restituer par le dessin la plupart de ces machines. Il y a quelque chose de nouveau dans les machines hydrauliques. Après avoir parlé des diverses machines d'épuisement, le tympan, la roue à augets, la chaîne à godets, la vis d'Archimède, Vitruve nous décrit en effet les roues à aubes et les moulins à grain. C'est la première fois qu'est mentionnée une invention qui devait être encore récente à cette époque. Chez Vitruve, la roue à aubes est verticale et un système d'engrenages transmet le mouvement à la meule qui est horizontale. Ce type de moulin restera classique jusqu'à nos jours. Notons que la roue est placée au fil de l'eau : Vitruve ne connaît ni les barrages ni les chutes.

Nous ne dirons rien des machines de guerre. Tout ce qu'en expose Vitruve est emprunté à ses prédécesseurs. On ne discerne absolument aucune nouveauté en tout ceci. Nous verrons qu'en matière de navires, Vitruve nous apporte quelque chose dont on ne peut dire s'il l'a pris ailleurs, ce qui est vraisemblable, ou s'il l'a imaginé lui-même.

La science de Vitruve n'est guère plus avancée que celle des mécaniciens grecs. Il affirme, comme eux, la nécessité de la science pour les architectes ou pour les mécaniciens. Il n'a que très rarement des développements purement scientifiques, dont plusieurs sont sujets à caution. Entendons-le expliquer le siphon à propos des canalisations d'adduction d'eau. « Si les vallées ont une certaine continuité, on redressera le cours des tuyaux jusqu'à ce qu'ils soient arrivés au fond de ces vallées, dont ils conserveront la pente continue le plus longtemps possible, sans élever les substructions de maçonnerie. C'est cette partie qu'on appelle *ventre*, en grec κοιλία ; puis, lorsque les tuyaux seront parvenus au versant opposé, l'eau resserrée par la longueur du *ventre* finira par gonfler et s'élever jusqu'au sommet qu'elles doivent suivre. » Ce serait admettre, en fin de compte, la compressibilité de l'eau.

Il y a des éléments plus intéressants dans l'œuvre de Vitruve. C'est tout d'abord l'utilisation de certaines formules mathématiques. Elles sont à la vérité peu nombreuses. Vitruve s'est trouvé confronté, comme ses prédécesseurs, même les plus lointains, au problème de la résistance des matériaux, et principalement au problème de la flexibilité des poutres dans certaines positions. Il en tire des formules qui ne sont pas plus exactes que celles des autres.

Par contre, on découvre chez Vitruve, qui n'en est sans doute pas l'auteur, une extension assez remarquable de la pratique du module. En ce qui concerne les machines de jet, c'est exactement la formule des mécaniciens d'Alexandrie adaptée aux mesures romaines. Les temples sont également construits à partir d'un module. Dans les ordres ionique et dorique, le module se mesure à la naissance du fût de la colonne. Par la suite deux correspondances sont établies : celles qui doivent exister entre deux éléments, celles qui doivent exister entre les éléments et le module. Dans la construction de la vis d'Archimède, on doit également respecter des proportions qui sont énoncées sur la base d'un module qui, ici, est la longueur de la vis. Le diamètre représente 1/16e du module, le pas de l'hélice 1/8e. Le diamètre du cylindre-enveloppe est égal au pas de l'hélice. L'inclinaison doit être de 3 de hauteur pour 4 de base, ce qui représente le triangle pythagoricien. Il n'est pas jusqu'au navire pour lequel Vitruve nous donne une indication de l'application du procédé du module : c'est ici l'intervalle des chevilles sur lesquelles les rames prennent leur appui. Nous sommes en plein dans l'esprit de l'école d'Alexandrie que Vitruve recueille de façon parfaite.

Nous voyons enfin Vitruve se servir de tables. Choisy a bien mis en évidence les calculs et les tracés qu'implique la théorie vitruvienne des ordres en architecture. Ceci joue dans les courbures des stylobates et des entablements et dans le galbe des colonnes : malheureusement les diagrammes sont perdus. Ces tables pouvaient donner matière à des courbes, une parabole dans le premier cas, deux arcs de paraboles ayant un sommet commun dans le second. Il existe aussi des tables de corrections perspectives qui nous fournissent des fractions relatives à l'amincissement des colonnes et à la hauteur des architraves. Les diagrammes étaient ensuite convertis en formules, équations du premier degré. Pour la hauteur de l'architrave, on a A étant la hauteur de l'architrave et H celle de la colonne :

$$A = 0.065 + \frac{2}{3000} H$$

Et pour l'amincissement des colonnes, pour une colonne de hauteur H, le rapport des diamètres d et D, on a l'équation suivante :

$$\frac{d}{D} = \frac{8}{9} - \frac{3}{4}\left(\frac{1}{H}\right)$$

Ces formules algébriques sont assurément des interprétations : ni les Grecs ni les Romains ne pratiquaient l'algèbre. En ce qui concerne l'amincissement des colonnes, on pouvait dire : pour une colonne de hauteur connue, le rapport de l'architrave à la colonne comporte telle valeur; puis, à mesure que la colonne grandit ce rapport reçoit des accroissements proportionnels, à raison de 2/3 000 de pied pour un pied. On retombait ainsi sur une arithmétique élémentaire.

Au total, l'ouvrage de Vitruve est intéressant à plus d'un titre. Dans la mesure où, en certains cas, il ne cite pas ses sources, on est en droit de se poser la question suivante. Toute cette partie de formulation mathématique est bien dans la tradition alexandrine et n'est-elle pas empruntée à des auteurs que nous ne connaissons pas (et Vitruve en cite) ?

Nous laisserons de côté Pline l'Ancien [1] qui n'a pas écrit de traité technique, même si son *Histoire naturelle* fournit à l'histoire des techniques une masse considérable et importante de faits. C'est en effet une immense collection de faits réunis au cours de ses missions officielles en Germanie, au Levant, en Afrique, en Espagne, au cours aussi d'abondantes lectures : 20 000 faits dit-il lui-même, dignes d'intérêt, tirés de la lecture de plus de 2 000 volumes « dont un très petit nombre est pratiqué par les savants, vu l'obscurité de la matière, et provenant de cent auteurs de choix ». Au reste, nous n'avons pas d'étude d'ensemble de l'œuvre et les historiens des techniques seraient bien venus de mettre en fiches tous les renseignements que l'on peut trouver dans cette encyclopédie de la nature.

Les Romains nous ont laissé deux types de collections de traités techniques en nombre imposant. Les premiers sont les agrimenseurs, dont la technique dépassait certes le seul arpentage [2]. Frontinus et

1. Pline l'Ancien, *Histoire naturelle*, Leipzig, éd. Teubner, 1887-1906, 5 vol. l'édition française est en cours depuis 1947 dans la collection G. Budé.

2. On consultera l'édition Lachmann, publiée en Allemagne, et les ouvrages suivants : M. Cantor, *Die römischen Agrimensoren und ihre Stellung in die Geschichte der Feldmenkunst*, Leipzig, 1913; V. Mortet, « Un nouveau texte des traités d'arpentage et de géométrie d'Epaphroditus et de Vitruvius Rufus », *Notices et*

Hyginus, dans la seconde moitié du Ier siècle, Balbus et Marcus Junius Nipsus au IIe siècle, puis Épaphroditus et Vitruvius Rufus, sans compter quantité de textes anonymes que l'on trouve un peu dans toutes les bibliothèques. Tous ces auteurs ont certainement eu des prédécesseurs, probablement depuis une assez haute antiquité. Ils font preuve de bonnes connaissances géométriques, en particulier Frontin, et tous tiennent à en donner des preuves manifestes. Au-delà des mesures cadastrales que les Romains ont pratiquées sur une large échelle, au plan de l'Empire, certains auteurs nous livrent des traités de « métré » : problème de la mesure des voûtes, de la mesure des colonnes, en un mot tout ce qui pouvait contribuer au calcul du coût d'une construction. L'instrument qu'ils utilisaient était certainement un dérivé de la dioptre et portait en latin le nom de *groma* ou *gruma*, terme venant directement du grec. A propos du nivellement, Vitruve nous parle également du chorobate, sorte de niveau de maçon dont les appuis sont espacés de vingt pieds. Le bâti est un châssis rectangulaire et le réglage se fait au moyen de deux fils à plomb suspendus aux extrémités. Comme moyen de contrôle, la traverse supérieure est creusée d'une rigole où l'on verse de l'eau, qui déborde s'il y a pente.

L'abondance de la littérature agronomique latine n'est pas pour nous étonner[1]. Nous possédons désormais une bonne étude à ce sujet. Ici encore nous retrouvons des influences anciennes. Columelle nous apprend que Carthage avait compté de nombreux auteurs agronomiques, dont le plus célèbre, le plus utilisé à Rome où il avait été traduit en latin, était Magon. Nous devons également à Columelle la liste d'une quarantaine d'auteurs grecs, d'une cinquantaine chez Varron, dont certains nous sont connus, dont d'autres ne sont jamais parvenus jusqu'à nous. Les filiations sont notées, les auteurs anciens parfaitement cités. Profitant d'expériences faites dans des climats et sur des sols différents, les agronomes latins ont en quelque sorte condensé tout le savoir agronomique de l'Antiquité.

Faute d'un savoir scientifique étendu, que ce soit à propos des sols, des plantes ou des animaux, la littérature technique agronomique ne pouvait être qu'un catalogue de recettes ou de prescriptions. Elle diffère profondément, par là même, de tous les traités techniques

Extraits..., XXXV, Paris, 1896, 2e partie; O.A.W.Dilre, *The Roman Landsurveyors. An introduction to the Agrimensores*, Londres, 1971.

1. R. Martin, *Recherches sur les agronomes latins...*, *op. cit.*

que nous avons passés en revue. Ce ne sont ni les mêmes méthodes ni le même esprit.

Au reste, nos agronomes portent autant d'attention à l'administration des domaines qu'aux techniques agricoles où les progrès furent souvent lents et imperceptibles. Déjà chez Vitruve, chez les agronomes aussi, apparaît parfaitement le domaine où les Romains ont triomphé, celui de l'organisation et une bonne partie de cette littérature, que nous appelons technique, est en fait une littérature d'organisateurs, voire par certains côtés une littérature politique.

On en peut cependant tirer quelques enseignements pour les secteurs qui nous intéressent. En fait c'est Pline qui nous renseigne sur l'évolution des outils aratoires, en particulier sur l'adoption, dans le nord de l'Italie d'une charrue à avant-train à roues et l'apparition du coutre, probablement indépendant de la charrue elle-même. C'est lui encore qui nous cite la moissonneuse gauloise dont une représentation figure sur un bas-relief découvert à Arlon, en Belgique. L'apport le plus intéressant — s'il s'agit vraiment d'un appareil que n'auraient pas utilisé, sinon connu les Grecs de l'époque hellénistique — est constitué par les presses à vis, tout aussi bien pour le pressage du raisin que pour celui des draps, comme le montre une peinture de Pompéi.

Frontin est un bon exemple de ces personnages cultivés de la classe sénatoriale [1]. Appelés par leur carrière à des postes militaires comme à l'administration civile, leur éducation fut certainement poussée dans plusieurs directions. Sextus Julius Frontinus, dont l'origine et la famille nous sont peu connues, naquit vers 35 après J.-C. Il était donc un peu plus jeune que Vitruve. Préteur urbain en 70, il obtint ensuite un commandement militaire. Consul en 73, proconsul d'Asie en 83, il parcourt ainsi une fort belle carrière. En 97, on lui donne l'administration du service des eaux de Rome. En 98 et en 100, il est encore consul, avec Trajan, puis augure. Il mourut en 103 ou en 104.

Nous possédons de lui trois œuvres qui couvrent bien la formation de ces militaires ou administrateurs romains. Les *Stratagèmes* sont

1. Nous nous sommes servi de l'édition et de la traduction française de la collection G. Budé, de P. Grimal, Paris, 1961. On consultera en outre : E.B. Van Deman, *The Building of the Roman Aqueducts*, Washington, 1934; G. Lugli, *Monumenti antichi di Roma e suburbio*, t. II, *Le Grande Opere publiche*, Rome, 1934.

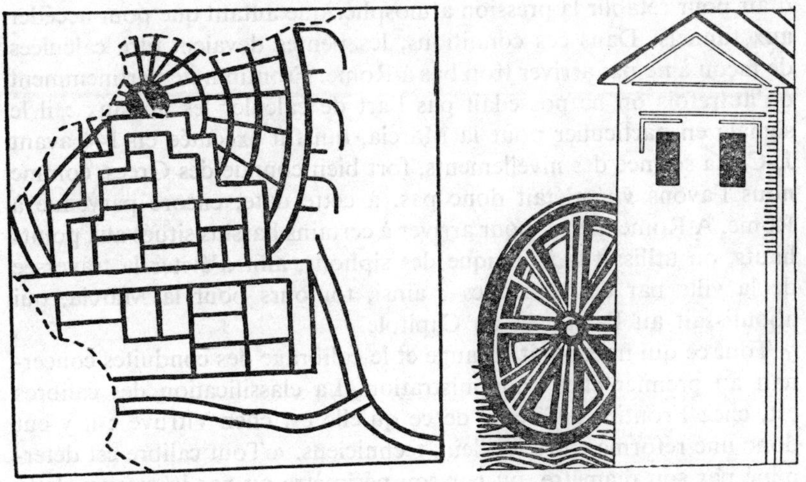

mosaïque d'Apamée, IIᵉ siècle — mosaïque du grand palais de Byzance, Vᵉ siècle

Les plus anciennes représentations des moulins à eau

plus un ouvrage d'administration militaire et de conduite des opérations qu'un traité technique proprement dit. Il succédait en cela à une tradition ancienne sur laquelle nous reviendrons. Nous avons cité le traité de géométrie cadastrale de Frontin, qui fait partie d'un ensemble conséquent d'œuvres. Il y eut peut-être aussi un *De scientia militari*, perdu aujourd'hui.

Le traité des aqueducs de Rome est beaucoup plus, également, un traité d'administration qu'un traité technique. Il abonde cependant en notations techniques qui permettent de reconstituer certains problèmes essentiels de l'adduction des eaux, notations précises pour la plupart, provenant des archives mêmes du service et d'un personnel plus proprement technicien.

Frontin traite peu de la question de la captation ou de la nature des eaux. Tout au plus savons-nous que sur certains aqueducs il existait des bassins de décantation. Sur la question des tracés, Frontin est plus concis, malgré ses talents d'arpenteur. Aucune adduction n'est faite sous pression : l'eau coule toujours à l'air libre et quand, d'aventure, on était obligé de passer en souterrain, il y avait des prises d'air pour rétablir la pression atmosphérique autant que pour accéder aux tunnels. Dans ces conditions, les pentes devaient être calculées de façon à ne pas arriver trop bas à Rome. Frontin note pertinemment qu'autrefois on ne possédait pas l'art de calculer les niveaux : il le signale en particulier pour la Marcia, qui fut exécutée en 144 avant J.-C. La science des nivellements, fort bien connue des Grecs, comme nous l'avons vu, n'était donc pas, à cette date, encore parvenue à Rome. A Rome même, pour arriver à certains bassins situés aux points hauts, on utilisait la technique des siphons, afin d'éviter la traversée de la ville par des aqueducs : ainsi, toujours pour la Marcia, qui aboutissait au Palatin et au Capitole.

Tout ce qui intéressait la jauge et le calibrage des conduites concernait au premier chef l'administration. La classification des calibres est, chez Frontin, différente de ce qu'elle est chez Vitruve : il y eut donc une réforme entre les deux techniciens. « Tout calibre est déterminé par son diamètre, ou par son périmètre ou par la mesure de la section. » Le tableau, la table de Frontin est faite à partir de la *quinaria*, tuyau de 5, jusqu'au tuyau de 125.

Une fois réglé le problème des calibres, problème clef puisqu'il fallait définir la consommation, Frontin abordait la question du jaugeage qui servait en particulier à détecter les fraudes. « Lorsqu'on trouve un débit inférieur dans un tuyau de distribution et un débit supérieur dans un tuyau d'arrivée, il est évident qu'il n'y a pas erreur, mais fraude. » Et il en arrive à quelques principes généraux. « Si un aqueduc court avec un point d'origine élevé, on a un débit supérieur au calibre. Si l'origine est basse et le parcours long, le débit sera inférieur au débit théorique. » On voit ici la méthode employée par Frontin, ou par ses services pour des mesures que l'on ne savait pas encore très bien exécuter. Les mesures faites à la source étaient très imparfaites, comme celles qui furent effectuées dans l'été 97. Le débit d'un tuyau immergé est donné par la formule suivante :

$$Q = A \sqrt{2gc}$$

dans laquelle :

A est la section du flux,

c est la charge,

g est le coefficient expérimental variable.

En fait, ce dernier est peu important, moins de 10 % environ. Quant à c, difficilement mesurable à l'époque, on le considère comme constant. Autrement dit, Frontin travaille comme travaillaient les mécaniciens grecs, par une série de réductions, d'éliminations des variables difficilement quantifiables. Arriver à la constatation que le débit est proportionnel à la seule section des conduites est absolument faux : les hydrauliciens de l'époque ne pouvaient aller au-delà. Il n'est pas impossible qu'ils aient dressé des tables pour contourner les obstacles qu'ils ne pouvaient pas ne pas percevoir, ne serait-ce que la vitesse de l'écoulement de l'eau. Nous sommes bien toujours dans la même école, nous sommes bien toujours devant les mêmes obstacles, plus ou moins difficilement surmontables.

S'il est bien un auteur qui conserva son prestige jusqu'à la fin du Moyen Age, ce fut bien Végèce [1]. Il vivait entre 383 et 450 de notre ère. Son ouvrage *Epitoma rei militari sive institutionorum rei militaris*, en cinq livres, nous a été conservé par de multiples manuscrits. Avec Végèce nous passons des ingénieurs et des mécaniciens à l'intendance, ou pour mieux dire à ce que nous appellerions aujourd'hui la logistique. C'est un administrateur qui écrit et s'il nous donne des descriptions, assez sommaires, de machines de guerre, de navires ou d'un système de transmissions, c'est uniquement pour signaler l'existence de pareilles techniques. Ce qui l'intéresse — mais n'est-ce pas là une technique que les Grecs n'avaient pas totalement négligée ? — c'est l'organisation de l'armée, son ravitaillement, ses déplacements, etc. Végèce n'est pas, au sens strict du terme, un technicien, c'est, une fois de plus, un organisateur.

Si les Latins n'ont pu faire réaliser des progrès à la technique que les Grecs d'Alexandrie avaient construite, il en fut de même, semble-t-il, pour les descendants grecs de nos mécaniciens grecs. En fait, nous ne voulons citer ici que quelques-uns des meilleurs.

Nous ne savons pas grand-chose, une fois de plus, d'Apollodore de Damas [2]. Il vivait sous Trajan (98-117) et se trouve donc sensiblement plus jeune que Vitruve, légèrement postérieur à Frontin. On

1. Nous ne possédons que des traductions anciennes.

2. L'œuvre d'Apollodore de Damas a été publiée par Thévenot en 1693, et par Wescher en 1867. Une traduction française en a été donnée par E. Lacoste, dans *Revue des Etudes grecques*, juillet-septembre 1890, p. 231-281.

cite de lui quelques réalisations qui firent époque : un pont sur le Danube, construit en 105, un forum, des aqueducs. Certains le présentèrent comme le plus grand architecte de l'Antiquité. Il fut mis à mort par Hadrien qui l'avait, dit-on, en très haute estime. Voici la vie de cet homme ainsi résumée par tout ce que nous savons de lui.

Il aurait écrit un traité d'optique, longtemps attribué à Ptolémée, comme beaucoup d'autres œuvres, et l'étude expérimentale de la réfraction qu'il y exposait aurait été d'une grande importance et aurait constitué l'une des grandes recherches expérimentales de l'Antiquité.

Le traité que nous possédons est un livre de poliorcétique. L'auteur y a mélangé également des passages étendus sur les machines de guerre. On peut reprendre ce traité d'Apollodore de Damas : il ne ferait que répéter tout ce que les traités précédents nous ont déjà apporté. Son seul intérêt, pourrait-on dire, est que les manuscrits que nous possédons de cet ouvrage, et qui lui sont très postérieurs, sont très abondamment illustrés. Il n'y a, en fait, aucune novation par rapport aux traités de l'école d'Alexandrie : le « lance-flammes » existait déjà chez Athénée. C'est une deuxième attestation de l'utilisation des feux grégeois, appelés au succès que l'on sait. Et ceci, au point que l'on est en droit de se demander s'il n'y a pas, sous des noms divers, répétition indéfinie du même contenu.

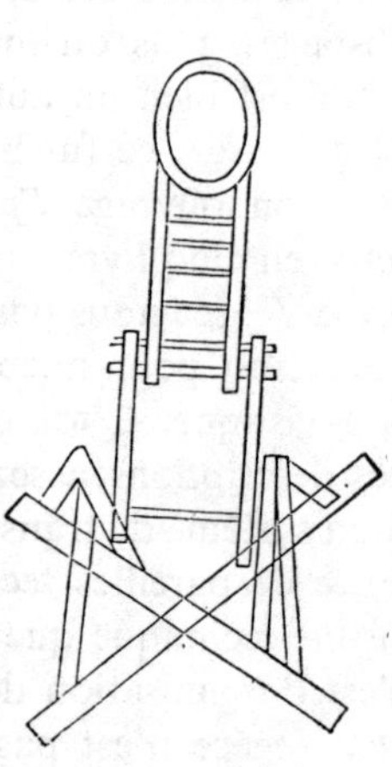

Observatoire avec bouclier de protection, d'Apollodore de Damas

Nous parlerons peu de Pappus (fin IIIe début IVe siècle). Tout le monde connaît sa *Collection mathématique* qui devait faire sa gloire [1]. Il y apparaît comme un des très grands mathématiciens de la basse Antiquité, qui n'en avait plus beaucoup. Au milieu de son discours scientifique, on voit également un auteur soucieux de « théoriser » certaines techniques. Il reprend les théories des machines simples que d'autres

1. La *Collection mathématique* a été publiée et traduite en français par Ver Eecke à Bruges en 1933 et rééditée à Paris en 1959.

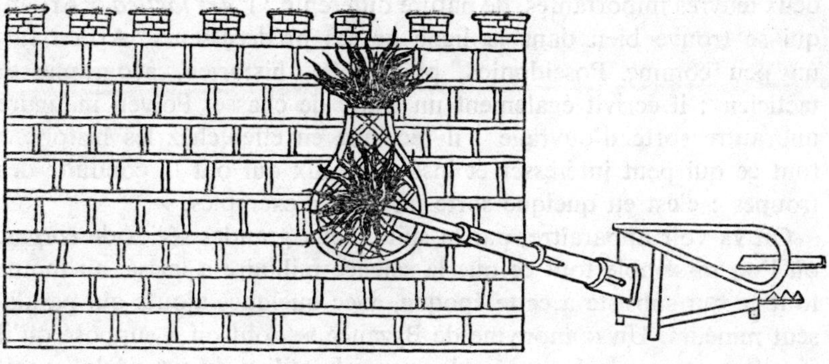

Incendie allumé dans un mur et attisé à distance par un soufflet muni d'une longue buse, par Apollodore de Damas

auteurs avaient cherché à ériger en système. Il commente également les engrenages et les démultiplications. Il a enfin tenté, lui aussi, une théorie de la vis. Tout cela est fait en tant que savant, non en tant que technicien. Mais, à part quelques variantes, qui ne trompent point, il ne fait que répéter ce que ses prédécesseurs ont écrit.

Frontin et Végèce se rattachent à toute une tradition que le monde grec va continuer pendant une dizaine de siècles. Cette tradition est celle des stratégistes, plus organisateurs qu'ingénieurs. Elle commence avec Asclépiodote, dans la première moitié du Iᵉʳ siècle avant notre ère. C'est le plus ancien des traités de tactique proprement dits, la plus ancienne théorie militaire. Asclépiodote était l'élève de Poseidonios, ce maître de Rhodes dont nous avons perdu la tactique, peut-être inspiratrice de son élève. On commence à assister au passage de la phalange et de l'ordre de bataille macédoniens à la légion romaine, beaucoup plus souple et manœuvrable. Au milieu du Iᵉʳ siècle de notre ère, la *Tactique* d'Onésandre reprend le flambeau. La source lointaine de ces œuvres est certainement Énée le Tacticien, que l'on utilise encore à cette époque. A. Dain a baptisé le « Livre du gradé de toutes les armes pour le service de section et de compagnie » la *Tactica theoria* d'Elien, composée à la fin du Iᵉʳ siècle à l'instigation de Frontin. Au IIᵉ siècle, cette filiation se continue avec deux œuvres importantes, de nature différente : l'*Ars tactica* d'Arrien, qui se trouve bien dans la ligne de ses prédécesseurs. Arrien fut, un peu comme Poseidonios, philosophe, historien, géographe et tacticien : il écrivit également un traité de chasse. Polyen inaugure une autre sorte d'ouvrage : il recueille en effet chez les historiens tout ce qui peut intéresser et instruire ceux qui ont la conduite des troupes : c'est en quelque sorte un livre d'exemples.

On va voir apparaître, par la suite, deux grandes séries de *corpus*, où l'on rassemble tout ce que la science militaire a laissé, au moins tout ce qui subsiste à cette époque, avec quelques ajouts qui paraissent mineurs. Un « anonyme de Byzance », dont on a supposé qu'il vivait au temps de Justinien, donc vers le milieu du VIe siècle, aurait écrit des *Stratégiques* et une *Poliorcétique*. Les premières se composent de 33 chapitres, qui se rapprocheraient fort de tous les ouvrages que nous venons de citer. Outre les problèmes d'organisation, cet auteur traite des signaux par le feu, en un développement qui vient d'Énée et de Philon de Byzance, des tours d'observation, de la fortification et de la défense des places. Puis viennent l'armement, l'organisation et la manœuvre des troupes, ainsi que la conduite de la guerre en général. Notons encore les moyens de passer les fleuves et la construction des camps. Mais presque tout n'est que répétition, que simplification [1]. De la même époque datent les *Stratégiques* et le traité de chasse d'Urbicius : ils sont de la même veine que les précédents. C'est sans doute à cette époque aussi que l'on classe les exemples donnés par les historiens, Polyen, mais aussi les *Cestes* de Jules l'Africain, cette multitude de faits historiques qui vont passer dans les grandes compilations byzantines. On constate combien la mécanique est décadente.

On ne saurait cependant oublier Anthémios de Tralles, ce Lydien qui commença Sainte-Sophie de Constantinople en 532. Architecte, il était aussi mathématicien et mécanicien. Il aurait composé un ouvrage sur les problèmes de mécanique en grande partie perdu. C'est là qu'il reprit la question des miroirs ardents. Il aurait ainsi disposé 24 miroirs plans suivant les cordes consécutives d'une conique.

Que dire de Léontios, cité comme « mathématicien et ingénieur » ?

1. Publié avec la poliorcétique de Philon par A. de Rochas, en 1872.

On a dit qu'il ne pouvait être antérieur au VIe siècle [1]. « Les grands travaux exécutés par cet empereur (Justinien) amenèrent... la création de fonctions officielles correspondantes et la construction d'une véritable école, dont avant lui on ne voit aucune trace [2]. » Ce jugement aurait besoin d'être quelque peu nuancé. Léontios aurait été l'éditeur d'Eutocius et un élève d'Isidore de Milet, qui participa à la construction de Sainte-Sophie de Constantinople, ainsi que son neveu, du même nom, qui reprit l'œuvre après le tremblement de terre de 557. L'un et l'autre de ces Isidore de Milet appartenaient aux μεκανιχοὶ de Justinien. Léontios s'est vu également attribuer le livre XV des *Éléments* d'Euclide. Il fut enfin l'auteur d'un commentaire aux phénomènes d'Aratos où il exposa la construction et l'usage de la sphère céleste d'après la description d'Aratos, elle-même inspirée d'Eudoxe. Tel qu'il est présenté, Léontios apparaît comme une bien curieuse résurgence de l'école d'Alexandrie, avec des mélanges de science et de technique, toutes deux finement employées.

Ce mouvement du VIe siècle, à la fois décadent et intéressant, serait à étudier de plus près : il se pourrait bien qu'une telle recherche pût nous offrir quelques surprises.

Le Xe siècle marque un regain de faveur pour les ouvrages technico-militaires, sous l'impulsion de Léon VI le Sage. Cette tradition des stratégistes se réveille une dernière fois : un ouvrage perdu, mais reconstituable, de la fin du IXe siècle, l'*Extrait tactique de Léon VI*, puis, au début du Xe siècle, le *De obsidione tolerande*, vers le milieu et dans la seconde moitié du siècle, l'*Apparitus bellicus* et le *Memorandum sur la défense des places*. Dans ce dernier ouvrage, les seules mentions à toute la riche mécanique grecque d'Alexandrie et de Rhodes concernent l'exercice des techniciens, ingénieurs et architectes, des conseils sur la préparation des armes de jet à main, sur les approvisionnements en munitions. Toute cette tradition culmine avec Nicéphore Ouranos, à la fin du Xe siècle.

A côté, on a compilé tous les auteurs anciens, tout au moins ceux

1. P.H. Michel, *De Pythagore à Euclide*, Paris, 1950, p. 112. Cet auteur affirme curieusement : « Car son titre de *mécanicien*, c'est-à-dire d'ingénieur, ne se comprendrait pas avant le règne de Justinien. »

2. P. Tannery, « Eutocius et ses contemporains », *Mémoires scientifiques*, II, p. 122.

dont les ouvrages avaient subsisté. A. Dain a compté sept compilations. C'est par la première que nous connaissons Philon, Héron, Biton, Athénée, Apollodore. Les cinq suivantes sont des compilations de tous les stratégistes que nous avons cités. Certaines remontent à Asclépiodote et même jusqu'à Énée. La dernière concerne la guerre navale, avec Léon VI, Mauricius et Basile le Praticien. Il est difficile de savoir si nous avons à faire, avec ces manuscrits dont nous possédons des exemplaires de l'époque même, à des textes complets ou à des résumés. Il se peut aussi que les souverains byzantins aient demandé que tous ces ouvrages fussent mis à jour [1].

Ainsi se présente Héron de Byzance. Le personnage est parfaitement inconnu. A. Dain [2] a pensé, avec beaucoup de vraisemblance, qu'il n'a jamais existé et qu'à cette époque, ou même depuis fort longtemps, l'habitude avait été prise de donner le nom d'Héron à tout ouvrage de mécanique appliquée. C'est donc uniquement par commodité que nous lui conserverons son nom. En outre, rien ne nous oblige à croire, avec certains auteurs allemands, que l'œuvre de cet Héron de Byzance ait effectivement appartenu à cette encyclopédie constantinienne, faite d'assemblages d'extraits d'un peu de tout.

L'œuvre d'Héron de Byzance est composée de deux traités qui demeurent parfaitement dans la tradition :

— un traité de poliorcétique,

— un traité de la dioptre, appelé *Géodésie*.

Th. H. Martin avait donné des dates précises pour la composition de ces ouvrages : la *Géodésie* aurait été écrite en 938, la poliorcétique quelques années plus tôt, au moment du succès des Grecs sur les Sarrasins. Rien dans l'œuvre, note A. Dain, ne comporte de telles précisions. Héron de Byzance, en tout cas, est un compilateur. Il a

1. Toute cette littérature a été parfaitement étudiée par A. Dain, *Les Manuscrits d'Onésandre*, Paris, 1930; *La Tactique de Nicéphore Ouranos*, Paris, 1937; *L'Extrait tactique de Léon VI le Sage*, Paris, 1942; *Le Sylloge tacticorum*, Paris, 1938; *Le Corpus perditum*, Paris, 1930; *Histoire du texte d'Elien le Tacticien*, Paris, 1946; « Memorandum sur la défense des places », *Revue des études grecques*, 1940, p. 123-136.

2. A. Dain, *La Tradition du texte d'Héron de Byzance*, *op. cit.* La *Poliorcétique* a été traduite en extraits par Rochas, en 1872, en même temps que celle de Philon. La *Géodésie* a été publiée et traduite par Vincent, dans *Notices et Extraits...*, XIX, Paris, 1862, 2e partie.

compilé et rajeuni les traités techniques antérieurs, en les simplifiant pour les rendre accessibles à un large public.

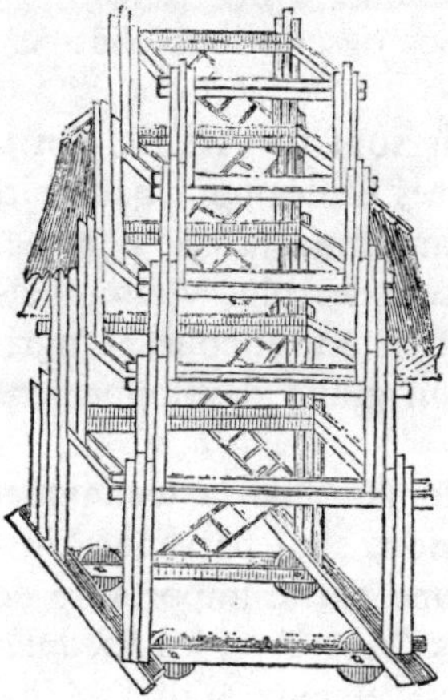

Tour d'assaut d'Héron de Byzance

La *Poliorcétique* est un traité relatif à la technique des sièges et au matériel qu'on y emploie. Héron a pris sa matière dans le *corpus* de poliorcétique qui nous est parvenu et qui contenait Athénée, Biton et Héron d'Alexandrie, ces trois auteurs en ce qui concerne l'artillerie, Apollodore de Damas fournissant la trame de l'œuvre. En dépit de certaines assertions, Héron de Byzance ne semble pas avoir connu certains traités antiques, probablement déjà perdus à cette époque, celui d'Hégétor de Byzance, s'il a réellement existé, celui de Diadès. Il ajoute quelques croquis originaux. A. Dain a cependant noté quelques nouveautés : échelles portées sur des roues et portant un pont, tortue protectrice des sapeurs et comportant également un pont, remarques relatives à toutes les échelles et à tous les ponts, nouvelle description plus parfaite que celle d'Athénée du tube par lequel les guerriers peuvent monter sur les remparts ennemis.

La *Géodésie* est donnée comme une suite et un complément de la *Poliorcétique*. C'est en fait le même traité de géométrie appliquée, faisant usage de la dioptre que les auteurs alexandrins nous avaient appris à connaître. L'instrument est exactement le même que celui que nous avaient décrit Héron d'Alexandrie et ses successeurs. Le traité comporte dix-huit problèmes d'arpentage ou de mesure, le dernier portant sur les distances angulaires des étoiles. Le tout ne manque ni de superstition ni d'astrologie.

Héron, ce dernier Héron, aurait également écrit sur les cadrans solaires un traité que nous ne possédons plus.

Les connaissances tournent désormais sur elles-mêmes. Non seulement plus rien de nouveau n'est apporté, mais on perd petit à petit tout lien avec ce qui avait été le grand effort de l'école d'Alexandrie, la constitution d'une technique rationnelle, dans les domaines où elle pouvait l'être. Il y a maintenant non plus même stagnation, mais détérioration constante de ce qui avait été acquis. Tout s'efface, y compris le sentiment des obstacles que l'on avait rencontrés. Il ne reste plus que de vagues souvenirs, des descriptions châtrées, des images incomplètes.

Les véritables successeurs des Alexandrins sont les Arabes. On a discuté sur les voies qu'avaient suivies tous ces traités pour parvenir, à partir du IXe siècle, aux Arabes : la voie araméenne, la voie persane, la seconde issue peut-être de la première, sont les plus vraisemblables. On sait qu'il en fut de même pour la science tout court. L'agriculture connut également chez les Arabes un grand développement théorique [1].

Les mêmes faits se produisent dans le domaine de la technique. Bien des textes de nos auteurs alexandrins nous sont parvenus ainsi dans des versions arabes. Il en est ainsi d'une partie importante de l'œuvre de Philon de Byzance : le traité des *Clepsydres,* les *Pneumatiques* ne nous sont connus que dans leurs versions arabes. Ainsi aussi pour les *Mécaniques* d'Héron d'Alexandrie, traduites, vraisemblablement vers 860 par Qosta ibn Lûhâ. Il dut en être de même pour les automates. On s'en aperçoit fort bien en lisant les traités d'automates de Banu Musa, du IXe siècle, ou d'Al Jazari, rédigés dans les toutes premières années du XIIIe siècle[2].

Au début du Xe siècle, le célèbre Avicenne nous donne une classification des sciences. Dans les dépendances de la géométrie, il place les sciences pratiques suivantes :

— science de la mesure des surfaces (géodésie),
— science des appareils qui se meuvent (automates),
— science de la traction des poids lourds,
— science des poids et des balances,
— sciences des instruments de division ou métrologie,
— science des lunettes et des miroirs, ou optique,
— science de la conduite des eaux.

1. J.M. Millas Vallicrosa, *La Ciencia geoponica entre los autores hispanoarabes*, Madrid, 1954.

2. D.R. Hill, *The Book of ingenious Devices (Mohamed Ibn Musa)*, Dordrecht, 1979; A.K. Coomaraswamy, *The Treatise of Al Jazari on Automata*, Boston, 1924; D.R. Hill, *The Book of Knowledge of Ingenious Devices by Al Jazari*, Dordrecht, 1974.

N'était-ce pas là une large fraction du programme de nos mécaniciens? Mais cette tradition a aussi abandonné en partie l'esprit de l'école d'Alexandrie et les recettes ont repris leur place au détriment d'une recherche rationnelle.

8. Le blocage

Il semble que la tradition soit maintenant bien établie, que l'explication soit universellement admise, ou presque. Citons l'une des dernières manifestations de cette attitude. « Mais, quoique les connaissances scientifiques aient sans doute été suffisantes, les machines ne se sont pas généralisées : c'est que l'on préférait à la construction de machines compliquées le travail des esclaves, plus économique pour la fabrication des objets. Les arts mécaniques, l'artisanat étaient réciproquement méprisables parce que serviles. Platon les condamne et Aristote refuse à l'artisan le droit d'être citoyen. Un mathématicien comme Archimède n'a pas jugé digne de transcrire ses inventions pour lesquelles il est maintenant aussi connu que pour ses travaux savants [1]. » On pourrait multiplier les textes, même les plus récents [2].

1. M.M. Fontaine, *L'Homme et la Machine*, Paris, 1973, p. 4-5.

2. R. Martin, *Recherches sur les agronomes latins*, *op. cit.*, p. 77-78. Cf. J. Kolendo, *Le Progrès technique et le Problème de la main-d'œuvre dans l'agriculture de l'Italie antique*, Varsovie, 1968 (en polonais). 4ᵉ *Conférence internationale d'histoire économique, Bloomington*, 1968, Paris, 1973, p. 366-371. « La littérature moderne a accepté plus d'une fois ces opinions des Anciens (mépris du travail manuel) qui confirment la thèse de l'historiographie moderne d'après laquelle le travail servile était préjudiciable à l'économie et freinait dans l'Antiquité le progrès technique. » Acquittons, au bénéfice du doute, Claude Mossé, *Le Travail en Grèce et à Rome*, Paris, 1971. Sa première position respire la tradition, à n'en pas douter. « En réalité, la stagnation des techniques ne s'explique pas, comme on l'a dit parfois (qui ?) par une incapacité des Anciens à en concevoir le perfectionnement (?). La science antique, à l'époque hellénistique surtout, est parvenue à un très haut degré de raisonnement abstrait et à quelques réalisations pratiques remarquables. Si ces réalisations n'ont jamais été appliquées aux techniques (et qu'est-ce qu'alors une réalisation pratique ?) du travail, sauf en quelques domaines limités, c'est que les conditions sociales, politiques et idéologiques n'imposaient (?) pas cette application » (p. 23). Dès la page suivante, la proposition est retournée ou presque. « Ce caractère primitif des techniques, les faibles progrès réalisés au cours d'un millénaire d'histoire de la Cité grecque ont favorisé les permanences des structures sociales et politiques qui, à leur tour, ont contribué à maintenir cette stagnation. »

Point n'est besoin de les tous citer. Ils sont tous, avec plus ou moins d'extravagance, de la même veine. Ce thème, et sur lequel tout le monde semblait d'accord, a fait couler, bien inutilement, beaucoup d'encre. Il en fera peut-être couler encore beaucoup. Témoignages insolites et solitaires, vues tardives et parfois sommaires, puis, à notre époque, confusions et fausses interprétations reviennent dans tous les manuels. Les textes d'époque sont peu nombreux et l'on a souvent voulu leur faire dire plus qu'ils n'en avaient jamais voulu dire, quelquefois même le contraire de ce qu'ils disaient.

A dire vrai, la plupart des auteurs de notre siècle évoquent, on n'ose pas dire mélangent, plusieurs attitudes réelles ou supposées. On a établi entre elles des relations qui ne manquent pas d'ambiguïté, encore qu'elles apparaissent indéniablement solidaires :

— mépris du travail manuel et de l'activité technique,
— influence de l'organisation sociale et de l'esclavage,
— refus du progrès technique.

L'ensemble de ces problèmes constitue une pièce importante de l'histoire des techniques grecques. Ils se rapportent tous à un phénomène auquel on a attribué le nom de « blocage », qui reflète bien les positions prises. Si l'on avait parlé d' « arrêt » du progrès technique, on n'eût peut-être pas sombré dans les divagations. L'étude des mécaniciens grecs et de leurs successeurs nous met sur d'autres voies qu'il convient d'explorer. Et ceci sans beaucoup d'illusions, tant les images qu'on s'est faites de l'histoire sont impérissables.

Et, tout de suite, nous mesurons combien les confusions sont effectivement profondes. On a souvent mis en avant le « mépris » des Grecs pour le travail manuel. D'où l'on a conclu, un peu rapidement, au « blocage » du progrès technique. N'eût-il pas été plus logique de séparer, comme l'ont fait quelques-uns, travail manuel et progrès technique ? Ce sont là deux notions parfaitement distinctes. Nous y reviendrons un peu plus loin.

Notre information à ce sujet est constituée de faits historiques et de textes. Les faits historiques sont, il faut bien le reconnaître, peu nombreux. A Épidamne, « l'infamie attachée aux besognes manuelles oblige l'État à les constituer en service administratif confié à des esclaves publics [1] ». A la suite, on note, au reste sans grands textes à l'appui, que ce mépris du travail manuel était vif chez les Lacédémoniens, moindre à Corinthe et à Athènes.

Les textes, par contre, sont relativement abondants et sembleraient, de prime abord, fort précis, bien que se répétant quelque peu. Hérodote [2] nous apprend que ce mépris des activités manuelles était général chez les Grecs. L'un des premiers textes explicites est de Xénophon [3]. « Les métiers que l'on appelle d'artisans sont décriés et il est certes bien naturel qu'on les tienne en grand mépris dans les cités. Ils ruinent le corps des ouvriers qui les exercent et de ceux qui les dirigent, en les contraignant à une vie casanière, assis dans l'ombre de leur atelier, parfois même à passer toute la journée au coin d'un feu. Les corps étant ainsi amollis, les âmes deviennent aussi plus lâches. » La suite est instructive. « Car, vu la demande à quoi répondent ces arts mécaniques inférieurs, le temps de ceux qui s'y emploient ne leur laisse aucun loisir à consacrer à l'amitié ou à l'État. » Et cela au point que les théoriciens de l'éducation se refusaient à compter les arts manuels dans les disciplines à apprendre aux jeunes. « A vrai dire, nous ne jugeons pas possible d'apprendre tous les arts, et, d'accord avec les cités, nous décidions, après examen, d'écarter les métiers que l'on appelle métiers d'artisans, parce qu'ils semblent ruiner le corps et qu'ils énervent l'âme [4]. »

On retrouve, dans d'autres textes, les mêmes préoccupations : la fatigue et la déformation du corps, dues au travail, entraînent l'avilissement de l'âme, et, par là, l'impossibilité d'une vie sociale et politique. N'a-t-on pas entendu reprendre ces thèmes pour certaines tâches de notre époque, sans qu'on ait songé pour autant, au moins ouvertement, à mépriser le travail manuel ? On a beaucoup cité Platon [5], qu'il est souvent difficile d'interpréter, car sa démarche, vis-à-vis des techniques, est fort hésitante, pris, comme il est, entre la position de Xénophon d'une part, et d'autre part l'indubitable

1. Glotz, *Le Travail dans la Grèce antique*, Paris, 1920, p. 194, cité par P.M Schuhl, *Machinisme et Philosophie*, Paris, 1969, p. 34. Cf. aussi Aristote, *Politique* II, IV, 13.
2. Hérodote, *Histoire*, II, 67.
3. Xénophon, *Economique*, IV, 2.
4. Xénophon, *Ibid.*, VI, 5-7.
5. P.M. Schuhl, « Remarques sur Platon et la technologie », *Revue des études grecques*, 1953, p. 465-473.

nécessité des « métiers » pour l'avenir de la cité. Allons rapidement au premier texte qui révèle, on ne peut mieux, cette ambiguïté de la pensée platonicienne, le célèbre passage du *Gorgias*. Socrate vient de montrer à Calliclès que le pilote ne peut tirer vanité de son art : il n'a pas changé les hommes qu'il était chargé de mener à bon port, et s'il les a sauvés du naufrage c'est qu'il n'était qu'un instrument des dieux, qui seuls peuvent disposer de la vie des hommes. L'exemple suivant est celui du « constructeur de machines qui cependant est l'égal je ne dis pas seulement du pilote, mais du général lui-même et ne le cède à personne pour l'importance des services qu'il peut rendre, lui qui sauve parfois des villes entières. Et pourtant, Calliclès, si ce constructeur voulait à notre exemple magnifier son art, il pourrait vous accabler de bonnes raisons, vous dire et vous conseiller de vous faire comme lui constructeur de machines et prouver que tout le reste n'est rien. Malgré cela, tu le méprises, tu fais fi de son art, volontiers tu lui jetterais le nom de son métier comme une injure et tu ne voudrais ni donner ta fille à son fils, ni accepter la sienne pour toi [1] ». Arrêtons là, provisoirement, la citation. Ce n'est pas en effet le reflet de la pensée de Socrate, et de Platon, mais des idées supposées de son interlocuteur.

Il y a certes, d'autres textes, mais dont la formulation n'emporte pas la conviction. Dans l'échelle des valeurs, le septième rang est attribué non seulement aux artisans mais aussi aux cultivateurs, devant les professionnels de la sophistique ou de l'art de flatter le peuple, et devant le tyran [2]. Dans *les Lois*, Platon préconise au citoyen de passer à d'autres le travail des métiers et de confier les fermes à des esclaves [3], En définitive, c'est sur le plan politique que Platon [4] et Aristote [5] proposent que dans leurs cités idéales aucun travailleur manuel ne pût être citoyen. Il en est de même pour Socrate, avec une formulation un peu plus nuancée [6].

Nous en venons, *in fine*, au cas exceptionnel qui a nourri tous les commentaires de nos contemporains et que l'on a élevé à la valeur

1. Platon, *Gorgias*, 512 bc.
2. Platon, *Phèdre*, 248 e.
3. Platon, *Lois*, VII, 806 d.
4. *Ibid.*, VIII, 846.
5. Aristote, *Politique*, I, IV, 3.
6. Isocrate, *Aéropagitique*, cité par Cl. Mossé, *op. cit.*, p. 45.

d'un exemple universel, plus encore, d'une sorte de symbole. Il nous est rapporté par Plutarque à propos d'Archimède : « Archimède avait une âme si élevée, un esprit si profond et une si grande richesse de théories géométriques qu'il ne voulut jamais rien laisser par écrit sur la construction de ces machines qui lui avaient acquis tant de gloire..., regardant la mécanique et en général tout cet art qu'on exerce pour le besoin comme des arts vils, et obscurs [1]. » Citons encore, dans le même morceau, l'autre texte, tout aussi connu, où Archimède jauge les machines d'Appius, lieutenant de Marcellus assiégeant Syracuse. « Archimède ne tenait pas compte de toutes ces machines qui, en effet, n'étaient rien auprès des siennes; non qu'il les donnât pour des inventions d'un grand prix; il ne les regardait lui-même que comme simples jeux de géométrie, qu'il n'avait fait que dans des moments de loisir, et la plupart du temps sur les instances du roi Hiéron, qui ne cessait de l'engager à tourner son art des choses purement intellectuelles vers les objets sensibles et de rendre ses raisonnements en quelque sorte accessibles et palpables au commun, en les appliquant par l'expérience à des choses d'usage. » Nous reviendrons ultérieurement sur certains termes importants de ces textes. La conclusion allait de soi. « Et répudiant toute cette science d'inventer et composer machines et généralement tout art qui apporte quelque utilité à le mettre en usage, vil, bas et mercenaire, il employa tout son esprit et son étude à décrire seulement choses dont la beauté et subtilité ne fût aucunement mêlée avec nécessité. »

Tous ces textes, assurément, méritent attention et réflexion. Il nous les faut confronter avec d'autres, moins souvent cités, parce que sensiblement contraires. Tout d'abord, il convient de mentionner quelques faits historiques, rapportés honnêtement par les tenants de la tradition, au moins par quelques-uns d'entre eux. P.M. Schuhl notait [2] qu'en certaines villes, Corinthe et Athènes par exemple, le mépris du travail manuel était beaucoup moins prononcé. Un texte interdisait à tout Athénien de reprocher sa profession à un autre citoyen, ce qui est tout à fait à l'opposé de la citation de Platon.

1. Plutarque, *Marcellus*, 17, 5. Nous utilisons ici la traduction d'Amyot dont les termes paraissent se rapprocher mieux de l'esprit de l'auteur que certaines de nos traductions modernes.
2. P.M. Schuhl, *op. cit.*

Une loi de Solon obligeait tout Athénien à faire apprendre un métier à son fils, sans en exclure le moins du monde les métiers manuels. Du temps de Périclès, les travailleurs manuels n'étaient pas exclus du gouvernement de la cité.

« On honorait et on admirait l'habileté professionnelle, note M.I. Finley [1], mais être fier de son métier est un phénomène psychologique qu'il ne faut pas confondre avec un jugement positif porté sur le travail en tant que tel. Même Platon était un grand admirateur de la belle ouvrage et fait d'innombrables comparaisons positives avec l'artisan expert, tout en situant cette expertise très bas dans la hiérarchie des valeurs. Les esclaves témoignaient d'une semblable fierté, non par leurs paroles, qui ne sont pas parvenues jusqu'à nous, mais par l'ouvrage lui-même. Personne ne peut distinguer, dans les ruines de l'Érechtheion, quelles moulures sont de Simias et quelles de ses cinq esclaves. La poterie en terre sigillée d'Arezzo, faite par des esclaves, est bien plus belle que la production des potiers libres de Lezoux. » Dans le même passage du *Gorgias*, Platon demande à Calliclès de quel droit il méprise le fabricant de machines, qu'il est ridicule de le décrier [2]. « On sait, écrit P.M. Schuhl [3], combien Socrate aimait emprunter ses exemples à l'activité des artisans, qu'il proposait aux politiciens comme modèle d'une activité rationnelle adaptée à ses fins naturelles par un apprentissage bien compris. » Et Platon aussi montre comment les artisans ajustent les parties des œuvres qu'ils élaborent en un tout ordonné, conformément à un plan [4]. Il place cependant ces activités en dessous du calcul mathématique [5].

Et que l'on prenne aussi les textes pour ce qu'ils sont et non pour ce que l'on en veut faire. Quand Platon fait dire à l'un de ses personnages ce qu'il estime être une énormité, pourquoi ne pas croire que cette énormité représentait en fait une opinion répandue. « Voilà, dit Protagoras, comment c'est avec raison que tes concitoyens accueillent sur la chose publique les avis d'un forgeron et d'un cordon-

1. M.I. Finley, *L'Economie antique*, Paris, 1975, p. 107-108.
2. Platon, *Gorgias*, 512 cde.
3. P.M. Schuhl, *op. cit., passim.*
4. Platon, *Gorgias*, 503 d et 506 d.
5. Platon, *Philèbe*, 55 d s.

nier [1]. » Si l'on admet que Périclès proclamait qu'à Athènes « les simples artisans peuvent entendre suffisamment les questions de politique », nous sommes là, chez Platon, en face d'une réaction proprement politique. Selon J.-P. Vernant, ce que Platon veut introduire, c'est une distinction entre les actes. Il y a l'acte politique, l'acte agricole, l'acte militaire, d'un côté, les techniques utilitaires de l'autre. Les premiers supposent un système communautaire, les seconds une économie de propriété privée [2]. La division du travail implique une spécialisation du pouvoir politique et la pratique d'un métier disqualifie pour l'exercice d'un pouvoir. En définitive, s'opposant à Périclès avec des arguments quelque peu spécieux, Platon verse dans un pamphlet d'une droite rétrograde en opposant la communauté politique, militaire et agricole à l'affairisme individuel [3]. Pour sa part, Cl. Mossé pense que l'artisan est tenu dans un lien de dépendance avec son client, lien qui n'existe pas pour le travail domestique. Ce serait donc le développement du travail artisanal, en dehors du cadre domestique qui aurait, en quelque sorte, provoqué cette réaction, ceci peut-être à partir du VIe siècle, au moment où les artisans, plus nombreux, commencent à jouer un rôle dans la cité [4]. Dans la maison d'Ischomaque, les principaux travaux, filage, tissage, travail du charpentier et du maçon, étaient faits à l'intérieur de la famille et du domaine, et ceci est présenté par Xénophon comme une situation idéale [5].

Cependant, en reprenant une idée de M.I. Finley [6], il semble que l'on puisse interpréter ces textes autrement. L'esclavage, c'est le travail qu'on lui demande, et, de là, aurait pu découler précisément une assimilation entre travail et servitude. L'artisan, lui, vend un objet et il devrait échapper par conséquent au même ostracisme moral. Solon et Périclès l'avaient compris : Platon, pour des raisons qui doivent être politiques, et essentiellement politiques, met tout le monde dans le même sac.

1. Platon, *Protagoras*, 230 d s.
2. Et lorsqu'il s'agit de propriété privée, il est parfois difficile, Platon en est témoin, de distinguer le paysan vendant sur le marché de l'artisan.
3. J.-P. Vernant, *Problèmes de la guerre...*, *op. cit.*, p. 11.
4. Cl. Mossé, *op. cit.*, p. 47.
5. Xénophon, *Economique*, IV, 4.
6. M.I. Finley, *op. cit.*, p. 85-86.

Les phrases mêmes de nos textes montrent également que d'importantes nuances doivent être apportées aux explications données par nos modernes commentateurs. Toutes ces phrases nous viennent de Plutarque. La mécanique y est dite « longtemps tenue en mépris par les philosophes » : double notation, à la fois chronologique et catégorielle. Le terme *longtemps*, au passé, semblerait prouver qu'à l'époque de Plutarque il n'en était plus ainsi. Tout aussi symptomatique paraît ce que Plutarque nous dit d'Archytas : il parle alors de « la mécanique ou organique, tant aimée et prisée de toutes sortes de gens ». D'Archimède, et nous venons de le voir, Plutarque dit que ses machines « lui avaient acquis tant de gloire ». Il y a donc là une première série de contradictions ou, tout au moins, la certitude qu'il existait une opinion contraire à tout ce que les philosophes ont pu prétendre. Et nous savons combien villes et tyrans s'arrachaient à coup d'argent les plus célèbres, les plus réputés des mécaniciens, parce que les plus efficaces.

En second lieu, il convient de faire des distinctions qui sont toutes de l'époque même. Il est des tâches manuelles qui ne sont pas réputées infamantes, soit parce qu'elles se rapprochent du divin, comme l'agriculture, soit parce qu'elles touchent au pouvoir politique, comme la guerre[1]. Le roi des Perses, note Xénophon[2], « convaincu que l'agriculture et l'art de la guerre figurent au nombre des occupations les plus belles et les plus nécessaires, se préoccupe de l'une et de l'autre avec ardeur ». Pour beaucoup, c'est d'ailleurs dans le paysan que l'on découvre le bon soldat, non dans l'artisan. Loin était le temps où l'on pensait que les techniques artisanales avaient été un don des dieux ou des héros.

Il est encore d'autres distinctions, fournies par les textes mêmes. Le terme ἀρχιτέκτων chez Platon[3] et chez Aristote[4] désigne, par rapport au manœuvre ou à l'artisan qui mettent la main à la pâte, le professionnel qui dirige de haut les travaux ; son activité est d'ordre intellectuel, mathématique essentiellement. Il apporte à l'œuvre la contribution d'une connaissance théorique fondée sur

1. J.-P. Vernant, *op. cit.*, p. 16, p. 37 s.
2. Xénophon, *Economique*, IV, 4.
3. Platon, *Politique*, 859 g.
4. Aristote, *Métaphysique*, 981 b, 30.

le calcul [1]. Son savoir et son action se situent donc à un niveau beaucoup plus élevé. Mais, précisément, n'est-ce pas celui-là qui réalise le progrès technique?

Allons plus loin encore. Platon lui-même corrige en quelque sorte son premier texte : « Car la philosophie, toute délaissée qu'elle est, garde en comparaison des autres professions un prestige magnifique qui la fait rechercher par beaucoup de gens imparfaitement doués, dont les professions et les métiers ont à la fois déformé le corps et mutilé et dégradé l'âme par des travaux manuels [2]. » Nous sommes presque à l'inverse des propositions précédentes : voici le « mutilé du travail » hissé au rang d'adepte de la philosophie, bien plus, au rang de sauveur d'un savoir qui allait s'effacer. Si l'on était méchant, on pourrait dire que Platon, ici, se trahit lui-même. La « philosophie délaissée » représente bien un cri du cœur : et si le « fabricant de machines » se mettait à la philosophie, Platon, refuserais-tu ta fille à son fils? Nous sommes toujours, semble-t-il, dans le cercle d'une droite désabusée.

Platon va peut-être nous mettre sur la voie d'une explication raisonnable : « Ce désir de richesse, qui prive notre temps de loisirs et nous empêche de nous occuper de tout ce qui n'est pas notre propriété personnelle, suspendue à ses biens, l'âme de tout citoyen serait absolument incapable de donner ses soins à tout ce qui n'est pas le gain journalier. Toute connaissance ou toute occupation qui s'y rapporte, chacun de son côté est prêt à les étudier ou à les exercer avec empressement; toutes les autres, il s'en moque. Voilà la seule et unique cause de ce qu'aucune cité ne veut se donner du mal pour rechercher les sciences ni en général rien de ce qui est beau et bon. Par suite de ce vorace appétit d'or et d'argent, tout homme est prêt à employer indifféremment les principes et les procédés les plus beaux et les plus honteux, s'ils doivent rendre plus riche [3].» Ce n'est donc plus le mépris du seul travail, de la seule activité manuelle : il touche ici tous ceux qui gagnent de l'argent dans une activité économique, le commerçant comme l'artisan. Et il le répète : « Il ne faut ni or ni argent dans la cité ni non plus beaucoup de ce commerce

1. J.-P. Vernant, *op. cit.*, p. 47.
2. Platon, *République*, VI, 495 c.
3. Platon, *Lois*, VIII, 831 cd. Cf. aussi dans *ibid.* X, 918 d s., et 920 de s.

qu'entretiennent les métiers, l'usure ou un honteux élevage. » L'agriculture même est faite pour nourrir les hommes et non faire l'objet d'un fructueux commerce [1]. N'est-ce pas aussi notre philosophe qui reprend Calliclès sur son mépris des fabricants de machines : il ne le fait que parce qu'il se croit meilleur « et de meilleure souche [2] ». Richesse, aristocratie, nous avons là deux bons prétextes.

L'opinion hostile, pour diverses raisons, au travail manuel a certainement existé chez les Grecs, comme elle a longtemps existé à travers les siècles. Celui qui lit les attendus du jugement qui impose un conseil judiciaire au marquis de Dion, parce qu'il construisait des automobiles et trempait en quelque sorte sa noblesse dans le cambouis, à l'extrême fin du XIXe siècle, et qui n'aurait que ce texte en main, devrait aboutir aux mêmes attitudes que celles qu'on suppose à Platon.

Les textes que nous avons cités prouvent abondamment que l'opinion contraire existait, elle aussi, et qu'elle fut peut-être longtemps dominante. Le goût qu'avaient les Grecs pour les réussites techniques — et l'Athénée du *Deipnosophiste* nous atteste l'attrait qu'exerçaient les prestidigitateurs — est tout aussi manifeste.

En réalité, les textes de Platon ou d'Aristote, ou de leurs prédécesseurs, traduisent probablement une réaction sociale, peut-être d'autant plus violente dans ses manifestations écrites qu'elle était isolée : c'était un état de fait que l'on réprouvait. Le passage du *Gorgias* doit être interprété non comme une opinion répandue, mais comme un combat d'arrière-garde. Si Platon réprouve les mariages entre gens bien nés, ou bien pensants, et classe technicienne, c'est certainement qu'il y en avait eu. Traiter, en manière d'injure, un autre citoyen « d'ingénieur » est une répulsion catégorielle, non un sentiment général. C'est que les « ingénieurs » ont acquis une importance qui paraît dangereuse à certaines classes. C'est bien un réflexe politique et social.

On voit bien, à travers toute l'histoire de la Grèce, non seulement honorer les grands techniciens, mais aussi les hommes au pouvoir se préoccuper de technique et de progrès technique. Déjà Archytas, savant et homme d'État, ne dédaignait pas les arts mécaniques :

1. *Ibid.*, V, 743 d.
2. Platon, *Gorgias*, 512 d.

nous l'avons vu. Et plus on avance dans le temps, plus on voit de chefs d'État s'attacher à ces questions. Hiéron y trouvait un plaisir manifeste à Syracuse, comme Périclès à Athènes. Le roi d'Épire, Pyrrhus, ne dédaigna pas, comme Archimède, d'écrire sur les techniques utiles : ses *Tactiques* et sa *Poliorcétique* sont citées par ses successeurs dans cette partie de l'art de la guerre. Et ni Philippe de Macédoine ni Alexandre n'eurent de mépris pour leurs ingénieurs. Démétrios Poliorcète fut également, aux dires de Plutarque, un grand praticien en mécanique. « Il ne pouvait jamais satisfaire son goût de grandeur quand il s'agissait de navires ou de machines... Son activité artisanale était également de qualité royale; ses procédés avaient de la grandeur, tant par leur outrance que par leur ingéniosité, ses œuvres manifestaient une certaine élévation d'esprit et de réflexion. » A propos de tous ces personnages, on a cité des faits qui attestent « le rang qui leur était accordé dans la société contemporaine [1] ».

Françoise Frontisi-Ducroux a bien résumé cette opinion : « Vis-à-vis du problème de l'art et de la technique, la pensée grecque est particulièrement ambiguë. La plupart des divinités techniciennes, Athéna, Héphaïstos, Prométhée, et des héros pourvus du titre de premier *inventeur*, Dédale, Palamède, Épéios, révèlent sur le plan religieux une véritable sacralisation de la fonction technique. A un autre niveau de pensée, l'intérêt pour la technologie est manifeste dans toute l'Antiquité, ainsi que la conscience du rôle joué par le développement technique dans le progrès culturel de l'humanité [2]. » Platon place au centre de la cosmologie du *Timée* un démiurge « qui travaille le métal, qui construit et assemble, qui pétrit et modèle l'argile, qui peint, qui donne une forme à la cire et qui tresse ». Ceci va bien à l'encontre d'autres passages de l'illustre philosophe. P. Vidal-Naquet signale également cette contradiction profonde de la civilisation grecque, particulièrement aux Vᵉ et IVᵉ siècles. « Cette civilisation est une civilisation de l'artisan, mais son idéologie, celle de la classe dominante, qui s'exprime par exemple dans l'œuvre de Platon, nie l'importance et la place effective de l'artisan [3] ». A

1. Garlan, *Poliorcétique*, p. 207 s.
2. F. Frontisi-Ducroux, *Dédale*, Paris, 1975, p. 24.
3. P. Vidal-Naquet, article « Grèce », *Encyclopedia Universalis*, p. 1017.

notre sens, Platon ne traduit l'opinion que d'une fraction de la classe dominante.

On assiste en effet, à cette époque, à la montée politique des grands commerçants, aussi honnis par Platon que les artisans, à la puissance des grands ingénieurs, bref à une sorte de suprématie du monde matériel et technique. Platon, comme Aristote, est persuadé de la supériorité de la vie contemplative. Mais sont-ils représentatifs d'une opinion majoritaire? Ils sont les témoins d'un groupe d'intellectuels, voire d'un groupe d'aristocrates, qui se voient progressivement exclus de la direction de la cité.

Le portrait que nous donne A. Aymard[1] d'Archimède concorde assez bien avec ce que nous venons de dire. « Il plongeait ses racines dans un idéal aristocratique, dans l'orgueil de la noblesse du sang, dans le mépris de l'enrichissement qui perturbait les castes, dans celui du commerce qui produisait la plupart des nouveaux riches dont l'insolence scandalisait. » Et A. Aymard soulignait bien que savants et philosophes appartenaient pour la plupart aux classes supérieures.

Il serait facile de dire que l'attitude des Grecs — ceux que nous connaissons et qui ont laissé trace de leurs idées, c'est-à-dire trois ou quatre — représente un conflit de classe et, parallèlement, un conflit politique. A notre sens, il faut insister et on peut dire plus précisément que les Grecs ont esquissé un nouveau système technique qui se trouvait en conflit avec le système social préexistant. Ce sont ces incompatibilités que nous ont transmises les philosophes. Et l'on sent l'amertume qu'ils durent ressentir de cet état de choses : « La philosophie, si délaissée qu'elle est. » Ce cri du cœur vaut toutes les explications.

Il est curieux de constater que le reproche fait aux Grecs de ce blocage du progrès technique, de ce mépris pour le travail manuel, n'a jamais été adressé aux Romains, alors que le progrès technique reste bloqué à l'époque romaine. Les textes sont, ici encore, plus discutables.

Ce que Sénèque reproche au progrès technique, c'est précisément d'amollir l'âme des hommes. Le confort, et c'est bien là qu'il décèle le progrès technique, est en quelque sorte un mécanisme de déca-

1. *Histoire générale du travail*, Paris, 1959, t. I, postface.

dence [1]. Mais il n'en méprise pas pour autant le travail manuel. Ce mépris aurait atteint, à Rome, l'agriculture, alors que les Grecs, comme nous l'avons dit, y voyaient au contraire une marque de vénération religieuse et l'une des activités les plus utiles à la cité. On a récemment cité des textes [2]. Salluste [3], envisageant sa retraite, se défend de vouloir pratiquer « la chasse ou l'agriculture qui sont bonnes pour des esclaves ». Et R. Martin pense que c'est là « une conséquence de l'influence exercée sur les Romains par une certaine forme de la pensée grecque, l'idéologie platonicienne essentiellement ». Cette filiation, à propos des activités agricoles, semble erronée. Ce serait bien plutôt l'influence d'une aristocratie sur une autre aristocratie.

Tout de suite, au reste, R. Martin nous livre des textes d'un esprit tout à fait opposé. Citons tout d'abord Columelle [4]. « J'en arrive à me demander si aux yeux des hommes libres, le métier d'agriculteur n'est pas déshonorant, honteux et infamant. » Il s'agit là d'une interrogation. On peut alors se demander si cette attitude, en tant qu'elle existe réellement, n'est pas ou récente, ou le fait de groupes limités. Pline l'Ancien manifeste des réactions analogues, que l'on retrouve dans les comédies de Ménandre et de Plaute où il n'est guère question que d'esclaves domestiques.

Cicéron [5] nous fournit l'image d'un jeune homme accusé d'avoir tué son père qui l'avait envoyé, comme en exil, gérer ses domaines ruraux. Et l'avocat d'affirmer que de très nombreux jeunes gens se passionnaient pour l'agriculture. Dans une lettre [6], le grand orateur en arrive à déplorer que les propriétaires négligent la politique pour se consacrer à l'agriculture, à une agriculture qui leur rapportait évidemment des profits.

Il n'est pas niable que l'on a exagéré le mépris des Anciens pour les travaux manuels. Et les quelques textes dont on disposait, outre leurs propres contradictions internes, n'étaient probablement que le reflet de combats d'arrière-garde. Devant une société en mutation,

1. Sénèque, *Lettres à Lucilius*, 88 et 90.
2. R. Martin, *op. cit.*, p. 99-101.
3. Salluste, *Catilina*, 4, 1.
4. Columelle, *De re rustica*, proef., 13.
5. Cicéron, *Pro roscio amerino*, 42-48.
6. Cicéron, *Ep.*, CCCLIII, 2.

devant des techniques encore limitées mais triomphantes, il fallait, de toute nécessité, défendre et la science pure, et la vie contemplative. Platon et Aristote, à plus forte raison Plutarque, sont des témoins partiels, et des témoins partiaux.

Beaucoup ont considéré que ce mépris du travail manuel était une sorte de sous-produit de l'esclavage. D'un autre côté, on a estimé que l'esclavage, main-d'œuvre prétendue bon marché, rendait inutile le progrès technique. Et ainsi va se trouver, clos sur lui-même, le cycle de l'interprétation. Les Grecs n'ont pas connu de machinisme développé parce qu'ils disposaient d'esclaves. L'existence de l'esclavage a conduit au mépris du travail manuel, ce dernier étant à son tour une cause du blocage technique. C'est, en propres termes, ce que l'on appelle un cercle vicieux.

La thèse de l'esclavage bloquant le progrès technique a été présentée à l'envi, et demeure encore aujourd'hui comme une sorte de dogme que reflètent tous nos manuels. La citation du début de ce chapitre le prouve abondamment. A vrai dire, le problème est à deux faces. Les peuples de l'Antiquité, au moins certains d'entre eux, disposant d'une abondante main-d'œuvre servile, peu coûteuse, n'eurent pas besoin de techniques développées, et précisément pour celles qui exigent une main-d'œuvre nombreuse. C'est l'explication la plus répandue. Mais, ne peut-on pas renverser le propos ? L'insuffisance des moyens offerts par les techniques pouvait obliger à maintenir l'esclavage. Ne disposant que d'assez faibles ressources d'énergie naturelle, faute d'une mécanisation plus poussée, l'Antiquité grecque, comme plus tard l'Antiquité romaine, aurait été contrainte de faire appel à la main-d'œuvre servile. C'était là, par une démarche inverse de celle des antiquisants, la thèse célèbre de Lefebvre des Noëttes [1]. Pour lui, en effet, le perfectionnement de l'attelage a rendu l'esclavage inutile. Même si nous constatons aujourd'hui des faiblesses dans l'argumentation de Lefebvre des Noëttes, la démarche méritait d'être prise en considération. Et nos auteurs modernes

1. Lefebvre des Noëttes, *L'Attelage, le Cheval de selle à travers les âges*, Paris, 1931, 2 vol.

oscillent maintenant entre les deux explications contradictoires et les plus prudents se bornent à établir une liaison entre l'esclavage et l'absence de machinisme, évitant bien de situer cause et effet.

A ce propos, les textes de l'Antiquité classique sont rares, et il faut avouer qu'on les a passablement triturés. On ne cesse de citer la phrase d'Aristote [1]. L'esclavage aurait cessé d'exister si les navettes et les plectres s'étaient mus d'eux-mêmes. Soyons prudents et précisons bien la pensée de l'auteur. Aristote n'a pas dit que l'esclavage empêchait les navettes et les plectres de se mouvoir d'eux-mêmes. Allons même plus loin, et tout simplement dans le texte lui-même. On a en effet eu tort de ne pas aller jusqu'au bout de la phrase. « Les maîtres d'œuvre n'auraient nul besoin de manœuvres, ni les maîtres d'esclaves. » Autrement dit, puisque Aristote prend bien soin de distinguer les manœuvres et les esclaves, le progrès technique toucherait aussi bien les hommes libres que les esclaves. Et l'on devine combien cette précision est importante. A. Aymard a présenté, à partir de ce texte, les deux thèses possibles : « Sentant la liaison des deux faits, les Anciens ont vu la cause de l'un, l'absence de machines, et l'effet dans l'autre, l'esclavage. Il ne serait même pas impossible que les plus clairvoyants d'entre eux, les plus tourmentés aussi, aient trouvé dans cette relation de cause à effet, qui leur paraissait évidente, de quoi apaiser leur conscience. Car elle leur permettait de concevoir l'esclavage, injustifiable dans son principe, comme une nécessité inéluctable de la vie collective [2]. » Supposition sans justification des textes, mais qui, à la rigueur, pouvait être logique : nous y reviendrons. Mais, A. Aymard, par un retournement qu'il est difficile de comprendre, estime cette explication traditionnelle comme opposée « au comportement même des Anciens ». Face à ce que nous appelons le progrès technique, loin d'ignorer « les connaissances scientifiques ou les aménagements pratiques qui leur eussent permis d'assurer le progrès technique, puis de le poursuivre, ce fut à dessein qu'ils s'abstinrent de les mettre en œuvre afin d'économiser le travail humain, en produisant davantage et plus vite. L'absence de telles machines ne constitue donc pas un fait premier, à partir duquel on serait en droit d'expliquer l'escla-

1. Aristote, *Politique*, I, IV, 3.
2. A. Aymard, *op. cit.*, postface.

vage ». Nous reviendrons sur cette proposition. Mais il est certain qu'il fallait trouver une autre cause, ou les causes de ce « refus délibéré » du progrès technique. A. Aymard rappelle alors le mépris des Grecs pour le travail manuel et arrive à l'explication absolument inverse de celle que nous livrait Aristote. « L'esclavage ne doit pas être tenu pour une conséquence de l'absence des machines, c'est au contraire celle-ci qui se présente à l'historien comme une conséquence de l'esclavage. » Et d'ajouter qu'Aristote, Grec entre tous les Grecs, ne pouvait, en écrivant sa petite phrase, que penser le contraire. Avouons que c'est là un curieux commentaire de texte, qui arrive à faire dire à l'auteur l'exact contraire de ce qu'il a apparemment écrit.

Et c'est le seul texte que nous ayons à cet égard.

M.I. Finley paraît s'engager dans une meilleure voie : « On avance alors... que l'esclavage a retardé le progrès technologique et l'augmentation de la productivité, que même le colonat servile de la fin de l'Empire romain, qui annonçait les serfs du Moyen Age, était plus efficace parce que les *coloni* (sans parler des fermiers libres) s'intéressaient plus que les esclaves au résultat de leur travail. Dogme là encore : il faut attendre le XIVe siècle en France et en Angleterre pour que la production du froment, par exemple, égalât la quadruple récolte qui semble avoir été considérée comme objectif sur les domaines exploités par des esclaves de l'Italie antique; et on peut montrer certains progrès techniques là même où l'esclavage se montrait sous son jour le plus brutal et le plus oppressif, dans les mines d'Espagne et sur les *latifundia* romains [1]. »

Il y a une dizaine d'années, M.I. Finley mettait déjà en doute le dogme officiel sur l'abondance d'une main-d'œuvre bon marché en Grèce et à Rome. « Il s'agit manifestement d'un fait essentiel, mais ses implications sont complexes et insaisissables. Il est rare de pouvoir montrer les esclaves en disant, tout simplement et avec certitude : voici l'explication d'une technique et d'une économie statiques. La relation directe de cause à effet est probable dans quelques cas, comme l'extraction du minerai ou l'évacuation de l'eau dans les mines. Des dispositifs mécaniques étaient parfois utilisés à ces fins, mais d'une manière générale, le minerai conti-

1. M.I. Finley, *op. cit.*, p. 109-110.

nuait d'être tiré des mines dans des sacs de cuir portés par des esclaves, et l'eau d'être écopée à la main, également par les esclaves. En revanche, c'est dans les mines espagnoles (où les conditions de travail choquaient les écrivains contemporains eux-mêmes) que la vis d'Archimède était utilisée, et ce fut sur les *latifundia* romains, avec leurs célèbres ergastules, qu'apparurent les principaux progrès en machinerie agricole [1]. »

Certes, le problème n'est pas simple. A un certain niveau de la technique, les liaisons entre système technique et système social ne sont pas d'un mode obligé. Mieux encore, plus une technique est primitive, moins système technique et système social sont liés, moins aussi, par conséquent, ils ont d'influence l'un sur l'autre. Au reste, notre connaissance de l'esclavage, sous tous ses aspects, n'est pas parfaite, non plus que celle de la vie professionnelle de la Grèce antique. L'esclavage était-il une nécessité économique? Rien ne le prouve d'une façon absolue : il y avait des artisans, des ouvriers, des médecins, des professeurs libres, comme il y avait des artisans, des ouvriers, des médecins, des professeurs esclaves. Ceci pose, de façon aiguë, le problème de la finalité de l'esclavage : était-ce un moyen de compenser un manque de main-d'œuvre, et ceci confirmerait la phrase d'Aristote, était-ce un moyen de dissuasion, comme nous dirions aujourd'hui, le voisin belliqueux craignant de se voir, en cas de défaite, réduit au rang d'esclave. Il ne paraît pas que l'on ait, jusqu'à présent, étudié fondamentalement ce problème, dans la mesure où l'on reste sur des postulats anciens. Seuls donc, quelques raisonnements *a priori* sont susceptibles de conduire sur des voies plus logiques, qu'il conviendrait d'explorer plus à fond. Les réflexions, à cet égard, peuvent être de deux natures, interne et externe.

La citation du début est symptomatique à cet égard. « Le travail des esclaves, plus économique... » Il y a là une affirmation que l'on retrouve constamment. P.M. Schuhl en est aussi l'adepte. « On n'avait pas besoin d'économiser la main-d'œuvre alors qu'on avait à sa disposition, nombreuses et peu coûteuses, des machines vivantes, aussi éloignées de l'homme libre que la bête, les esclaves [2]. » C'est

1. M.I. Finley, « Technical Innovation and Economic Progress in the Ancient World », *Economic History Review*, XVIII, 1965, p. 43.
2. P.M. Schuhl, *op. cit.*, p. 32.

à croire que l'esclavage représentait une main-d'œuvre, une source d'énergie quasi gratuite. Même dans les travaux les plus pénibles ceux-là mêmes qui étaient souvent réservés aux esclaves, comme l'exploitation minière, l'utilisation de certaines machines eût certainement été plus économique que l'emploi d'une main-d'œuvre servile. La chose est encore plus évidente dans le cas de l'artisanat, dans le cas de toutes les professions, de tous les métiers qui exigent connaissance et habileté. L'esclave, techniquement valable, techniquement efficace, représentait certainement un capital important qu'il eût été avantageux d'épargner grâce à un machinisme plus développé. « Si les navettes pouvaient se mouvoir d'elles-mêmes... » quel drapier grec n'en avait pas rêvé, même s'il possédait des esclaves qu'il fallait éduquer, nourrir, soigner, entretenir en un mot. Nous ne possédons malheureusement que fort peu d'études relatives à la valeur économique de la main-d'œuvre servile, dont le rendement n'était peut-être pas, par ailleurs, aussi bon que le rendement d'une main-d'œuvre libre. Dans un article déjà cité, I.B. Malowist s'est posé la question de savoir ce que les Anciens pensaient de la valeur économique du travail servile. Il semble qu'il nécessitait, en particulier, dans les campagnes, un très fort encadrement. Cet auteur, en définitive, ne se prononce guère. M.I. Finley situe bien la question. « Le rendement qualitatif de la main-d'œuvre servile est le point essentiel d'où il faut partir pour évaluer son efficacité, et les profits qu'on en retirait, et partant, les choix qui s'offraient aux employeurs de main-d'œuvre dans l'Antiquité. C'est un sujet déformé par les dogmes et des erreurs d'appréciation sur ce qui est en jeu, la plupart d'entre elles étant dues à des jugements moraux. Une longue tradition littéraire, venant des horizons politiques les plus divers, affirme que la main-d'œuvre servile est inefficace, du moins dans l'agriculture, et qu'en fin de compte elle ne rapporte pas de profits. Cette suggestion aurait beaucoup surpris les propriétaires d'esclaves grecs et romains, qui continuèrent pendant des siècles non seulement à croire naïvement qu'ils tiraient de leurs esclaves des bénéfices substantiels, mais encore à dépenser ces bénéfices à pleines mains [1]. » Les ambiguïtés ne manquent pas.

1. M.I. Finley, *op. cit.*, p. 108-109. Cf. M.I. Finley, *Slavery in Classical Antiquity. Views and Controversies*, Cambridge, 1960.

Le tout est également lié à certaines conditions démographiques qui n'ont guère été étudiées non plus. J. Ellul [1] a fort bien noté l'importance du capital représenté par l'esclave. On a intérêt « à ne pas le laisser perdre, à ne pas l'utiliser à tort et à travers, et si l'on peut rendre son travail plus efficace et moins fatigant, le maître a tout intérêt d'y veiller, comme le montre le vieux Caton ». Autrement dit, un certain machinisme aurait été utile, et bien accueilli.

Il est d'autres arguments pour croire, en définitive, qu'Aristote avait bien raison et qu'il a bien pensé ce qu'il a effectivement écrit. J. Ellul notait fort justement [2], et les comparaisons sont éclairantes, qu'il y eut de beaucoup plus grands progrès techniques dans les civilisations qui connurent l'esclavage, comme l'Égypte, que dans d'autres où il était pratiquement inconnu, comme Israël. Il y eut de beaucoup plus grands progrès techniques dans la période esclavagiste de l'histoire romaine que pendant la période des affranchissements. Et la libération des esclaves, à l'époque des invasions, n'a produit aucun progrès technique sensible. Peut-on évoquer le cas des grandes civilisations précolombiennes, inca ou maya, qui ne connaissaient pas l'esclavage, et dont les techniques ont été parfaitement bloquées, et à un niveau très inférieur à celui des techniques grecques.

Face donc à l'idée d'un blocage des techniques provoqué par l'existence de l'esclavage, nous reprendrons volontiers le jugement de J. Ellul : « En réalité, nous sommes ici en présence d'une de ces explications faciles, frappantes, et absolument antihistoriques, dont les justificateurs de théorie sont coutumiers. Il convient d'écarter définitivement de nos manuels, de nos livres, même de nos études savantes, si riches à d'autres égards, ce vieux poncif de l'histoire de l'Antiquité [3]. »

Dans la mesure où ils ne croyaient pas tellement à leurs propres arguments, nos commentateurs modernes se sont rabattus sur une explication assez extraordinaire dans sa conception et dans sa for-

1. J. Ellul, *La Technique ou l'Enjeu du siècle*, Paris, 1954, p. 32.
2. *Ibid.*, p. 33.
3. *Ibid.*, p. 33.

mulation : le refus délibéré du progrès technique. Est-il besoin de dire que nous ne possédons, à cet égard, aucun texte formel de toute l'Antiquité.

Certes, quelques anecdotes ont été signalées [1]. Le développement des machines de guerre aurait posé des « problèmes moraux ». « A quoi servira la bravoure maintenant ? », aurait demandé Archidamos, fils d'Agésilas, en voyant une catapulte venue de Sicile. Et cependant, Aristote [2] se pose la question de savoir si un homme brave peut utiliser fortifications et machines. Il répond par l'affirmative : les nouvelles machines sont souvent, avec les murailles, le suprême recours de la bravoure contre le nombre. Dans les deux cas, il n'y a pas refus à proprement parler.

L'autre exemple nous est fourni par Suétone. Un ingénieur aurait proposé à Vespasien un appareil permettant de transporter des colonnes à peu de frais — et n'est-ce pas là la condamnation formelle de la main-d'œuvre servile à bon marché — jusqu'au sommet du Capitole, que l'on restaurait alors. L'empereur, tout en récompensant largement l'inventeur, refusa d'utiliser l'invention, déclarant : « Laissez-moi nourrir le petit peuple [3]. » Et il s'agissait là d'hommes libres. Par contre, combien souvent a été citée l'épigramme de l'*Anthologie* qui montre le moulin à eau libérant la femme de travaux pénibles. « Retenez vos mains, longtemps familières avec la meule, ô filles qui naguère broyiez le grain. A vous désormais les longs sommeils, dédaigneux des chants dont les coqs saluent le point du jour. Car ce qui fut votre tâche, Déméter l'a commandé aux Nymphes [4]. » Et si l'exemple de Vespasien portait sur un cas tout à fait particulier, et temporaire, le second, au contraire, est tout à fait général et allait durer des siècles.

D'une manière plus large, on a signalé l'angoisse que pouvait provoquer le progrès technique, cette angoisse même que certains de nos contemporains ressentent aujourd'hui. « Les Anciens, écrit P.M. Schuhl, auraient-ils prévu les inconvénients et les dangers que pouvait comporter l'usage des machines ? Sans doute, ils savaient

1. P.M. Schuhl, *op. cit.*, p. 30-32.
2. Aristote, *Politique*, VII, 10, 5-8 (1330 b-1331 a).
3. Suétone, *Vie des Césars*, I, 18.
4. Cité par M. Bloch, « Avènement et conquête du moulin à eau », *Annales d'histoire économique et sociale*, 1935, p. 546.

qu'il est des inventions mauvaises, ou qui peuvent être employées à des fins mauvaises. » Et de citer comme exemple l'auteur du traité *Des articulations*, montrant que les instruments inventés pour réduire les luxations rebelles peuvent très bien servir à la torture [1]. Mais la hache de guerre est-elle très différente de la hache à abattre les arbres ?

Il est à remarquer que toutes les raisons mises en avant pour justifier un éventuel refus du progrès technique, qui ont peut-être existé, et à des époques très différentes, et pour des motifs très divers — on connaît depuis fort longtemps les excès du ludisme, le bris des machines dont on craint qu'elles ne provoquent ce qu'on appelle le chômage technologique, encore récemment la forte opposition des syndicats ouvriers américains à l'automation — n'ont jamais arrêté le progrès technique.

Ce refus « délibéré » ne pouvait avoir naturellement d'existence que si l'on admettait la possibilité d'un progrès technique quasi illimité. Nous avons quelque scrupule à citer les explications de nos contemporains, qui traduisent une méconnaissance complète, totale, des problèmes techniques. Cette possibilité, ces possibilités du progrès technique sont affirmées *a priori*, avec des formules qui forcent l'étonnement. « Loin d'ignorer les connaissances scientifiques ou les aménagements pratiques qui leur eussent permis d'amorcer le progrès technique, puis de le poursuivre, c'est à dessein qu'ils s'abstinrent. » Continuons la citation du même auteur. « Les Grecs ont été animés du véritable esprit scientifique et il n'a tenu qu'à eux d'appliquer pratiquement les principes que leurs raisonnements leur ont fait découvrir... Bien plus, ils ont commencé à les appliquer pour satisfaire aux fantaisies royales ou pour défendre Syracuse contre les Romains... Ce n'est pas par ignorance que l'Antiquité a péché, mais par refus [2]. » Nous sommes là au sommet de l'explication traditionnelle. Il n'est plus question de mépris du travail manuel, il n'est plus question de l'esclavage, deux attitudes qui pouvaient se relier l'une à l'autre, c'est une affirmation qui suppose comme corollaire — et, une fois de plus, le cercle se referme sur lui-même — l'affirmation complémentaire. Tout était possible et le blocage de la pensée technique grecque ne peut s'expliquer que par le refus.

1. A. Espinas, *Les Origines de la technologie*, Paris, 1897, p. 132, n. 2.
2. A. Aymard, *op. cit.*, postface.

Lorsqu'on demeure dans les généralités, toutes les affirmations sont possibles, encore que souvent difficiles à justifier. Mais lorsqu'on descend dans le détail, la surprise est intégrale. Citons quelques exemples manifestes. « La construction de ces machines (il s'agit de l'artillerie névrobalistique) eut pour origine l'arc à main. Comme il fallut lancer un projectile plus lourd à une distance plus éloignée, on fit des arcs plus grands en augmentant leurs tensions, je veux parler de la résistance des extrémités de l'arc; il en résulta que comme il devenait difficile de les bander, il fallut employer une force plus grande que celle des bras. » Passons sur ce résumé, un peu sommaire et passablement erroné, de l'évolution des machines de jet, emprunté d'ailleurs à un auteur du XIXe siècle. Le plus étonnant est la conclusion apportée par P.M. Schuhl : « Arrivé à ce point, le développement du machinisme pouvait être considérable : il n'en fut rien [1]. » Ce serait supposer que l'arc et ses dérivés seraient l'une des sources du machinisme, ce qui est très invraisemblable. A part l'archet qui conduit aux appareils à percer, à part le tour à arc, l'arc étant utilisé comme ressort, aucune machine n'est sortie de ces instruments. Que n'a-t-on pas écrit sur l'éolipyle de Héron d'Alexandrie. « Quelles applications les Anciens ont-ils tiré de ce dispositif qui tient à la fois de la machine à vapeur et de la turbine ? Aucune [2]. » Est-il besoin de préciser tout ce qu'il fallait pour que la machine à vapeur pût naître ? Est-il nécessaire de remarquer qu'une machine ne peut être à la fois machine à vapeur (c'est-à-dire sans doute machine à vapeur classique, alternative) et turbine. Et que les Grecs auraient-ils fait d'une machine à vapeur ? Des navires à vapeur, des chemins de fer, une source d'énergie pour un machinisme dont on dit qu'il n'existait pas ? Et cependant c'est là un lieu commun de presque toute l'historiographie : les Grecs sont passés à côté de la machine à vapeur. Allons jusqu'au bout. « Héron et Vitruve nous décrivent quelques instruments fondés comme les moulins sur le principe de l'engrenage; ce sont des odomètres, des taximètres, fort bien compris, dont une variété, qui a pour organe essentiel une roue à palettes, permet de mesurer la marche d'un navire. Au temps de Justinien, on eut l'idée de faire de cette roue à palettes une roue motrice [3], mais on ne s'avisa pas d'y

1. P.M. Schuhl, *op. cit.*, p. 28.
2. *Ibid.*, p. 30.
3. *Ibid.*, p. 29.

appliquer la force de la vapeur [1]. » Nous retombons dans les mêmes schémas. Sait-on exactement ce qu'est une turbine à vapeur, et tout l'environnement technique qu'elle suppose ? Et nous pourrions constater qu'à partir du XVIe siècle, lorsqu'on a publié les images d'Héron avec les textes qui les accompagnaient jusqu'à la fin du XIXe siècle, l'humanité s'est refusée systématiquement d'utiliser la force de la vapeur sur une roue à palettes. Ce refus ne serait donc pas uniquement le fait des Grecs de l'époque hellénistique.

Il est curieux de constater que ces mêmes auteurs, ou leurs voisins immédiats, admettent pertinemment que les Grecs n'ont pu connaître la physique de Galilée ni la chimie de Lavoisier, et en fournissent fort bien les raisons, et versent, dès qu'il s'agit de technique, dans les affirmations les plus aberrantes. C'est que tous ne comprennent pas qu'il soit possible de ne pas connaître quelque chose dans le domaine de la matière : ils sont semblables aux professeurs de science de Bachelard qui « ne comprennent pas qu'on ne comprenne pas [2] ». Nous y reviendrons. Il est des absences de connaissances qui surprennent, mais qui ne surprennent que nous, qui sommes habitués, depuis notre plus tendre enfance, à savoir. Les Grecs n'ont pas connu le système bielle-manivelle, qui nous paraît si simple à imaginer. Et le système bielle-manivelle est, lui, à la base de tout machinisme développé.

Les techniques grecques n'ont pas été bloquées, au sens où les historiens modernes l'ont dit. Il est infiniment plus juste de dire que le progrès technique s'est arrêté à un certain stade, comme cela s'est produit régulièrement à diverses époques et dans différentes régions du monde. A la vérité, les explications rationnelles de ces arrêts sont assez faciles à trouver. Elles se situent à deux niveaux. Le premier est proprement matériel, purement technique au sens le plus étroit du terme. Le second est d'ordre extra-technique, mais fortement lié à la technique : il s'agit des connaissances, disons scientifiques, indispensables au progrès technique. Ces deux types d'explications

1. Sans doute cet auteur veut-il faire allusion à la roue de moulin.
2. G. Bachelard, *La Formation de l'esprit scientifique*, Paris, 1972, p. 18.

suffisent, à notre sens, à comprendre l'arrêt du progrès technique, sans aller chercher des motifs dans des domaines très éloignés.

Les quelques exemples que nous venons de citer nous mettent, partiellement, sur la voie. Il n'y a pas de technique isolée; il y a, à une époque donnée, suggérons l'époque de l'école d'Alexandrie, un système technique global. En effet, toutes les techniques sont, à des degrés divers, solidaires les unes des autres. Si, à l'époque qui nous intéresse, certains de ces liens sont encore plus ou moins lâches, ils n'en sont pas moins réels, et principalement pour les techniques dites avancées, celles-là mêmes qui sont pratiquées par nos mécaniciens. L'absence d'un élément, ou sa méconnaissance, provoque nécessairement l'arrêt de tout progrès.

Prenons un cas très simple. La machine à vapeur est née, à l'extrême fin du XVIIe siècle, à la suite d'un certain nombre de découvertes scientifiques et d'inventions techniques : connaissance du vide et de la condensation, connaissance de la pression atmosphérique, emploi du système bielle-manivelle, utilisation de certains procédés de métallurgie. Or, les Grecs de la période hellénistique n'avaient rien de tout cela. L'éolipyle de Héron, qui n'est exactement ni un jouet ni une machine, mettait en jeu la force de la vapeur, mais ne provoqua point les autres connaissances indispensables. C'est bien là, et nous allons y revenir, l'obstacle épistémologique cher à Bachelard qui bute sur des observations premières incapables d'appréhender les phénomènes en jeu. Mais, plus encore, et ceci est important du point de vue technique, les Grecs ne connaissaient ni la fonte, dont on s'est servi pour le fond des cylindres, ni la possibilité de faire de grandes plaques de tôle pour les cylindres eux-mêmes. L'obstacle du matériau est sans doute l'un des plus contraignants pour l'avancement des techniques. Faute du ou des matériaux appropriés, c'est tout un pan du progrès technique qui devient impossible.

Dans le domaine du machinisme, si souvent invoqué par les contemporains que nous avons cités, les obstacles, d'une nature différente, certes, ne manquent pas. Les Grecs connaissaient les cinq chaînes cinématiques classiques, simples, nous l'avons vu. Ils se sont heurtés à de grandes difficultés lorsqu'ils sont passés aux mécanismes composés. Héron nous prouve, dans ses *Théâtres d'automates*, qu'on avait pu imaginer l'arbre à cames, base d'une programmation élémentaire d'un certain nombre de mouvements dans le temps. Par contre, et nous y insistons à nouveau, nulle part il n'est mention, même allusive, du système bielle-manivelle qui transforme un mouvement alternatif rectiligne en un mouvement circulaire continu, ou vice versa. Ce système mécanique ne fait son apparition qu'à la fin du XVe siècle [1]. Il s'agit moins d'essayer de comprendre pourquoi les Grecs ne l'ont point inventé — et c'est sans doute là la preuve d'un manque de conceptualisation des mouvements en général — que de constater son absence. Et ceci est d'autant plus important que ce mécanisme de transmission et de transformation des mouvements a permis le développement de petites machines qui ne demandaient pas une énergie considérable : citons le rouet à pédale et, d'une manière générale, tous les tours dont le rouet n'est qu'un spécimen. Et là, il ne peut s'agir de refus, de l'existence de l'esclavage ou du mépris du travail manuel. C'est une absence, comme il y en a d'autres dans d'autres domaines.

D'une manière générale, tout système technique pratiqué par une civilisation donnée est, plus ou moins selon que le ravitaillement est à portée ou non, tributaire de ses ressources naturelles. Un machinisme développé suppose nécessairement des sources d'énergie abondantes. Or, la Grèce antique ne possède guère de ressources naturelles et elle en importe une bonne partie, ne fût-ce même que pour la nourriture des hommes. Les cours d'eau sont très irréguliers, à sec l'été, véritables torrents à certaines époques : dans ces conditions il était difficile que le moulin à eau se développât d'une manière étendue. Il ne suffit pas d'imaginer la machine à vapeur, encore faut-il avoir les ressources pour produire la vapeur. Sans même parler du charbon de terre, pratiquement inconnu dans ces régions, le bassin de la Méditerranée n'a que des forêts assez maigres, et qui se régénèrent difficilement. Quand bien même Héron aurait inventé la machine à vapeur, il est peu probable qu'il ait eu assez de bois pour la faire marcher.

Ne nous y trompons pas; point n'est besoin de chercher des motifs extérieurs, l'étude du système technique des Grecs de l'époque hellénistique montre à l'évidence qu'il était impossible d'aller plus loin qu'ils ne l'ont fait. Et on a bien montré que les Romains, qui

1. B. Gille, « La naissance du système bielle-manivelle », *Techniques et Civilisations*, 1952, II, p. 42-47.

héritèrent de ces techniques, ne purent les développper que dans la mesure où ils profitèrent d'autres civilisations techniques (en particulier de celles de certains peuples barbares), et où ils disposèrent, grâce à leur expansion dans un grand nombre de régions, de ressources naturelles infiniment supérieures à celles du bassin oriental de la Méditerranée.

9. La formation de la connaissance technique

Le second volet de notre explication méritait un développement particulier dans la mesure où il touche à un problème important : les rapports entre science et technique, et, au-delà, la formation d'une connaissance technique indépendante de l'esprit scientifique, et d'une autre nature, mais pouvant avoir avec lui des relations qu'il convient de préciser.

Dans tout ceci, il existe plusieurs plans. Ce sont tout d'abord les commentateurs modernes qui ont interprété des textes sur lesquels nous reviendrons ensuite. Cet ordre est sans doute illogique : il l'est moins lorsqu'on s'aperçoit qu'en fait nos modernes historiens de la civilisation grecque sont moins tributaires des textes que d'idées préconçues remarquablement inadaptées au contexte. C'est en partant de celles-ci que nous retrouverons dans les textes leur véritable signification.

Nous avons, dans le chapitre précédent, noté cette proposition fondamentale de l'histoire contemporaine : les Grecs possédaient une science qui pouvait conduire au perfectionnement de toutes les techniques. C'est ainsi que pour J.-P. Vernant [1], l'explication du blocage de la technique de l'époque hellénistique se situerait sur un plan intellectuel, sur le plan de la pensée. La pensée grecque n'a pas pu combler « l'écart entre une science s'inspirant d'un idéal logique et une *empeiria* réduite aux tâtonnements de l'observation ». C'est que « quand elle échappe au cadre étroit où l'enferment les exigences

1. Nous utilisons très largement l'intéressante étude de J.-P. Vernant, « Remarques sur les formes et les limites de la pensée technique chez les Grecs », parue d'abord dans la *Revue d'histoire des sciences*, 1957, p. 205-225, puis dans *Mythe et Pensée chez les Grecs*, Paris, 1971, t. II, p. 44-64. On consultera pour comparaison l'article de Cl. Preaux, « Sur la stagnation de la pensée scientifique à l'époque hellénistique », *American Studies in Papyrologie*, I, 1965, p. 235-250.

logiques de la théorie, et qu'elle s'oriente vers des inventions nouvelles, la recherche technique se trouve aux prises avec l'irrationnel ». De même qu'elle se trouve confrontée à une nature animée et vivante à laquelle elle ne peut prétendre imposer sa loi entièrement, de même elle doit faire une large place à l'*empeiria*. « C'est pourquoi la machine de l'ingénieur garde le caractère d'une réussite exceptionnelle qui ne paraît pas susceptible d'une application généralisée. » La réflexion technique ne serait donc ni logique ni expérimentale. « En se laïcisant, les techniques n'ont pas été promues au rang d'applications de la science. Elles se sont constituées en un système de recettes traditionnelles et d'habileté pratique dont l'efficacité n'a plus rien que de naturel, mais qui ne se prêtent ni à la réflexion critique ni à l'innovation. » J.-P. Vernant estime que la plus haute époque, les VIIe et VIe siècles, a connu une vie technique plus efficace. « S'est-elle figée dans les formes que lui imposait l'organisation politique de la cité ? »

Les conclusions de J.-P. Vernant sont la synthèse de tout cela. Il part d'un fait que nul ne conteste, au moins dans sa formulation la plus vague : « le blocage de la pensée technique des Grecs dans le moment où, à travers la réflexion des sophistes sur la *Technè*, elle semblait prendre forme, se dégager, s'affirmer dans ses traits essentiels ». « Elle n'a pas encore les caractères qui définissent à nos yeux l'intelligence technicienne et qui fondent son dynamisme. Elle ne s'articule pas ou mal à la science. Elle ignore la pensée expérimentale. Faute d'avoir élaboré les notions de lois naturelles, de mécanismes physiques, et d'artifices techniques, elle ne dispose pas du cadre conceptuel qui assurerait son progrès... La stagnation technique chez les Grecs va de pair avec l'absence d'une pensée technique véritable. » Ici encore, l'explication tourne sur elle-même. Il ne saurait y avoir blocage d'une pensée technique dont on nie l'existence.

Comme pris dans son propre piège, l'auteur introduit cependant des nuances importantes. Il souligne d'une phrase les interférences entre progrès technique et transformations dans l'ordre politique, social, économique. Il accorde aux Grecs à la fois un certain génie inventif et, avec les machines, la naissance d'une certaine pensée technique.

Tout ceci paraît relever, dans l'absolu, d'une confusion fondamentale. Pour beaucoup en effet, la connaissance technique n'existe que dans la mesure où elle est d'ordre scientifique. Autrement dit, il ne peut y avoir de pensée technique autonome, avec ses propres démarches, sa propre logique. Notons, en revenant à notre époque, que la science elle-aussi, et nous y reviendrons, ignore la pensée expérimentale et, dit-on, n'a point élaboré la notion de lois naturelles. Donc science et technique ne se peuvent rejoindre sur ce terrain et c'est pourquoi on en arrive à un jugement hâtif et ambigu, qui ne saurait répondre à une quelconque réalité. « C'est pourquoi, même chez les ingénieurs alexandrins qui, contrairement à Aristote et Archimède, s'attachent dans leurs traités aux réalisations techniques, on trouve, plutôt qu'une science appliquée, un compromis entre la théorie et l'expérience, mal articulée l'une à l'autre, et dont les exigences, finalement, s'opposent. » Et un peu plus loin : « Les principes d'explication que propose la théorie, trop généraux et d'ordre qualificatif, ne s'ajustent que grossièrement aux détails techniques de construction. Ni les machines, ni les forces qu'elles mettent en œuvre ne sont calculées. » Retenons ce texte et les termes qu'il emploie.

Drachmann [1], dans le même esprit, mais plus nuancé, notait l'éclectisme des considérations théoriques dans les *Pneumatiques* d'Héron d'Alexandrie. Chez Héron, souligne-t-il, les machines ne servent pas plus à illustrer le jeu des lois naturelles que les lois naturelles, sauf de rares exceptions, à expliquer le fonctionnement des instruments. La théorie donne des principes d'explication valables pour l'ensemble. Il n'y a pas la notion de lois physiques précises, ni celle d'un appareil expérimental pour les vérifier. Il ne s'agit pas d'un traité de physique appliquée, mais d'un recueil d'ingéniosités techniques. « La pensée technique opère sur ces réalités mouvantes du monde terrestre qui constituent aux yeux des Grecs le domaine de l'à-peu-près auquel ne s'applique ni exacte mesure ni calcul précis. Elle a donc un autre objet et se situe sur un autre plan que la science [2]. » Mais, corrige de suite J.-P. Vernant, il se peut qu'en certains domaines il y ait eu « possibilité d'aborder théoriquement certains problèmes

1. Drachmann, *Ktesibios, Philon and Heron...*, Copenhague, 1948, p. 161. On ne saurait, à la vérité, suivre entièrement cet auteur. Il est vraisemblable que nos mécaniciens grecs ont en quelque sorte pressenti les lois naturelles qu'ils ont été incapables de formuler. Il en sera de même pour les techniciens de la Renaissance à propos de la loi d'inertie.
2. J.-P. Vernant, *op. cit.*, p. 51.

et de leur donner une solution rationnelle et démonstrative. Mais précisément, le raisonnement ne reste rigoureux qu'à la condition de se cantonner dans le domaine de la pure théorie... Dès qu'on cherche à l'appliquer à des opérations naturelles, elle se dégrade dans les faits [1] ». Et tout ceci se traduirait en quelque sorte dans les méthodes employées. L'*empeiria* des techniciens n'est et ne peut être ni expérimentation ni pensée expérimentale.

Assimiler deux types de connaissances, la connaissance scientifique et la connaissance technique, qui ont chacune leur nature propre, nous paraît abusif. L'ingénieur contemporain se sentirait directement visé par ces textes qui l'accusent de déformer, comme son ancêtre grec, la théorie en l'appliquant. Une fois l'assimilation admise *a priori*, et cependant combien est vague le terme de science appliquée, le reste, assurément, pouvait aller de soi. Nous arrivons là au cœur du problème. On fait grief à nos mécaniciens de n'avoir pas compris ce que les savants eux-mêmes ne comprenaient pas. Était-ce aux uns ou aux autres de faire l'effort nécessaire? Chez Héron, d'après les problèmes traités, il ne pouvait s'agir de physique appliquée puisque cette physique n'existait pas. Mais il y avait plus que de la simple ingéniosité technique : les problèmes essentiels, même sans réponse, sont posés. Les *Pneumatiques* relèvent du même esprit que les appareils de physique des cabinets du XVIIIe siècle : faire percevoir des phénomènes dont on ne sait pas rendre compte scientifiquement. C'est la seule façon de procéder.

Adressons-nous d'abord aux textes anciens. Nous y trouvons précisément la stricte distinction entre science et technique. Platon note bien qu'un savoir-faire, une technique, n'est pas une science, et il déplore que « trop de géomètres parlent comme des manœuvres, c'est-à-dire comme des techniciens [2] ». Et tous les auteurs anciens ont fait la même constatation et se sont insurgés contre les confusions faites à cet égard. La science a ses exigences d'exactitude rigoureuse, de démonstrations selon des règles qui lui sont propres, et, pour ce faire, d'un langage particulier. Plutarque prête à Platon cette attitude. « Les premiers essais de cette mécanique si prisée et si vantée sont dus à Eudoxe et à Archytas, qui voulurent agré-

1. *Ibid.*
2. Platon, *République*, 601 e et 602 a.

menter joliment la géométrie et appuyer par des expériences sensibles et instrumentales des problèmes qu'il n'est pas facile de résoudre par une démonstration logique et géométrique... Comme c'est le principe nécessaire pour tracer beaucoup de figures, tous les deux l'appliquèrent à des instruments appelés mésographes, ajustés d'après les lignes courbes et des sections (coniques). Mais Platon s'indigna et leur reprocha énergiquement de perdre et ruiner l'excellence de la géométrie qui désertait avec eux les notions abstraites et intelligibles pour passer aux objets sensibles et revenait à l'utilisation d'éléments matériels, qui demandent un long et grossier travail manuel [1]. »

Que Platon ait marqué sa désapprobation vis-à-vis de certaines pratiques conduisant à des solutions mécaniques et non déductives — il s'agit en l'occurrence du problème délien de deux moyennes proportionnelles —, personne ne peut le lui reprocher sur un certain plan. Résoudre de tels problèmes, même ceux sur lesquels butaient les géomètres de l'époque, au moyen d'appareils mécaniques, ne permettait pas, ne devait pas permettre au savant de considérer cette démarche comme une démarche normale, comme une démarche raisonnable. La démonstration géométrique doit être autre. Platon était bien dans le sens de la tradition ancienne qui n'admettait que la règle et le compas. Ces derniers étaient les outils d'une figure correcte, dont les opérations amenaient à des résultats logiques, résultats vus et compris, immédiatement admis par une intuition rationnelle [2]. Le mésolabe était tout autre chose. Il donnait le résultat sans rendre intellectuellement sensible le raisonnement. C'était là qu'était la faute. Pour aboutir à une géométrie qui fut celle d'Euclide, construction homogène et globale, il fallait insister sur un développement logique de la pensée, non sur une construction mécanique. En cela, et sur le plan purement scientifique, sans doute Archytas et Eudoxe ne devaient pas être suivis. La nécessaire séparation entre mécanique et géométrie allait de soi et prouvait au reste, pour les philosophes, la supériorité de la science sur la technique. Dès lors que la science n'était plus un élément des techniques, un accessoire des techniques, qu'elle avait atteint son objet propre, il ne pouvait en être autrement. Le grand mérite de Pythagore, pour

1. Plutarque, *Marcellus*, 9 à 11.
2. Platon, *République*, 525 e s.

Eudème, c'est d'avoir fait des mathématiques une discipline libérale, en les étudiant d'un point de vue immatériel et rationnel. Arithmétique et géométrie ne pouvaient avoir acquis leur autonomie qu'en se séparant des techniques qui les avaient fait naître, devenant ce que nous appelons d'un terme que les Grecs n'auraient pas renié, des sciences pures. Réaction passionnelle aussi d'un homme qui refusait aux techniques une place honorable dans les activités sociales.

Passons de l'autre côté de la barrière pour tenter une approche plus précise de la question. La technique, elle aussi, avait ses problèmes et dont nous avons vu que la duplication du cube était l'un d'eux. Faute de les pouvoir résoudre par l'intermédiaire d'un raisonnement purement scientifique, il fallait, il était indispensable de trouver des solutions par quelque moyen que ce fût. La technique n'a pas besoin, parce que tel n'est pas son rôle, de rendre intelligible, par des raisons démonstratives, le résultat cherché, et découvert. Il suffit que ce dernier soit exact, et même aux approximations près, et peu importe les moyens utilisés. L'effet produit prouvait la véracité du résultat. La science, elle, a besoin d'un raisonnement de compréhension universelle. Prenons un exemple qui soit à la frontière des deux exigences. L'arpentage a pour destinée de mesurer des surfaces. A la rigueur, l'agrimenseur pourrait se servir de moyens analogues au mésolabe. Mais là, le résultat n'est pas immédiatement évident. « Le premier qui, ayant enclos un terrain, s'avisa de dire : ceci est à moi et trouva des gens assez simples pour le croire... » a, pourrait-on dire, créé la géométrie. C'est dans la mesure où une dispute entre deux propriétaires devant un tribunal exige non plus un simple résultat d'arpentage, mais une démonstration géométrique que tout le monde doit admettre, que la science était nécessaire. La démonstration géométrique était alors l'un des éléments de la démonstration juridique. Il en fut sans doute de même pour la comptabilité et pour l'arithmétique. Par la suite, ces deux sciences trouvèrent en elles-mêmes leurs propres développements. On n'en était pas là dans le domaine de la physique. C'est pourquoi la connaissance technique se doit d'être différente de la connaissance scientifique.

L'une des questions importantes, pour situer exactement frontières et limites, est de savoir dans quelle mesure la technique a besoin de la science. Il semblerait, pour Platon, que la technique utilise quelques mécanismes scientifiques beaucoup plus que des théories scientifiques. Le philosophe y consacre un long passage [1]. Il prend le problème sous un angle particulier, celui du niveau du matériel scientifique nécessaire au technicien. Il aborde tout d'abord l'arithmétique, science générale, qui sert à tous les arts, à toutes les opérations intellectuelles, à toutes les sciences et que chacun doit apprendre parmi les premières. Tout art et toute science seraient en quelque sorte forcés d'y recourir. Même l'art de la guerre, demandait Socrate? Il ne peut s'en passer, répliquait Glaucon. Et Socrate de se moquer de Palamède, ayant « inventé » l'arithmétique, prétendant avoir assigné à l'armée ses emplacements devant Troie et avoir dénombré les vaisseaux ennemis et tout le reste. Mais le philosophe admet que parmi toutes les connaissances, l'arithmétique est la plus indispensable à un général comme à tout autre homme. Si Glaucon cherche une utilité spécifique de l'arithmétique pour un général, « pour ranger son armée », Socrate répond qu'il nie cette spécificité.

« En tant que la géométrie a rapport aux opérations de guerre, il est évident qu'elle nous convient, car pour asseoir un camp, prendre des places fortes, resserrer ou étendre une armée et lui faire exécuter toutes les évolutions qui sont d'usage soit dans les batailles mêmes, soit dans les marches, un général est plus ou moins habile selon qu'il est ou n'est pas géomètre. » A la suite, Socrate minimise les connaissances nécessaires. « A te dire vrai, il suffit pour cela de connaissances élémentaires en géométrie et en calcul. Il faut examiner si le fort de cette science et ses parties les plus élevées (c'est-à-dire en fait celles qui ne sont pas utiles à la pratique technique) tendent à notre objet qui est de voir plus facilement l'idée de bien. »

« Le laboureur et le nautonier, suggère Glaucon, doivent être particulièrement prompts à reconnaître à quel moment du mois et de l'année ils se trouvent; le général d'armée doit l'être aussi. » La réponse est toujours la même sur la valeur universelle de l'astronomie, même si, partiellement, elle peut être utilisée par certains techniciens. Ce qui choque Platon, c'est que les savants ne semblent pas persuadés de cette situation. Reprenons le texte signalé plus haut : « Ils parlent de leur science en termes ridicules, car c'est toujours

1. Platon, *République*, 525 e.

en praticiens qu'ils s'expriment et qu'ils parlent de carrer, de construire sur une ligne donnée, d'ajouter et autres termes semblables qu'ils font sonner. Or, toute science n'est cultivée qu'en vue de la connaissance. » Le technicien, qui aurait peut-être aimé lui aussi parler en géomètre, n'utilise la science que comme un moyen, à côté du mésolabe, et pour cela ne peut se servir que d'un matériel scientifique d'un niveau relativement faible.

Et cependant bien des auteurs, et parmi eux encore Plutarque, signalent combien la géométrie est liée aux techniques. Archimède ne regardait-il pas ses machines « comme simples jeux de géométrie » ? « Archytas qui excellait dans la fabrication des machines, voulant conduire la géométrie et la spéculation aux usages de la vie, en avait fait toutes sortes d'applications. » Ce sont là des exemples, plus tardifs certes dans leur rédaction, qui s'opposent quelque peu aux opinions d'un Platon dont les exemples étaient particulièrement mal choisis. Mais Platon lui-même et sans doute est-ce là une de ses multiples contradictions sur le sujet qui nous intéresse, dans *le Politique*, tente une sorte de compromis. Il cite l'arithmétique comme dépouillée de toute attache à l'action. « Les arts, au contraire, qui concernent le charpentage ou toute autre construction manuelle, ont leur science liée, pour ainsi dire originellement à l'action, et prêtent leur concours à celle-ci jusqu'à ce que soient produits les corps qu'elle fait naître à l'existence. » Il y aurait alors science pure, comme nous dirions aujourd'hui, et science liée aux techniques. On peut alors diviser « l'ensemble des sciences d'après ce principe et donner à une partie le nom de science pratique, à l'autre celui de science purement théorique [1] ». Le passage mérite réflexion : il ne nie pas absolument les caractères scientifiques de la technique. En fait, en forçant un peu la pensée de Platon, on pourrait dire qu'il accepte la « technologie » au rang des sciences.

Il y a bien articulation de la science et de la technique. De même que la géométrie ou l'arithmétique, la physique naissante s'appuie sur les mêmes phénomènes que la technique. L'absence de lois naturelles, l'irrationalité fondamentale de la nature ne lui permettent pas de se constituer en un système de type scientifique. Là, le savant se rapproche du technicien et se heurte aux mêmes difficultés. Elles

1. Platon, *Le Politique*, 258 de.

sont un obstacle pour le savant, alors que le technicien peut arriver à les contourner : le mésolabe tient ici le rôle d'un symbole.

Reprenons les textes de nos mécaniciens et tentons de retrouver, à travers une formulation inadaptée, les démarches de la pensée. Citons en premier lieu les *Mécaniques* du pseudo-Aristote. Ce traité, longtemps attribué à Aristote, est daté aujourd'hui de la fin du IIIe ou du début du IIe siècle. Il ne paraît pas, malgré l'opinion de certains qui le rapprochent de Straton de Lampsaque, qu'il appartienne à l'école d'Alexandrie, bien qu'il soit à peu près contemporain de sa naissance. Il n'en participe pas moins à son esprit. Il s'agit bien d'un ouvrage de théorie. Mais, a-t-on pu dire, il ne néglige pas certains aspects pratiques de ses propositions, dans la mesure où c'était précisément le seul moyen de les rendre intelligibles, sensibles. Dans la mesure où il n'a pu créer les concepts indispensables et les raisonnements grâce auxquels on les unit, il est contraint de se reporter à des exemples matériels : et c'est là précisément qu'il déraille.

A peu d'exceptions près, l'auteur explique toutes les questions mécaniques par référence au problème du levier, et nous sommes avant Archimède. Le levier lui-même serait dérivé du cercle, ainsi qu'il est montré dans une étrange introduction où se noient ensemble métaphysique et mécanique dans un discours quelque peu confus. On y distingue fort justement ce qui est naturel de ce qui est « invention » et construction de l'homme. C'est contre nature qu'un poids plus petit pourrait soulever un poids plus gros, comme on y arrive avec le levier, ou avec les moufles. Cette idée d'une technique artificielle, s'opposant en quelque sorte à la nature, et que l'homme est obligé d'utiliser lorsque la nature lui résiste, est intéressante. « La machine, écrit J.-P. Vernant, réalise donc une maîtrise sur des forces physiques qui échappent au contrôle rigoureux de la raison : elle permet de les détourner momentanément de leur voie naturelle, produisant ainsi un phénomène étonnant, exceptionnel, mais de portée réduite [1]. » En fait, l'auteur des *Mécaniques* estimerait que ce n'est pas exceptionnel puisque l'on peut répéter indéfiniment l'expérience, et que les techniques ont montré que ce n'était pas d'une portée négligeable. D'une technique naturelle, dont on connaît les origines divines, on passe à une technique que l'on pourrait dire

1. J.-P. Vernant, *op. cit.*, p. 57.

ordonnée, selon une logique qui n'est qu'humaine, même si elle n'arrive pas à être de type scientifique. Le cercle présente un curieux assemblage de phénomènes naturels et a-naturels. Le centre est fixe alors que la circonférence peut tourner. Différents points, le long d'un même rayon, avancent à des vitesses différentes, puisque le retour au point de départ se fait dans le même temps, alors que les distances parcourues ne sont pas identiques : on était par là conduit aux problèmes de démultiplication dans des engrenages de dimensions diverses. On pourrait multiplier les exemples. S'il y a une série de roues dont les centres sont sur une même droite, et qui soient tangentes entre elles, la première et la dernière, si leur nombre est impair, tournent dans le même sens et les intermédiaires dans le sens contraire.

Lorsqu'il s'agit de statique, l'auteur fournit des explications correctes dans l'ensemble. Dès que l'on aborde les questions de dynamique, la fantaisie la plus complète intervient. Ainsi pour le petit gouvernail qui fait tourner un lourd vaisseau, ainsi le problème de deux roues de taille inégale roulant soit le long de la plus petite circonférence, soit le long de la plus grande.

Si toutes ces questions ont effectivement des applications pratiques immédiates, il en est d'autres qui, dès l'abord, sont posées en termes matériels. Le problème 11 compare l'effort nécessaire pour tansporter des charges sur des rouleaux ou sur des charrettes. Les charrettes ont de grandes roues, ce qui est un élément favorable, mais il y a le frottement de la roue sur l'essieu. Dans le premier des cas la charge est répartie sur deux rouleaux, tandis que dans la charrette, elle repose sur un seul axe. Arrivée là, notre mécanicien n'en tire aucune conclusion pratique, tout simplement parce qu'il n'en pouvait tirer aucune, Le problème 13 met en relation le bras de levier de la manivelle et la grandeur du rayon du treuil. Il s'agit là d'un problème de démultiplication, mais l'introduction du levier dans le cadre d'un cercle révèle chez son auteur un niveau de réflexion assez rare. La recherche de la simplification par la réduction à l'élément le plus simple représente bien la voie par laquelle on cherchait des raisonnements de type scientifique.

Le problème 17 concerne la cale, d'un poids infime, qui peut retenir des masses énormes. C'est que la cale représente deux leviers opposés l'un à l'autre, avec, entre eux, un angle constant. Au poids sur la cale, sur un levier, correspond sur l'autre le poids de la terre entière. Mais c'était là encore de la statique.

Le problème 18 traite du groupement des poulies pour diminuer la force nécessaire pour soulever des poids. C'est le début d'une recherche que, comme les autres, poursuivirent les mécaniciens d'Alexandrie. L'usage des moufles aurait été, à cette époque, relativement récent.

La question des pinces est abordée aussi bien pour l'arrachage des dents que pour le cassage des noix. Dans le premier cas, on notait que la pince servait à déchausser la dent, non à l'arracher proprement dit, ce qui se faisait à la main. Chez Héron, l'opération est entièrement faite à la pince.

Il aurait été passionnant que nos mécaniciens d'Alexandrie, ne se bornant pas à de simples descriptions, nous aient dévoilé les démarches de leur pensée. Ce n'est malheureusement pas le cas général. Bien plus, les termes qu'ils emploient sont parfois ambigus et prêtent à confusion. Il est curieux de constater cependant qu'ils se distinguent, par leur façon de procéder, de leurs prédécesseurs. Citons Philon de Byzance : « Les Anciens avaient seulement conçu la forme et la disposition générale de ces machines (il s'agit de l'artillerie névrobalistique); ils n'obtenaient pas de portées remarquables parce que les proportions qu'ils utilisaient n'étaient pas bien adaptées; leurs successeurs, enlevant de-ci, ajoutant de-là, ont rendu ces instruments harmonieux et efficaces [1]. » On a beaucoup commenté ces tâtonnements, qui révélaient, disait-on, une absence totale de logique : nous allons y revenir. Reprenons Philon : « Il est arrivé à beaucoup de praticiens qui, après avoir établi des machines de grandeur égale et adopté une composition identique à celle des Anciens, après avoir employé des pièces de bois semblables, une quantité de fer égale, sont parvenus, bien qu'avec des charges différentes, à donner à leurs machines de très grandes portées, à leur faire produire des effets très considérables, enfin à les doter d'une puissance supérieure à celles de tous les autres. Cependant, si l'on venait à leur demander comment ils avaient pu obtenir de pareils résultats, il leur était impossible d'en donner la raison. » Ces deux textes, comparés l'un à l'autre, sont très importants. Autrefois, la machine

1. Philon, *Mécaniques*, I, IV, chap. XXXI.

était, comme l'a dit Vernant, « exceptionnelle ». Depuis, nous déclare Philon, elle peut être reproduite, elle est devenue courante grâce à certains procédés mis au point pour la concevoir et la construire. Il y a là un changement radical. Les mécaniciens précédents n'étaient pas, aux dires de Philon, d'accord sur les principes essentiels. « Ils diffèrent d'opinion, non seulement sur la manière d'établir les proportions des détails, mais encore dans l'élément premier et principal. » Et, depuis les nouvelles méthodes qui avaient conduit au module et à son emploi, « nul n'a osé s'écarter du formulaire ». Ou, encore, ce texte révélateur, extrait du traité des machines de guerre. « Autrefois en effet, certains étaient en passe de découvrir que le principe fondamental, la base et l'unité de mesure pour la construction des engins balistiques étaient constitués par le diamètre du trou. Mais il fallait que cela fût conçu, non par chance ni par hasard, mais en usant d'une méthode éprouvée et capable de s'appliquer de la même façon à toutes les échelles. Il n'était pas possible de le concevoir autrement, en ne se fiant qu'à l'expérience pour augmenter et diminuer la circonférence du trou. Les Anciens ne parvinrent pas à leurs fins, comme je l'ai dit, et ne déterminèrent pas les dimensions du trou parce que leur expérience n'était pas fondée sur de nombreuses réalisations et que leurs recherches ne visaient qu'à des résultats immédiats. Mais leur successeurs, au vu des erreurs précédentes et en utilisant les expériences suivantes pour rechercher le principe fondamental, découvrirent la base et le fondement de la construction, je veux dire le diamètre du cercle recevant l'écheveau. C'est ce que réalisèrent en premier les ingénieurs d'Alexandrie, qui disposaient de beaucoup de moyens fournis par les rois soucieux de leur gloire et amis des techniques. » Tous ces textes vont dans la même voie et diffèrent cependant dans les modes d'expression. Une fois encore il faut souligner les difficultés de la traduction, car certains mots, d'une interprétation à l'autre, peuvent prendre des significations très différentes [1]. C'est toujours la même idée d'un passé totalement empirique et d'un présent devenu, autant que faire se pouvait, plus rationnel.

Philon précise qu'il donnera, sur les machines dont il entreprend la description, « des explications fondées tant sur les démonstrations

1. Philon, *Bélopée*, 3, cité par Garlan, *Poliorcétique*, p. 224-225.

mécaniques que sur des raisons naturelles ». La formule, bien qu'un peu vague, n'en est pas moins symptomatique : on y pourrait lire l'utilisation de la science et une notion, encore incertaine certes, des lois naturelles. Il souligne, au reste, qu'il demeure bien des incertitudes. « Il y a des choses qu'on ne saisit pas par le seul recours de raisonnement ou des procédés mécaniques. Et bien des découvertes sont dues à l'expérience. »

C'est sur cette « expérience » qu'Héron d'Alexandrie insiste et fortement. Mais il fait un pas de plus et affirme que les connaissances scientifiques sont nécessaires et qu'un raisonnement rationnel doit en découler. « On voit bien qu'il faut de toute nécessité que ceux qui apprennent les arts mécaniques sachent ce qu'est la pesanteur et ce qu'est le centre de gravité [1]. » Ou encore : « Il faut nécessairement que ceux qui veulent avoir connaissance de l'art mécanique sachent quelles causes agissent dans chaque mouvement [2]. » Il est d'ailleurs particulièrement remarquable qu'aussi bien chez Philon que chez Héron, la syntaxe mécanique comporte des ouvrages qui sont de science pure, celle-là même qui pouvait servir aux praticiens.

Nous voici en possession des textes essentiels. Malgré le flou de ces propositions, il apparaît qu'il existe véritablement une pensée technique. Avant d'entrer dans les explications majeures, il convient de noter quelques faits. Certaines machines n'ont pu exister, certaines formules de type mathématique n'ont pu être données que si la technique avait dépassé le niveau que beaucoup lui assignent. Ce n'est ni par empirisme ni par tâtonnements que l'on a pu imaginer les moufles, même si la poulie avait pu naître, à la rigueur, d'une simple observation. Le groupement des poulies et son effet démultiplicateur nécessitent autre chose. Il en est de même pour la détermination du module pour la construction des machines de jet : elle n'a pu venir de l'irrationalité prétendue de la technique des Grecs de cette époque.

Athénée nous donne un bon exemple du changement de la méthode. Le premier cas a trait à « l'invention du bélier ». Les Carthaginois, assiégeant Gadeira, avaient enlevé un petit poste. Tandis qu'ils en rasaient les murs au niveau du sol, quelques jeunes gens, qui n'avaient

1. Héron, *Mécaniques*, I, 24.
2. *Ibid.*, II, 33.

pas d'outil pour la démolir, prirent une poutre, et, s'en servant avec leurs bras pour frapper la muraille, ils abattirent ainsi un long pan de mur. Un Tyrien, constructeur de vaisseaux, nommé Péphrasménos avait été témoin du fait. Lors d'un autre siège de la même ville, il planta un grand mât dans le sol, y suspendit une poutre en travers, comme dans un fléau de balance, et frappa le rempart en donnant à cette poutre un mouvement d'oscillation. Après lui, le Carthaginois Géras, ayant fabriqué un cadre en charpente monté sur des roues, y plaça le bélier en travers ; il ne lui donnait pas un mouvement d'oscillation, mais il faisait pousser contre le mur, par un grand nombre d'hommes, cette construction roulante, protégée par un toit. Géras lui donna le nom de tortue, à cause de la lenteur de sa marche. Nous pourrions avoir là un processus d'invention, si tant est qu'Athénée rapporte bien l'histoire. L'emploi apparemment aberrant d'un matériau, le rapprochement avec le fléau de la balance, puis une machine complexe construite à partir de ces éléments, ne nécessitent pas beaucoup de raisonnement ni de réflexion.

C'est tout à fait à l'opposé que se situe le second exemple. L'un des constructeurs du temple d'Éphèse présente l'image d'un mécanicien infiniment plus sûr de ses méthodes, car il y a désormais méthode. Callistratos éprouva un échec au sujet d'un convoi de pierres destinées au temple. Il ne s'était pas rendu compte que certaines choses paraissent bonnes quand on les voit en petit, et qu'elles ne sont plus susceptibles d'être exécutées en grand : tandis que, réciproquement, il y en a bien d'autres pour lesquelles on ne peut faire de petits modèles, mais qui se construisent sur-le-champ quand on en a besoin. Il y a dans tout cela deux notions essentielles, importantes. La première est la réduction en modèle de ce que l'on veut réaliser, c'est-à-dire une construction de l'esprit, et inévitablement expérimentation, sinon le modèle n'a point d'intérêt. La seconde découverte, non moins fondamentale, est la constatation qu'un modèle n'est pas nécessairement la réduction, à la même échelle, de tous les éléments de la machine. Frontin s'en était aperçu pour le module des tuyaux d'adduction d'eau : l'échelle des modules quant au diamètre des tuyaux marche par progression arithmétique du 5 au 20. Au-dessus il procède comme dans la série des racines carrées des termes d'une progression arithmétique. Watt, des siècles plus tard, l'observa dans le modèle réduit de la machine de Newcomen sur lequel il travaillait. Il n'y a plus hasard, il y a véritablement connaissance technique [1].

Un autre témoignage, tout à fait analogue nous est fourni par Vitruve. En effet, sur l'ingéniosité technique des défenseurs de Rhodes, qui réussirent à sauver leur ville, Vitruve fait allusion à l'engin qui permit à Callias d'Arados, peu avant le siège, de supplanter le Rhodien Diognetos comme ingénieur de la ville. « Il fit une conférence où il présenta un modèle de rempart, et sur ce modèle, il installa une machine à palier de rotation, au moyen de laquelle il saisit une hélépole en marche vers la place, et la transporta de l'autre côté du rempart. » Il y avait peut-être quelques réminiscences des machines d'Archimède à Syracuse. Le brillant conférencier ayant dû, cependant, avouer au moment du siège son impuissance à passer de la théorie et du modèle à la réalité, Diognetos, revenu en faveur auprès de ses compatriotes, put faire la preuve de l'efficacité des procédés traditionnels. « Là où la machine (d'Épimachos, l'ingénieur athénien de Démétrios Poliorcète) devait approcher, en cet endroit il fit une percée dans le mur et il donna l'ordre à tous, particuliers ou services publics, de déverser en avant du mur, par cette trouée et par des canaux qui la prolongeaient, ce que chacun pouvait avoir d'eau, d'immondices ou de boue. Après qu'une grande masse d'eau, d'immondices et de boue y eut été répandue de nuit, le lendemain, l'hélépole, continuant sa marche, avant d'être arrivée au mur, dans ce gouffre s'affaissa brisée et ne put ensuite ni avancer ni reculer [2]. » On notera que ce dénouement est en contradiction avec celui qui est rapporté par Diodore [3].

On voit naître la pensée technique, l'organisation rationnelle de la connaissance technique à travers les œuvres de tous ceux que nous avons cités. Archytas en fut peut-être le premier témoin et, de ce jour, connaissance scientifique et connaissance technique se sont développées parallèlement, différentes l'une de l'autre, mais liées entre elles, l'une devançait parfois l'autre, avec des méthodes parfois diamétralement opposées, empruntant l'une à l'autre ce qu'il y avait de meilleur en elles.

1. Athénée, 3 et 18.
2. Vitruve, X, 16, cité par Garlan, *Poliorcétique*, p. 242.
3. Diodore, XX, 96, 7.

Il convient de faire une distinction. Il importe en effet de séparer l'invention, la nouveauté technique et, de l'autre côté, les développements nouveaux des techniques anciennes, les « perfectionnements ». Esprit et méthodes sont en effet différents de l'une aux autres. On a beaucoup travaillé, de nos jours, sur l'invention [1] et montré qu'elle n'était pas absolument le fruit du hasard, mais tenait à la fois d'un certain déterminisme et d'une certaine rationalité, qu'elle était donc le fruit, en dernière analyse, d'une pensée technique. Malheureusement, les inventions grecques sont entourées d'un tel mystère que leur étude en profondeur est impossible puisque les Grecs eux-mêmes faisaient intervenir les dieux pour expliquer leur apparition. Les développements, par contre, sont mieux connus, grâce à nos mécaniciens.

Une première notation doit être faite. Il semble bien que les grandes inventions, au moins dans le domaine de la mécanique, se situent du VIe au IVe siècle, d'Archytas et de Thalès aux débuts de l'école d'Alexandrie. Bien sûr, il est des inventions dont la nature peut suggérer l'idée : le plan incliné, le siphon, pour ne prendre que deux exemples. Et encore la transposition suppose un degré de réflexion déjà notable. Mais, le passage des poulies aux moufles, comme tous les systèmes de démultiplication, le passage de l'arc composé à la machine névrobalistique, la pompe aspirante et foulante ne peuvent sortir que du cerveau humain et ne sauraient être le résultat de hasards ou le fruit d'observations simples. A. Leroi-Gourhan a montré combien il était difficile de discerner l'origine du couple cylindre-piston, et de ses diverses applications les plus anciennes [2]. Nous ne pouvons que nous arrêter là, certes, dans ce domaine, mais tout ceci montre que les techniciens grecs étaient en possession d'autres moyens intellectuels que ceux que quelques-uns leur attribuent. Saluons donc en Archytas, si tant est qu'il ait bien été l'inventeur fécond que les Anciens nous ont présenté, le premier esprit technique de l'Antiquité classique. Et sans doute les Anciens eux-mêmes ne s'y sont pas trompés en le situant à l'aube d'un monde technique nouveau : l'homme prenait le relais des dieux et des héros. Depuis

1. Cf. R. Boirel, *Théorie générale de l'invention*, Paris, 1961; G. Simondon, *Du mode d'existence des objets techniques*, Paris, 1969, chap. II, « L'invention technique »; et J.-L. Maunoury, *La Genèse des innovations*, Paris, 1968.
2. A. Leroi-Gourhan, *L'Homme et la Matière*, *op. cit.*, p. 86.

ce jour, l'imagination technicienne peut se développer : la technique est laïcisée et, plus encore, comme le soulignait le pseudo-Aristote, elle devient a-naturelle, permettant de réaliser ce que la nature ne pouvait faire, parfois même contre elle.

Le perfectionnement des techniques, qui fut le constant souci de nos techniciens, pose des problèmes tout à fait différents. Le passage de la machine « exceptionnelle » à la machine rationnelle, standardisée, indéfiniment reproductible ne saurait être le fruit d'un total empirisme. Nous allons y revenir, et tenter de mieux comprendre les textes de Philon et de Héron que nous citions plus haut.

Avec ce qu'il a écrit sur l'esprit scientifique, et en l'étendant un peu, Bachelard [1] va peut-être nous mettre sur la voie. En technique comme en science, il semble bien que ce soit « en termes d'obstacles qu'il faut poser le problème de la connaissance scientifique » ou technique. L'un des obstacles majeurs est « l'observation première », le fait concret, isolé et non reproductible dans sa totalité, qui masque par là même l'abstraction, qui, elle au contraire, est générale et permanente, également dans sa totalité. Dès lors, pour qu'une connaissance scientifique apparaisse, « il s'agit non pas d'*acquérir* une culture expérimentale, mais bien de *changer* de culture expérimentale, de renverser les obstacles déjà amoncelés par la vie quotidienne ». Poursuivons les citations. « L'observation première est pittoresque, concrète, naturelle, facile. Il n'y a qu'à la décrire et à s'émerveiller. On croit alors comprendre. » Bachelard commence donc à caractériser cet obstacle et à montrer « qu'il y a rupture et non pas continuité entre l'observation et l'expérimentation ». Et, encore : « L'esprit scientifique doit se former *contre* nature, contre ce qui est, en nous et en dehors de nous, l'impulsion et l'instruction de la nature, contre l'entraînement naturel, contre le fait coloré et divers. »

Tous les commentateurs, et même les traducteurs, ont en fait buté sur le terme grec ἐμπειρία si bien que les seconds se livrent à des acrobaties et nous livrent des textes dont la formulation peut surprendre [2]. On a bien noté que ce mot grec, traduit généralement

1. G. Bachelard, *La Formation de l'esprit scientifique*, *op. cit.*, *passim.*

2. Ainsi B. Farrington, *La Science dans l'Antiquité*, Paris, 1967, cette traduction du début de la *Métaphysique* d'Aristote : « Si la race humaine possède en

par expérience, ne sert à désigner d'aucune manière un procédé déterminé de connaissance scientifique [1]. La langue technique d'Aristote reflète spontanément de mêmes insuffisances et la mentalité moyenne de son temps; jamais elle n'a le souci de distinguer, de quelque manière que ce soit, observation vulgaire (première, dirait Bachelard) et observation scientifique, même lorsque dans l'esprit du philosophe ou du savant la distinction est faite [2].

Il semble que pour Aristote — il faut insister car le cerveau de nos mécaniciens est encore largement pétri d'aristotélisme, dans tous les domaines scientifiques, dont fait partie, quoique non reconnue, la technique — la sensation est à la base de tout savoir. Le but dernier de la réflexion scientifique touchant la nature, consiste à dégager ce qui apparaît toujours et fondamentalement conforme à la sensation [3]. Les liens entre la donnée sensible, à l'état brut, et la connaissance fondée et rigoureuse d'un fait naturel procèdent d'un glissement de sens qui pèsera longtemps sur la physique du Lycée. Mais on peut, à la rigueur, en tirer l'ébauche d'un premier examen critique de la connaissance sensible qui conduirait à une distinction entre le fait sensible apparent et la structure vraie de la réalité naturelle [4]. La sensation est source première de la vérité, elle n'en est pas la mesure définitive [5].

En fait, le texte fameux de la *Métaphysique* [6] en fait foi. L'expérience « se forme par accumulation des observations particulières » : on sait qu'un remède est efficace, même si l'on ne connaît pas la cause du mal mais seulement ses apparences. Puis il y a l'imagination qui rapproche les faits les uns des autres et c'est là que commence la construction scientifique.

Finalement, les données immédiates ne peuvent être recueillies sans que certains principes aient été dégagés. Aristote [7] attribuait déjà à l'expérience les principes propres à chaque discipline, arts

plus l'habileté technique et le pouvoir de raisonner, c'est parce que chez elle beaucoup d'actes individuels de la mémoire aboutissent à une expérience raisonnée. »

1. L. Bourgey, *Observation et Expérience chez Aristote*, Paris, 1954, p. 37.
2. *Ibid.*, p. 38-39.
3. *Ibid.*, p. 43.
4. *Ibid.*, p. 44.
5. *Ibid.*, p. 46-47.
6. Aristote, *Métaphysique*, 980 b.
7. Aristote, *Premiers analytiques*, I, 30, 46 a, 17-22.

ou science, principes sur lesquels se fonderont ensuite les démonstrations ou les savoir-faire pratiques. La différence entre ἐπιστήμη et ἐμπειρία est essentielle. La première conduit au savoir didactique, tandis que la lecture d'un traité ne suffit pas pour devenir un bon praticien. Le savant touche à un ordre rationnel que le mécanicien ne saisira jamais. Le premier atteint, dans quelques domaines, les causes et les raisons, non le second : c'est l'impuissance fondamentale de la connaissance sensible. L'intelligence démontre logiquement, le technicien n'opère que par convergence d'indices.

J.-P. Vernant et tous ses voisins ont adopté la position aristotélicienne et leur raisonnement se comprend dès lors très bien. La connaissance technique n'est que connaissance sensible : ceci expliquerait le manque de liens avec la science et, en définitive, le manque d'utilisation d'une science qui était déjà arrivée à un haut niveau. Il semble que l'on ne doive pas admettre cette vue. Les Grecs n'avaient qu'un terme unique, ἐμπειρία, et le confondre en quelque sorte avec l'observation première doit passer pour un abus. Le langage de nos mécaniciens, qui est aussi maladroit que celui d'Aristote, ne doit pas faire illusion : enlever de là, ajouter de ci, comme l'écrit Philon, veut certainement dire autre chose qu'un vulgaire empirisme. Ni Philon, ni Héron, ni Vitruve ne faisaient de différences entre expérience et expérimentation : c'est que tout simplement ils n'avaient pas de vocabulaire adéquat.

Deux types de problèmes se sont posés à nos mécaniciens. Le premier consiste à arriver à un résultat général, utilisable dans tous les cas, et cela même sans connaissance des principes : le technicien alors peut arriver à « contourner » l'obstacle épistémologique. Ce technicien présente son résultat sous deux formes : le module, peut-être le premier en date, comme les mécaniciens l'ont fait pour les machines de jet, et la formule comme Frontin le fait pour le débit d'un tuyau d'eau.

« Pour obtenir des machines de jet efficaces, de portée voulue, note J.-P. Vernant, il a été nécessaire de recourir à l'expérience, d'ajouter d'un côté, de retrancher de l'autre. Comme le note justement P.M. Schuhl, même la formule qui permet à l'ingénieur d'adapter les proportions de ses engins en fonction du poids du projectile et de la portée, formule dont Diels donne l'expression mathématique, n'a pas été obtenue par démonstration théorique, mais de façon tout empirique, par tâtonnement et rectifications successives. » C'est ici le point sensible. Nous sommes parfaitement d'accord sur l'absence de « démonstration », nous récusons l'empirisme et le tâtonnement.

Le module, nous l'avons vu, met en rapport deux éléments : le poids du projectile (ou sa longueur dans le cas d'un trait), et le diamètre du trou du bâti par lequel passe le faisceau de fibres élastiques, en un mot le poids et la puissance. En réduisant tout le problème à deux notions qu'ils connaissaient, Philon et Héron agissaient parfaitement comme le faisaient les utilisateurs de poulies ou de treuils. Ensuite, il fallait passer du module à la machine, c'est-à-dire établir les dimensions des pièces, de toutes les pièces en fonction du module devenu unité de mesure. Dans l'utilisation du module en architecture, Vitruve distinguait les *proportiones*, rapports de grandeur qui relient deux éléments entre eux, et les *symetriae*, rapports qui relient chaque élément à l'unité fondamentale, qui seraient en quelque sorte les cotes modulaires. Ainsi, dans l'ordre dorique, l'entablement vaut 3,5 modules (exemple de *symetriae*) et l'entablement est à la colonne comme 1 est à 4 (exemple de *proportiones*). Il devait en être de même pour les machines de jet.

Alors, comment procéder? Nous ne possédons aucun texte à ce sujet, mais il est évident que pour aboutir non seulement au module, mais à son emploi dans la construction de la machine, il a fallu une démarche logique. Le tâtonnement, l'observation première ne conduisent, selon l'expression de Bachelard, qu'à des « variétés ». Comme le temple, la machine doit obéir à certaines règles d'harmonie dans l'utilisation du module que les Grecs appelaient le *ton*. Règles donc à découvrir et à essayer non par tâtonnements, mais par expérimentation, non par observation de variétés, mais par établissement de variations. C'est par des tables, par des séries de tables que les mécaniciens sont arrivés au résultat. On était passé aussi d'une table de sons à une table de nombres pour créer une musique harmonique.

Grâce au nombre ordonné, écrivait encore Bachelard, « la matière est pour ainsi dire débarrassée de son caractère irrationnel, car il n'est plus nécessaire d'avancer sa connaissance au-delà des limites qu'assigne le but poursuivi. La matière doit seulement remplir des conditions de résistance qui fixent des bornes très nettes à la liberté du technicien et qui lui permettent d'atteindre la sécurité. Or la sécurité nous paraît bien être une forme de rationalité [1] ».

Il y a cependant une double irrationalité : celle des chiffres, comme la racine cubique, celle de la nature dans l'exécution. Ce sont les rançons de la « connaissance approchée ». Mais il ne pouvait y avoir mathématisation, aussi faible soit son niveau, que dans la mesure où il y a conceptualisation [2]. Dans le domaine qui est le nôtre, c'est la détermination de quelques éléments fondamentaux, mesurables, comptabilisables, qui représentent cette conceptualisation : ici le poids et la puissance plus difficile à mesurer mais que l'on assimile au diamètre du faisceau de fibres (dans la mesure bien entendu ou ces fibres seront toujours de même nature). Et cela, de façon telle que les « oasis d'informe » n'aient pas une action déterminante. Ces « oasis d'informe » constituent néanmoins aussi un élément, et non des moindres, de l'approximation.

Nos mécaniciens ont voulu aller plus loin. De leurs machines ils voulurent certainement donner une explication scientifique globale. Et ceci conduisait naturellement à l'éternel débat entre science et pratique. « La pratique, écrivait Vitruve, est une expérience d'usage prolongée et consommée qui s'obtient par les mains, à l'aide de la matière de quelque espèce qu'elle doive être, en vue de la façonner. Quant à la théorie, c'est ce qui peut démontrer et expliquer, à la mesure de la pénétration de la raison, les choses qui s'exécutent. Aussi, les architectes qui, sans lettres, s'étaient efforcés d'être exercés de leurs mains, ne purent jamais arriver à avoir, en échange de leurs labeurs, l'autorité. D'autre part, ceux qui s'étaient fiés sur les seuls raisonnements et les lettres, paraissent avoir poursuivi l'ombre, non la chose. Mais ceux qui ont approfondi l'une et l'autre chose, comme munis de toutes armes, ont plus promptement atteint avec autorité ce qui fut leur but [3]. »

Les mécaniciens grecs ont longuement insisté sur l'utilité des sciences pour la technique : nous avons vu que leur œuvre est souvent précédée de traités scientifiques. Ils en arrivent à faire de la science,

1. G. Bachelard, *Essai sur la connaissance approchée*, Paris, 1973, p. 161.
2. *La Mathématisation des doctrines informes*, colloque tenu à Paris, en 1972, *passim*.
3. Vitruve, I, I, 9-10.

et parfois y réussissent fort bien, pour montrer aux autres qu'ils étaient capables de raisonner comme les géomètres. Mais de quelle science disposaient-ils ? En fait, elle n'allait pas très loin. En mathématique, la géométrie atteint son point culminant au IIe siècle avant notre ère, avec Euclide, Archimède, Apollonios : il faut attendre après la naissance et les premiers succès de la trigonométrie avec Hipparque, les commentaires géométriques de Pappus, au IIIe siècle après J.-C. L'arithmétique est restée à l'état embryonnaire et l'arithmétique élémentaire de Nicomaque ne va pas très loin. Les premières bases de l'algèbre apparaissent avec Diophante, qui est du IVe siècle de notre ère. Tout a été dit sur la physique : Archimède crée la statique, mais la dynamique, la cinématique n'existent pas et tout le reste est, ici encore, embryonnaire. Alors que peuvent les mécaniciens, qui refusent le vide, qui distinguent malaisément les forces, qui ne savent analyser les mouvements ? En fait, à l'époque d'Héron, la science est bloquée. L'œuvre grecque, notait P. Boutroux, « portait en elle-même son germe de mort et l'étroitesse de son champ d'action, l'exclusivisme de son point de vue, le caractère esthétique de ses préoccupations devaient fatalement l'arrêter un jour dans son développement. L'ère des grandes découvertes est close ».

Pour certains, c'est Archimède qui se serait engagé dans la voie en tentant de donner la théorie des cinq machines simples. Il ne nous en resterait que le traité des leviers. Des auteurs anciens ont également, nous l'avons vu, cité de lui un traité sur l'élévation des poids lourds et un autre sur le travail de la balance. Le traité sur le levier est le premier traité théorique sur un instrument technique. Puis la statique a mis en évidence le couple poids-puissance dans les problèmes d'équilibre.

Dès lors, tout l'effort va porter sur la réduction à ces principes et au levier de toute machine dont on espère faire la théorie. Dans la plupart des cas, « on ramène les puissances à une nature unique. Cette nature trouve dans la balance et dans le levier son expression concrète la plus simple et dans le cercle, son expression abstraite et pour ainsi dire symbolique [1] ». Pour le treuil et la poulie, la recherche ne présentait pas de difficultés. Il en était de même si l'on considérait le coin comme un couple de deux leviers ou comme un levier

1. A. de Rochas, *La Science des philosophes...*, *op. cit.*, p. 47.

cassé en deux et formant un angle constant. Le problème était beaucoup plus difficile en ce qui concerne la vis. Héron d'Alexandrie est même moins net que le pseudo-Aristote pour la réduction du coin et de la vis au levier.

La théorie s'emparera également du problème des engrenages circulaires, que ce soit les roues dentées ou les moufles. Dans la partie du traité de mécanique qui concerne l'élévation des poids lourds, Héron donne la description d'un train d'engrenages successifs qui divise le poids jusqu'à ce qu'on arrive à la puissance fournie. Il se fonde sur un « théorème » qu'il a placé dans la théorie des cinq puissances, que nous ne possédons plus. Il se sert en fait de tout ce qu'il a écrit sur les roues qui se meuvent elles-mêmes : les rapports entre les mouvements, c'est-à-dire les vitesses, les rapports entre les puissances peuvent être alors ramenés au problème du levier.

Ici s'arrête l'effort de théorisation des mécaniciens grecs. Ils ont hésité à se lancer dans la décomposition et la recomposition des machines complexes parce qu'un certain nombre d'éléments leur manquaient. Dès qu'il ne s'agit plus d'un problème d'équilibre, ils sont en quelque sorte perdus. Le levier et les cercles les conduisaient à des calculs relativement simples. Nous avons vu qu'ils utilisaient des moyens mécaniques pour résoudre le problème de la duplication du cube. Leur système de numération n'autorisait pas les calculs compliqués : ils n'éprouvèrent pas la nécessité d'en créer un autre parce qu'en fait ils n'avaient pas de calculs compliqués à faire.

La lecture des *Pneumatiques* est édifiante. Dans la plupart des cas, dans la très grande majorité des cas, ni Philon ni Héron ne disposaient du système conceptuel qui leur aurait permis de sortir de l'observation première et de relier entre eux les effets de ces différentes « expériences ». La négation du vide, ce qu'ils disaient de la liaison entre l'air et l'eau. Un vase renversé sur un bocal plein d'eau reçoit une chandelle allumée. Nous savons aujourd'hui que l'air se dilate, s'échappe du vase où l'eau peut alors monter. L'explication de Philon est symptomatique. « Cela ne peut arriver que pour la cause que nous avons dite, à savoir que l'air emprisonné dans l'amphore s'évanouit, s'use et s'en va, à cause de la présence de la flamme, qu'il ne peut pas subsister avec elle; et quand l'air a été dissous par le mouvement du feu, l'eau monte dans la proportion de l'air qui s'en est allé [1] ». Le langage ne trompe pas : il n'y a là ni connaissance scientifique ni effet comptabilisable, l'obstacle est bien insurmontable. Le mécanicien ne peut aller plus loin. Il y a impossibilité de réduire le phénomène à des données connues, il y a impossibilité d'ordonner des nombres.

Ce sont les trois étapes, qui correspondent en gros à celles de Bachelard [2]. L'étape primitive, celle dont nous venons justement de parler, où les observations ne peuvent conduire à rien. L'induction [3] bute sur des difficultés insurmontables. L'étape intermédiaire, c'est-à-dire celle où l'on a su distinguer des éléments fondamentaux qui permettent de dégager soit un module pour la construction, soit une formule applicable. Il y a enfin l'étape décisive, celle où le fait technique est relié à un système scientifique abstrait. Et ces trois formes de la connaissance technique coexistent tout naturellement.

D'un autre côté, ce sont ces tables dont les savants vont se servir pour aboutir à des théories de type scientifique, en les épurant et en découvrant, en fin de compte, au bout de la logique des chiffres, de l'ordonnance des chiffres, la finalité des séries. Mais, insistons là-dessus, théorie et pratique ne sont pas antinomiques, elles sont différentes par leur nature, et complémentaires. La théorie est une explication abstraite et le théoricien, pour y arriver, refait les calculs et corrige les formules. Le technicien, souvent n'en a cure : une fois le résultat obtenu, et reproductible indéfiniment, l'explication abstraite, au moins dans un premier stade, qui sera celui de la technique jusqu'au milieu du XIXe siècle, sauf en quelques rares cas, n'apporte rien de plus qu'une satisfaction intellectuelle, vivement appréciée, certes, comme nous le montre Héron. On a fait de bons navires avant qu'Euler n'ait esquissé les premiers linéaments de la théorie des navires, on a tiré le canon avec succès avant que la balistique ne soit née, on s'est servi, devant l'émerveillement des foules, de la machine à vapeur avant la thermodynamique de Carnot et de Clausius.

La formule de Vernant prend alors un sens vague. « La pensée technique grecque s'articule pas ou mal à la science. » Il fallait dis-

1. Philon, *Pneumatiques*, 8.
2. G. Bachelard, *La Formation de l'esprit scientifique*, *op. cit.*, p. 8.
3. Cf. R. Blanche, *L'Induction scientifique et les Lois naturelles*, Paris, 1975.

tinguer des niveaux. Il est des cas où elle s'articule fort bien à une science adéquate. D'autres cas montrent une mauvaise articulation lorsqu'on se trouve en face d'une science inadéquate. Devant l'inexistence de la science il est bien évident qu'il ne peut y avoir d'articulation.

Et même en définitive, que penser de l'empirisme? « L'empirisme technique a des règles si nettes qu'il devient une véritable méthode soutenue d'un effort théorique de part en part. Ainsi les mêmes mots ne disent pas la même chose dans la technique et dans la vie commune. L'expérience commune ne conduit souvent pas plus loin qu'elle-même. Elle est au bout de son progrès. C'est dans d'autres voies que l'expérience technique doit s'engager. Cette expérience technique a, dans le fond, les mêmes exigences que l'expérience purement scientifique. C'est une erreur de croire que le fait de se déplacer entre des inégalités donne au technicien une certaine liberté. D'inégalités en inégalités, le technicien se trouve conduit devant une véritable nécessité. Les liens dont il est entouré sont un peu lâches, mais ils sont si nombreux qu'ils finissent par l'immobiliser. Finalement, l'ingénieur n'est pas un artiste qui choisit et signe une œuvre pleine de personnalité, c'est un géomètre, gardien des saines méthodes, véritable représentant de la société technique de son époque. Il est comme le physicien, engagé dans l'étroit chemin des réalisations approchées. Il vise un but [1]. »

Et, tout comme le savant, le technicien bute devant des impossibilités. Reuleaux, cité par Bachelard, a parfaitement raison. « Ce ne sont pas les forces qui se sont tout d'abord manifestées à l'intelligence humaine à ses débuts, mais bien plutôt les mouvements qu'elles produisent. L'abstraction indispensable pour concevoir la force séparée du mouvement constitue une opération de l'esprit assez compliquée qui a exigé une longue période pour arriver à son complet développement. » Et il est certain, comme Geiger l'a montré, que le mouvement de rotation a été employé avant le levier, parce que le levier est avant tout une transformation de forces, non une transformation de mouvement. C'est un moyen essentiellement indirect de vaincre de grandes résistances. Le jour où ils ont découvert le levier, et plus encore tous les appareils de démultiplication, les

1. G. Bachelard, *Essai sur la connaissance approchée*, *op. cit.*, p. 163.

mécaniciens avaient bien renversé leur expérience première. Le cercle, qui est l'image géométrique du mouvement, le levier qui est la traduction en statique de la force, furent incontestablement les deux idées maîtresses des mécaniciens grecs.

L'art, comme la technique, allait au module : la gamme, la proportion des temples, du corps humain, parce que l'art est création de l'esprit. En matière de technique, la nature résiste. Dans l'abstrait, en science pure, comme dans la beauté, comme dans tout raisonnement purement intellectuel, tout peut réussir. La technique connaît des multitudes d'obstacles, comme la physique, plus ou moins importants, plus ou moins bien perçus, qui conduisent inévitablement vers une connaissance approchée, approximative. Le problème est de réduire les marges. Et cela nos mécaniciens en avaient nettement conscience. C'est là que se manifeste le véritable esprit technique. Pour paraphraser Bachelard, il faut que le détail ne quitte pas l'ordre de grandeur où l'on agit, comme il ne s'écarte pas trop de l'ordre de connaissance où l'on mesure.

Dès cet instant, la connaissance de l'approximation est la règle d'or des techniciens. Le progrès technique n'est plus que la limite acceptable, de plus en plus rapprochée, de la marge d'approximation. Philon et Héron y ont tendu, de toute leur intelligence technicienne, et comprirent certainement leurs échecs. Presque cinq siècles plus tard, Pappus en sera au même niveau, avec un tout petit peu plus de finesse. Le « blocage » de la pensée technique grecque n'est sûrement pas là où beaucoup l'ont placé.

Il y a les désirs et les espoirs, en face les moyens et l'esprit des choses. Proclus, dans son commentaire sur Euclide, au Ve siècle après J.-C. montre bien le souhait que l'on avait d'une science technique, d'une technologie. « Il y a la science nommée mécanique qui comporte une partie de l'étude des choses sensibles et matérielles. En découle la science qui concerne la fabrication des machines de guerre, telles qu'en a construites Archimède pour les défenseurs de Syracuse. En découle aussi la science qui concerne la constitution d'appareils merveilleux; les uns en ont fabriqué en utilisant les soufflets, tels Ctésibios et Héron, les autres en utilisant les poids [1]. »

1. Proclus, *Commentaire sur Euclide*, prologue, I, p. 41 de l'édition Friedlein, Leipzig, 1873.

Le bilan des moyens est vite fait. Le nombre était indispensable et conduisait à la table, à la continuité arithmétique. Mais il résultait aussi de la mesure, c'est-à-dire du choix d'un étalon dont l'invariance était la qualité suprême, et de la mesure effective impossible pour tout ce qui n'avait pas une existence matérielle concrète (le mouvement, la force, la vitesse, etc.) [1]. La géométrie, en fait celle d'Euclide, était essentielle, n'en déplaise à Platon, parce que tout objet, toute machine, toute construction est avant tout figure. La statique d'Archimède ne leur fut utile qu'à travers le levier. Ils ignoraient tout de la dynamique, nous l'avons dit, de cette dynamique qui était indispensable dès lors que leurs machines fonctionnaient. Enfin, et quoi qu'on ait pu en dire, les observations convergentes accumulées, à l'exemple d'Aristote, conduisaient, elles aussi, à une certaine conception des lois naturelles. A propos de l'aérotone, Philon de Byzance notait : « Cet instrument inventé par Ctésibios était une réalisation purement mécanique, tout en utilisant les lois de la nature ou, pour mieux dire, les raisons de la nature [2]. » Le commentateur moderne est, à la vérité, fort gêné par la traduction et l'interprétation des mots : expérience, lois de la nature, théorème, tous termes qui traduisent souvent les incertitudes et les hésitations de la pensée.

De la partie, très importante, de la science qui demeurait indécise ou inconnue, on ne pouvait trancher que par affirmations issues d'observations concordantes. Quand on parle des théorèmes pneumatiques d'Héron d'Alexandrie, il y a erreur sur le terme. Ce que l'on pourrait appeler la « science mécanique » de nos alexandrins est purement axiomatique, comme elle le sera largement jusqu'à Léonard de Vinci. Et cela leur fournissait, dans de nombreuses situations, un cadre adapté au traitement mathématique, arithmétique ou géométrique.

Dans la réalité, tout n'était que compromis. Il n'y a pas d'exactitude dans la nature sensible, et quelles que soient la rigueur de l'étalon, la sûreté du nombre, la précision de l'appareil de mesure. Vitruve, tout en admirant l'ingéniosité de la clepsydre de Ctésibios, avait un doute infini sur son exact fonctionnement.

Mais, à côté de tout cela, il y a l'ingéniosité qui échappe à la science,

1. G. Beneze, *Le Nombre dans les sciences expérimentales*, Paris, 1961.
2. Philon, IV, 77, 15 s.

tout comme le savoir-faire. Et ce qu'ils appelèrent les instruments merveilleux leur donnèrent une remarquable formation pour les assemblages, pour les combinaisons, pour ce que nous appelons les mécanismes : la programmation dans les automates, la régulation automatique dans la lampe à huile de Philon, dans les *Pneumatiques* d'Héron sont des titres de gloire qu'on ne peut leur enlever[1].

Qu'on ne les accuse pas ni d'avoir su ni d'avoir pu utiliser leurs découvertes. Qu'on les admire plutôt d'avoir, ce qui était beaucoup moins évident que certains ne le disent ou ne l'écrivent, imaginé les premiers pas de la technologie.

1. O. Mayr, *The Origins of Feedback Control*, *op. cit.*

Conclusion

Nous voici au terme de notre voyage. Une conclusion ne saurait être que provisoire. Non seulement notre connaissance n'est que fragmentaire, mais l'étude des textes est encore insuffisante, et dans leur établissement et dans leur commentaire. Espérons que le cadre général que nous avons voulu tracer demeurera utile.

La période des « primitifs », du VIe au IVe siècle, devrait faire l'objet de plus d'attention : une brusque explosion de la technique, en particulier de la mécanique, entraîne la science dans des voies nouvelles et provoque, non pas un divorce entre les deux ordres de connaissance, mais une séparation très nette entre cette science devenue « pure » et une technique plus soucieuse d'efficacité que de démonstration.

Puis nous avons vu, au départ, le phare d'Alexandrie. Nous aurions pu voir également, symbole complémentaire, placé à l'entrée du port de Rhodes, le colosse, cet immense Apollon de bronze, de plus de 30 m de haut, dû à Charès de Lindos. Ces deux merveilles du monde furent érigées dans les mêmes années. Plus encore, elles dirigeaient les navires vers des ports qui étaient devenus les centres des trafics économiques, les centres aussi de circulation des idées.

Il y a des secteurs de force, ceux-là mêmes sur lesquels nous avons insisté. Le premier était d'ordre purement mécanique. Il fallait imaginer tous les mécanismes de transmission et de transformation des mouvements, quelle que soit la nature de ces derniers. La poulie et les moufles, la vis et le levier, la roue avec toutes ses composantes, de la roue dentée à l'arbre à cames, tous les engrenages permettaient de répondre à une demande nouvelle, faite de besoins matériels ou du plaisir des yeux, tous ces moyens que la nature ne nous donne pas spontanément et qui ont nécessité, en dépit d'une apparente simplicité, de difficiles apprentissages. On y a ajouté, et ce fut là certainement une véritable révolution, toute la pneumatique, celle de l'air, celle de l'eau. Le chant des oiseaux devenait accessible à la mécanique. Lorsque, quittant son métier, tout en en conservant l'exact souvenir, l'homme commença à s'amuser, il découvrit de nouvelles possibilités qui devaient être un jour utilisables dans le monde matériel. La voie est courte des automates à l'automatisme. Grâce à l'arbre à cames, le Grec d'Alexandrie arrive à la programmation; grâce à l'écoulement de l'eau ou à la chute d'un poids, il suggère la régulation automatique. A-t-on vu souvent, à travers l'histoire, de plus magnifiques résultats?

Il est un autre aspect, tout aussi important. C'est le rêve, parfaitement exprimé par nombre de nos auteurs, de donner à leur technique une formulation mathématique, d'assurer leurs résultats par la voie démonstrative, de fournir à leurs solutions une vérité intangible applicable en toutes circonstances. Disons-le tout de suite, l'horizon étroit de la science de cette époque ne permettait guère au technicien de voir exaucer son vœu. Si, en certains cas, géométrie et statique l'autorisèrent à des approches intéressantes, dans d'autres cas la la géométrie elle-même butait sur des difficultés que seul l'emploi de procédés mécaniques arrivait à surmonter. Faute de textes, on ne peut qu'imaginer. Il faudrait reprendre l'étude d'Archimède dans d'autres voies que celles que Plutarque nous a lourdement ouvertes. Que ce savant veuille avant tout se situer dans la tradition, cela ne fait aucun doute. « Pour le Grec, écrivait Abel Rey, il n'y a qu'une méthode qui garantisse la vérité, c'est la méthode de démonstration traditionnelle, celle de Pythagore, de Platon, d'Euclide. » Déjà le calcul conduit à l'irrationnel, c'est-à-dire à une vérité approchée. La technique, parce qu'elle est nature, est irrationnelle non seulement pour le calcul, mais aussi pour la géométrie et pour la physique. On ne pourra jamais saisir la totalité des paramètres, et si l'on discerne quelques éléments essentiels, leur mesure, leur chiffrage reste toujours délicat.

Et Archimède — relisons la *Méthode* — est dans la grande lignée de la science grecque, mais il est aussi mécanicien. Il connaît les limites de sa science et les exigences de sa technique. « Le canon de la recherche est facile à formuler en toute généralité : la pratique des analogies mécaniques, le traitement mécanique de nombre de questions parmi les plus difficiles auxquelles est amenée, en fin de course, la géométrie grecque, conduisent à l'hypothèse d'une solution exacte. Il ne s'agit plus que de démontrer alors, selon les procédés ordinaires de la méthode géométrique pure, la solution trouvée. C'est une sorte de vérification logique. » Mais démontrer si l'on peut. Archimède est bien au tournant. Les mécaniciens s'en tireront avec les tables.

Nous avons vu nos mécaniciens grecs confrontés avec tous ces problèmes. Il en est d'autres qu'il faudrait faire intervenir. L'archéologie nous en a suggéré : elle apporte aux traités didactiques des éléments essentiels. Villes et fortifications ont fait l'objet d'efforts particuliers et riches d'enseignement. On a parfaitement noté la coupure qui se fait, à partir du IVe siècle, entre un archaïsme certain — rareté des tours, simplicité du tracé, forte épaisseur des murs — et une évolution qui, comme on l'a écrit, manifeste un esprit plus systématique : les tours évidées, l'autonomie par rapport aux courtines, les tracés en crémaillère. Et l'on a pu constater que l'art grec de la fortification culminait à Syracuse au temps d'Archimède.

Il est d'autres domaines qui, ayant jadis attiré l'attention d'érudits techniciens, paraissent aujourd'hui plus négligés. Ainsi en est-il des grands travaux d'utilité publique. On trouverait aujourd'hui difficilement des études précises sur les travaux remarquables exécutés au col de Céphalari, près du lac Copais, sous la direction de Cratès de Chalcis, au IVe siècle. On aimerait des recherches plus nombreuses sur les ports, soit aménagements naturels, soit constructions artificielles : le port de Cnide était double grâce à la construction de jetées; à Alexandrie, l'île de Pharos était reliée à la terre par une digue longue de 1 300 m, percée de deux ouvertures, par lesquelles communiquaient les deux ports; à Séleucie de Prétrie, près d'Antioche, le bassin fut tout entier creusé dans une côte sans abri et relié à la mer par un canal. Et que dire d'Agrippa, le futur constructeur du Panthéon, aidé en cela par l'architecte Lucius Cocceius (celui-là même qui creusa le tunnel sous le Pausilippe), qui, avec une rapidité étonnante, transforma en base navale les terres les plus sacrées d'Italie : il creusa un canal pour faire communiquer le lac Lucrin avec la mer et le lac Averne avec le Lucrin, créant ainsi un immense port aux plans d'eau successifs. Des chantiers navals y furent installés et l'on creusa deux galeries sous la colline qui sépare l'Averne de Cumes pour mettre le *portus Julius* en relation avec le rivage de Cumes. Citons encore le port de Fréjus.

Les aqueducs ont été plus travaillés par les archéologues parce qu'ils s'inscrivaient dans un paysage et que Frontin était là pour nous y inciter. Mais n'en est-il pas beaucoup d'autres qui mériteraient attention. Le problème des siphons serait important à étudier. L'aqueduc de Lycie franchit une vallée sur un mur percé à la base de deux ouvertures en encorbellement. A Pergame, au IIe siècle avant notre ère, les deux points extrêmes sont situés à 375 et à 332 m. Il a fallu franchir deux vallées dont les points bas étaient de 172 et de 195 mètres d'altitude. Les pressions vers le bas des siphons étaient de 20 et de 17 atmosphères, avec des conduites en plomb et en bronze. Tout cela supposait comme à Samos ou à Rome une technique déjà perfectionnée.

Les Romains avaient été des héritiers privilégiés : recevoir donc des techniques « avancées » et pouvoir les exploiter sur un territoire immense, avec une continuité que n'avait pas connue Alexandrie. On peut considérer qu'au Ve siècle de notre ère une partie de ce savoir s'est déjà effacé. Parlant des liburnes que le chef goth Fravitus avait dans les eaux de l'Égée, au début de ce siècle, l'historien Zosime déclara : « Les liburnes passent pour n'être pas moins rapides que les pentécontores, bien qu'elles soient de loin inférieures aux vaisseaux du modèle de la trière; mais il y a bien des années qu'on a oublié les méthodes de construction de la trière. » L'oubli se manifeste dans un peu tous les domaines. Peut-être les voies arabes furent-elles plus conservatrices. Seuls les procédés de construction semblent avoir échappé à cette lente dégradation du savoir.

Ne nous y trompons pas : l'école d'Alexandrie constitue bien une étape majeure dans l'évolution de la « pensée » technique. On saisit alors tout à la fois les limites de la connaissance scientifique, incapable de répondre à certaines questions, et la marge irrétrécissable qui sépare connaissance technique et connaissance scientifique. Et combien est intéressante cette recherche d'explications de type scientifique *a posteriori* et tout ce que la technique pouvait emprunter à une science établie *a priori*. Toutes les démarches de la *technologie* se trouvent ainsi réunies.

Revenons à ce que nous avons naguère écrit. Au début du XVIe siècle, le comte palatin Otto-Heinrich fit reproduire un manuscrit ancien qui concernait l'art de la guerre, avec toutes ses illustrations. Ce manuscrit était l'une de ces compilations byzantines qui transmirent la majeure partie des traités de nos mécaniciens grecs. C'est aussi que le souvenir d'une antiquité technicienne s'était peu à peu imposé : l'ingénieur siennois Taccola s'était vu attribuer le surnom d'Archimède, et l'on sait avec quelle passion Léonard rechercha les textes anciens, et particulièrement ceux d'Archimède. C'est que les dispositions d'esprit étaient redevenues les mêmes. La technique apparaissait à nouveau comme une composante des politiques nationales et savants et techniciens, souvent confondus dans les mêmes personnes, recommençaient à conjuguer leurs efforts.

Deux moments qui se ressemblent étrangement : la passion de la technique des Ptolémées, très nette au moins chez les premiers, se situait sur le même plan que la curiosité technique qui animait les princes éclairés de la Renaissance italienne. Celle-ci reprenait le flambeau, avec des atouts majeurs qui allaient transformer le monde. Et, durant tout ce XVIe siècle, si riche en inventions techniques et en découvertes scientifiques, les obstacles qui avaient bloqué les Alexandrins devaient sauter les uns après les autres.

Bibliographie générale

Nous placerons en tête les ouvrages tout à fait généraux qui fournissent les renseignements de base :

Sarton G., *Introduction to the History of Science*, Baltimore, 1927, t. I.
Russo F., *Éléments de bibliographie de l'histoire des sciences et des techniques*, Paris, 1969.

Et les deux dictionnaires classiques :

Daremberg et Saglio, *Dictionnaire des antiquités grecques et romaines*, Paris, 1877-1919, 5 tomes en 11 vol.
Pauly et Wissowa, *Real Encyclopedie der klassischen Altertum*, Stuttgart, depuis 1893; avec de précieux suppléments.

Sur le plan scientifique :

Rey A., *L'Apogée de la science technique grecque*, Paris, 1946-1948, 2 vol.
Farrington B., *La Science dans l'Antiquité*, Paris, 1967.

Sur la littérature technique, on consultera :

Sussemihl F., *Geschichte des griechischen Literatur in der alexendriner Zeit*, Leipzig, 1891-1892, 2 vol.

Et une mise au point intéressante, malgré sa date :

Beaujeu J., « La littérature technique des Grecs et des Romains », *Actes du Congrès Guillaume Budé*, 1948, p. 21-88.

Quelques ouvrages généraux font une part non négligeable aux mécaniciens grecs et romains :

Blümner H., *Technologie und Terminologie der Gewerbe und der Künste bei den Griechen und der Römerne*, Leipzig, 1875-1886, 4 vol.
Beck Th., *Beiträge zur Geschichte des Maschinenbaues*, Berlin, 1899.
Neuburger A., *Die Technik des Altertums*, Leipzig, 1919.

Bibliographie

Diels H., *Antike Technik*, Berlin, 1924.
Feldhaus F.M., *Die Technik der Antike und des Mittelalters*, Leipzig, 1931.
Usher A.P., *A History of mechanical Inventions*, Harvard, 1954.
Michalowski K., *Technika grecka*, Varsovie, 1959 (en polonais).

Des travaux ont été consacrés spécialement à l'étude des « ingénieurs » antiques, pour reprendre un terme sans doute abusif :

Merckel C., *Die Ingenieurtechnik in Altertum*, Berlin, 1899.
Germain de Montauzan C., *Essai sur la science et l'art de l'ingénieur aux premiers siècles de l'Empire romain*, Paris, 1908.
Rochas A. de, *Principes de la fortification antique*, Paris, 1881.
Drachmann A.G., *The Mechanical Technology of greek and roman Antiquity*, Copenhague, 1963.
Sprague du Camp, *Die Ingenieur der Antike*, Düsseldorf, 1968.
Schuhl P.M., *Machinisme et Philosophie*, Paris, 1937.
Drachmann A.G. *Ktesibios, Philon and Heron. A Study of ancient Pneumatics*, Copenhague, 1948.
Vernant J.-P., *Mythe et Pensée chez les Grecs*, Paris, 1971, t. II.

Sur les techniques militaires :

Rochas A. de, *La Science des philosophes et l'Art des thaumaturges dans l'Antiquité*, Paris, 1912.
Hoffmeyer A.B., *Antikens Artillerie*, Bonn, 1958.
Adcock F.E., *The Greek and Macedonian Art of War*, Berkeley, 1957.
Dain A., « Les stratégistes grecs », *Travaux et Mémoires du Centre de recherches de civilisation byzantine*, 1967, t. II, p. 317-390.
Marsden E.W., *Greek and Roman Artillery, historical development*, Oxford, 1969.
Winter F.E., *Greek Fortifications*, Londres, 1971.
Garlan Y., *La Guerre dans l'Antiquité*, Paris, 1972.
— *Recherches de poliorcétique grecque*, Paris, 1974.

Depuis fort longtemps, on a publié des recueils des traités techniques. Nous citons ici les plus importants d'entre eux, chaque auteur ayant par la suite la bibliographie de ses œuvres dans le cours de l'ouvrage :

Thévenot M., *Veterum Mathematicorum Opera*, Paris, 1693.
Köchly et Rüstow, *Grieschiche Kriegsschriftensteller*, Leipzig, 1853, 3 vol.
Wescher C., *La Poliorcétique des Grecs*, Paris, 1867.
Schneider R., *Grieschiche Poliorketiker*, Berlin, 1908 (*Abhandlungen des K. Ges. des Wiss. zu Göttingen*, Phil.-Hist., Klasse X, I).
Marsden E.W., *Greek and Roman Artillery, technical Treatises*, Oxford, 1971.

Tables

Table des illustrations

IMP. HÉRISSEY A ÉVREUX (3-80).
D.L. 1er TR. 1980. No 5395-2 (25551).

COLLECTION « SCIENCE OUVERTE »
DIRIGÉE PAR JEAN-MARC LÉVY-LEBLOND

BARRY COMMONER
L'Encerclement

JEAN-MARC LÉVY-LEBLOND
ET ALAIN JAUBERT
(Auto)critique de la science

GÉRARD LEACH
Les Biocrates

SOLOMON H. SNYDER
La Marijuana

STELLA BARUK
Échecs et Maths

ALEXANDER ALLAND
La Dimension humaine

PETER T. FURST
La Chair des dieux

PHILIPPE ROQUEPLO
Le Partage du savoir

MARIO BUNGE
Philosophie de la physique

STEVEN ROSE
Le Cerveau conscient

BENJAMIN CORIAT
Science, Technique et Capital

GEORGES MENAHEM
La Science et le Militaire

WILLIAM SKYVINGTON
Machina Sapiens

PIERRE ACHARD, ANTOINETTE CHAUVENET,
ÉLISABETH LAGE, FRANÇOISE LENTIN,
PATRICIA NÈVE ET GEORGES VIGNAUX
Discours biologique et Ordre social

HILARY ROSE, STEVEN ROSE ET AL.
L'Idéologie de/dans la science

ALAIN DUPAS
La Lutte pour l'espace

STELLA BARUK
Fabrice ou l'école des mathématiques

PETER S. STEVENS
Les Formes dans la nature

STEVEN WEINBERG
Les Trois Premières Minutes de l'univers

ALBERT JACQUARD
Éloge de la différence

PIERRE HUARD, JEAN BOSSY, GUY MAZARS
Les Médecines de l'Asie

EUGENE LINDEN
Ces singes qui parlent

G. CICCOTTI, M. CINI,
G. JONA-LASINIO, M. DE MARIA
L'Araignée et le Tisserand

MADELEINE BARTHÉLEMY-MADAULE
Lamarck ou le mythe du précurseur

ANDRÉ LANGANEY
Le Sexe et l'Innovation

PAUL FEYERABEND
Contre la méthode

BERTRAND GILLE
Les Mécaniciens grecs